ABITUR-WISSEN CHEMIE

Klaus Schneiderhan

Biomoleküle

STARK

Bildnachweis:
Umschlagbild: Peter Kornherr, Dorfen;
S. 1: *An American Moment*, Godalming, Surrey, England 1990, S. 269; Portland House, a division of Dilithium Press, Ltd., distributed by Crown Publishers Inc., 225 Park Avenue South, New York, New York 10003;
S. 2: Deutsches Museum, München;
S. 16: Deutsches Museum, München;
S. 20: *Selbstversorgung aus dem Garten*, © Urania-Verlag, Leipzig, 1999, S. 25;
S. 49: Gerd Bauriegel, Passau;
S. 55: Lehninger, Albert L.: *Principles of Biochemistry*, Worth Publishers, New York, 1982; photo made by L. M. Beidler;
S. 62, oben: Lehninger, Albert L.: *Principles of Biochemistry*, Worth Publishers, New York, 1982; photo made by R. D. Preston;
S. 62, unten: Hans Roth, München;
S. 67: *Rapunzel*, © Tormont Int. Ltd., Hong Kong, 1994;
S. 101: Lehninger, Albert L.: *Principles of Biochemistry*, Worth Publishers, New York, 1982; photo made by John Mais;
S. 105: Peter Kornherr, Dorfen;
S. 108: Gregor Eichholz, Freising;
S. 112: Lehninger, Albert L.: *Principles of Biochemistry*, Worth Publishers, New York, 1982; photo made by J. Gross;
S. 121: Peter Kornherr, Dorfen;
S. 122: Deutsches Museum, München;
S. 137: © A. Barrington Brown, Photo Researchers;
S. 154: Peter Kornherr, Dorfen;
S. 163: Peter Kornherr, Dorfen;
S. 176: Sven Vopel, Freising;
S. 154: Peter Kornherr, Dorfen;
S. 181: © Fattoria La Vialla; Castiglion Fibocchi, Italia;
S. 182: © Fred Bruemmer, Toronto;
S. 187: © Barbara Bonisolli, stockfood;
S. 189: © Verlag Zabert Sandmann/Walter Cimbal;
S. 200: E. Garnweidner;
S. 202: *Culinaria Italia*, © Günter Beer, Könemann, Köln, 2000;
S. 203: Gregor Eichholz, Freising.

Der Verlag hat sich bemüht, die Urheber der in diesem Werk abgedruckten Abbildungen ausfindig zu machen. Wo dies nicht gelungen ist, bitten wir diese sich gegebenenfalls an den Verlag zu wenden.

Dieser Band wurde nach den Regeln der neuen Rechtschreibung abgefasst.

ISBN: 3-89449-431-X

D-85318 Freising · Postfach 1852 · Tel. (08161) 1790

Inhalt

Fortsetzung siehe nächste Seite

Fette und fette Öle

Autor: Klaus Schneiderhan

Vorwort

Liebe Schülerin, lieber Schüler,

um die jüngsten Entwicklungen in der Medizin, der Pharmazie, der Biochemie und der Gentechnologie verstehen und – auch unter ethischen Gesichtspunkten – sachlich diskutieren und bewerten zu können, ist ein fundiertes Grundwissen in Biologie und Chemie notwendig. Dabei geht es nicht um eine bloße Anhäufung von Faktenwissen, sondern vielmehr um das eingehende Verständnis von **Zusammenhängen** und Gesetzmäßigkeiten komplexer biochemischer Lebensvorgänge.
Der vorliegende Band „Abitur-Wissen Chemie, Biomoleküle" erfüllt diese Anforderung, indem er anhand einer eingehenden Besprechung der Gruppen der Biomoleküle stets auf deren molekulare Baupläne und die damit in direktem Zusammenhang stehenden Eigenschaften eingeht. **Aufbau, Struktur, Bildung, Eigenschaften und Bedeutung** der einzelnen Naturstoffe werden detailliert erläutert, wobei außerdem die Tatsache hervorgehoben wird, dass deren Vielfalt auf einigen leicht verständlichen, einfachen Prinzipien beruht.

Dieses Buch bietet in vier klar strukturierten Kapiteln

- präzise formulierte **Definitionen**,
- detailliert erläuterte **Reaktionsgleichnungen**,
- eine Vielzahl konkreter **Beispiele** und
- übersichtlich gegliederte **Zusammenfassungen**.

Es umfasst alle **abiturrelevanten Fakten** zu den Biomolekülen und ermöglicht daher eine gezielte Vorbereitung auf den Unterricht, auf Klausuren und die Abiturprüfungen, eignet sich aber auch zur selbstständigen Erarbeitung grundlegenden Wissens über die Naturstoffe.

Ich wünsche Ihnen viel Freude bei Ihrer Beschäftigung mit der Chemie der Biomoleküle und viel Erfolg bei Ihren Prüfungen.

Ihr

K. Schneiderhan

Klaus Schneiderhan

Kohlenstoffhydrate und optische Aktivität

Cellulose, die Gerüstsubstanz der pflanzlichen Zellwände, ist die häufigste organische Verbindung überhaupt. Das in dieses Gerüst eingelagerte Lignin sorgt für die ‚Verholzung' der Pflanzenzellen und erhöht die Druckfestigkeit. Bei der Gewinnung von reiner Cellulose („Zellstoff") aus Holz, z. B. zur Papierherstellung, muss das Lignin zunächst aus dem Holz herausgelöst werden.

1 Spiegelbildisomerie

1.1 Entdeckung der Spiegelbildisomerie

Abb. 1: Louis PASTEUR.

Im Jahre 1848 machte der Chemiker und Bakteriologe Louis PASTEUR (1822–1895) bei seinen Untersuchungen über die Salze der **Weinsäure** eine wichtige Beobachtung. Beim Betrachten von Kristallen des Natriumammoniumsalzes der Weinsäure (Natriumammoniumtartrat; $Na^{+-}OOC-CH(OH)-CH(OH)-COO^{-}NH_4^{+}$) stellte er fest, dass dieses Salz aus einem Gemisch zweier verschiedener Kristallsorten bestand. Bemerkenswert dabei war, dass die beiden Kristallformen sich wie Bild und Spiegelbild verhielten. Es gelang Pasteur in mühsamer Arbeit mithilfe einer Lupe und einer Pinzette das Kristallgemisch in zwei Häufchen zu trennen. Überraschenderweise fiel bei den weiteren Untersuchungen auf, dass sich die beiden Kristallarten anhand ihrer physikalischen und chemischen Eigenschaften nicht unterscheiden ließen – jedoch anhand ihres unterschiedlichen Verhaltens gegenüber **linear polarisiertem Licht**. Die wässrige Lösung des einen Kristallhäufchens drehte die Schwingungsebene des durch sie hindurchgeleiteten, linear polarisierten Lichts nach **rechts**, die Lösung der anderen Kristallform um den gleichen Betrag nach **links**. Ein Gemisch beider Lösungen im Verhältnis 1 : 1 zeigte dieses Verhalten nicht. Die Schwingungsebene des linear polarisierten Lichts wurde durch ein solches Gemisch nicht beeinflusst. Da sich dieses unterschiedliche Verhalten gegenüber linear polarisiertem Licht im **gelösten** Zustand feststellen ließ, bei dem Einflüsse durch den Zusammenhalt in einer Kristallstruktur ausgeschlossen werden konnten, folgerte Louis Pasteur, dass sich die einzelnen **Moleküle** der verschiedenen Kristallformen in ihrem Bau **wie Bild und Spiegelbild** unterscheiden müssten. Er vermutete, das Verhalten der Verbindungen gegenüber linear polarisiertem Licht sei ein Merkmal der **Moleküle** selbst, nicht der durch sie gebildeten Kristalle.

1.2 Enantiomere: Moleküle wie Bild und Spiegelbild

Eine Vielzahl organischer Verbindungen wie Milchsäure (2-Hydroxypropansäure, $CH_3-CH(OH)-COOH$), 3-Methylhexan und alle α-Aminosäuren mit Ausnahme von Glycin (siehe S. 72) kommen in zwei verschiedenen Molekülformen vor, die eine verschiedene räumliche Anordnung der Substituenten an einem ihrer Kohlenstoffatome, dem so genannten **asymmetrischen C-Atom**, aufweisen. (Moleküle, die sich nur in der räumlichen Anordnung ihrer in gleicher Anzahl vorhandener Atome im Molekül unterscheiden, werden allgemein als **Stereoisomere** bezeichnet.)
Vergleicht man die beiden Molekülformen, so erkennt man, dass sie sich wie **Bild und Spiegelbild** zueinander verhalten – ähnlich wie unsere linke und rechte Hand. Beim Vergleich eines Modells eines derartigen Moleküls mit seinem Spiegelbild-Modell stellt man rasch fest, dass es nicht gelingt sie zur Deckung zu bringen, auch wenn man die Modelle und/oder einzelne Molekülteile gegeneinander verdreht. Voraussetzung für das Auftreten der Asymmetrie ist dabei die Orientierung der Bindungen eines vierfach substituierten Kohlenstoffatoms in die Ecken eines **Tetraeders**. Wäre die räumliche Anordnung der Sustituenten nicht tetraedrisch sondern planar, so ließen sich Bild und Spiegelbild zur Deckung bringen, die Moleküle wären **identisch**.
Objekte (hier: Moleküle), die nicht mit ihrem Spiegelbild zur Deckung gebracht werden können, sind **chiral**. Von Verbindungen, deren Moleküle chiral sind, gibt es **Enantiomere** (gr. *enantios*: „entgegengesetzt").

Chemische Verbindungen, deren Moleküle sich wie Bild und Spiegelbild verhalten, die also **nicht deckungsgleich** sind, werden als **Spiegelbildisomere** oder **Enantiomere** bezeichnet.

Beispiele

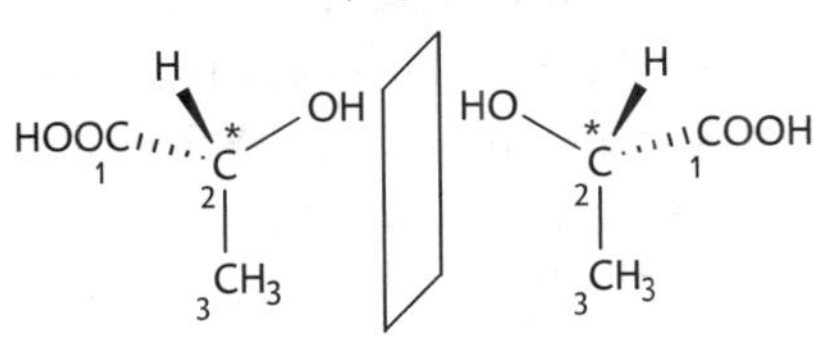

Die beiden Enantiomere der Milchsäure
(* = asymmetrisches C-Atom)

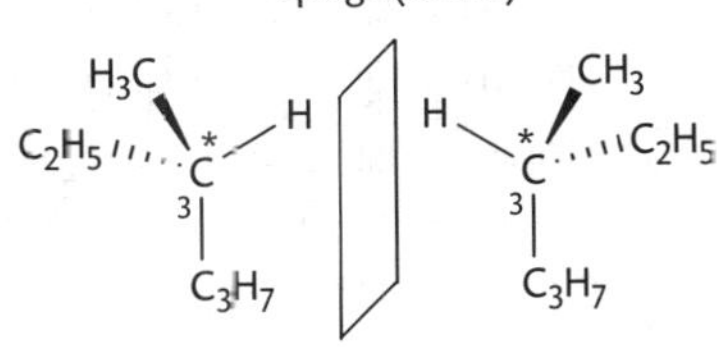

Die beiden Enantiomere von 3-Methylhexan

Lassen sich Bild und Spiegelbild einer Verbindung **zur Deckung** bringen, so ist diese chemische Verbindung nicht chiral, es lassen sich keine enantiomeren Formen finden.
Was aber ist die Ursache für die Chiralität von chemischen Verbindungen wie Milchsäure oder 3-Methylhexan? Die Moleküle dieser Verbindungen zeichnen sich dadurch aus, dass sie (mindestens) ein C-Atom enthalten, welches **vier verschiedene, tetraedrisch angeordnete Substituenten** trägt. Dies ist der Fall beim C-Atom 2 des Milchsäuremoleküls und beim C-Atom 3 des 3-Methylhexans. Im 3-Methylhexanmolelül ist das Kohlenstoffatom 3 tetraedrisch von einem Wasserstoffatom, einer Methyl-(CH_3–), einer Ethyl-(CH_3–CH_2–) und einer n-Propylgruppe (CH_3–CH_2–CH_2–) umgeben. Ein solches C-Atom wird als asymmetrisches C-Atom bezeichnet und mit einem Stern (*) im Molekül gekennzeichnet; man spricht auch von einem **Chiralitätszentrum**.
Versucht man Bild und Spiegelbild eines Moleküls mit einem asymmetrischen Kohlenstoffatom (bzw. die jeweiligen Molekülmodelle) zur Deckung bringen, so beobachtet man, dass sich stets nur **zwei** der vier Substituenten überdecken können, die anderen beiden jeweils nicht. Die Moleküle sind nicht deckungsgleich, es handelt es sich um isomere Formen – genauer um **Enantiomere**.
Das Vorhandensein eines asymmetrischen C-Atoms ist allerdings keine **notwendige** Bedingung für die Chiralität der betreffenden Substanz. Es gibt auch Verbindungen die chiral sind, obwohl sie kein C-Atom mit vier verschiedenen Substituenten besitzen. Ferner gibt es Moleküle mit mehreren Chiralitätszentren, die dennoch nicht chiral (**achiral**) sind (siehe S. 14 f.).
Da Enantiomere in fast allen ihren physikalischen und chemischen Eigenschaften übereinstimmen, lassen sie sich nicht mit physikalischen Verfahren wie Destillation, Chromatografie usw. trennen. **Wichtigstes Unterscheidungsmerkmal** ist ihr Verhalten gegenüber linear polarisiertem Licht.

1.3 Linear polarisiertes Licht

Licht kann man als eine **elektromagnetische Wellenbewegung** verstehen, deren Schwingungen senkrecht zur ihrer Ausbreitungsrichtung verlaufen. Schwingungs- und Ausbreitungsrichtung bilden dabei eine **Schwingungsebene.** Die Anzahl der Schwingungsebenen ist bei natürlichem Licht unendlich groß, die Schwingungsebenen weisen in alle Richtungen. In den folgenden Abbildungen sind elektromagnetische Wellen schematisch dargestellt:

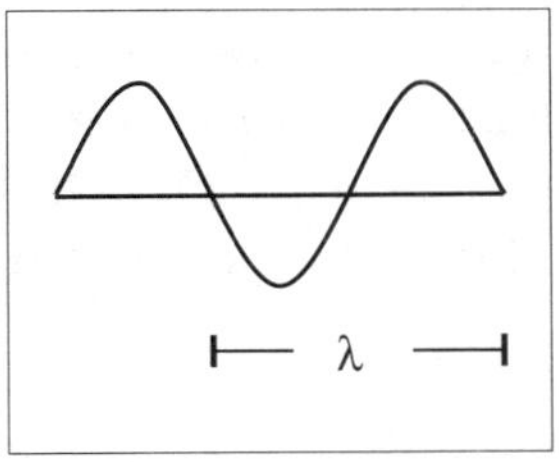

Abb. 2: Darstellung einer Lichtwelle, λ = Wellenlänge. (Ausbreitungsrichtung in der Papierebene.)

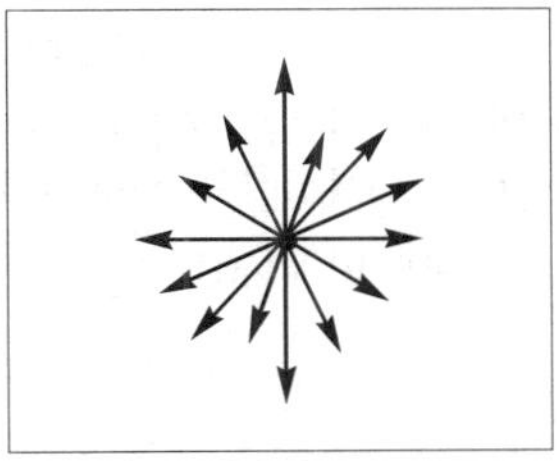

Abb. 3: Darstellung einiger Schwingungsebenen des Sonnenlichts. (Ausbreitungsrichtung senkrecht zur Papierebene.)

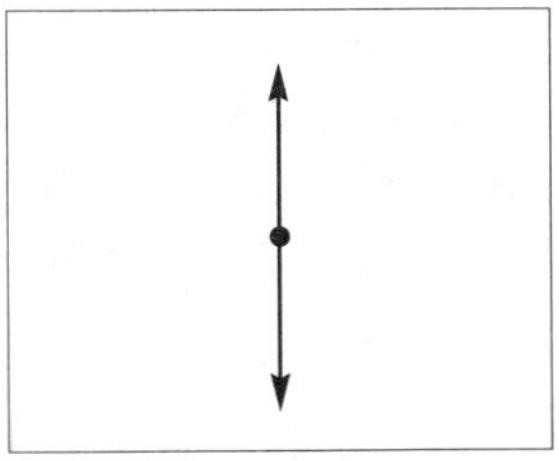

Abb. 4: Darstellung der Schwingungsebene des linear polarisierten Lichts. (Ausbreitungsrichtung senkrecht zur Papierebene.)

In der Darstellung der Schwingungsebenen (Abb. 3 und 4) liegt die Richtung, in der die einzelnen Schwingungen erfolgen, **in** der Zeichenebene. Wie man leicht erkennt, gibt es im Sonnenlicht eine **unendliche Anzahl** möglicher Schwingungsebenen.
Bestimmte **Polarisationsfilter** lassen nur solches Licht hindurch, dessen Schwingungen ausschließlich in **einer** Ebene verlaufen. Mithilfe solcher Filter lässt sich die Anzahl der Schwingungsebenen, die von einer Lichtquelle ausgehen, auf eine einzige reduzieren: Licht, dessen Schwingungen ausschließlich in **einer** Ebene stattfinden, wird als **linear polarisiertes Licht** bezeichnet.

1.4 Optische Aktivität

Wie bereits gezeigt, kann das Milchsäure-Molekül in zwei enantiomeren Formen vorliegen. Bei extremer Muskelaktivität und gleichzeitig nicht ausreichendem Sauerstoffangebot, beispielsweise bei einem 400-m-Lauf, produziert unsere Muskulatur im Zuge **anaerober** Energiebereitstellung **(+)-Milchsäure**, eines der Enantiomere dieser Verbindung. Eine wässrige Lösung von (+)-Milchsäure beeinflusst, d. h. **dreht** die Schwingungsebene von linear polarisiertem Licht (siehe S. 4 und S. 7).
Das Sauerwerden von Milch ist auf bestimmte Mikroorganismen (verschiedene *Lactobacillen* und *Streptococcen*) zurückzuführen, die den in der Milch enthaltenen Milchzucker Lactose zu Milchsäure umsetzen. Diese Milchsäure stellt – im Gegensatz zu der im Muskel produzierten – ein **Gemisch** der beiden enantiomeren Molekülformen dar. Man findet neben (+)-Milchsäure auch die zweite Molekülform, die so genannte (–)-Milchsäure.

Beide Formen lassen sich nur anhand der Drehrichtung der Schwingungsebene von linear polarisiertem Licht unterscheiden: Eine (+)-Milchsäure-Lösung dreht die Schwingungsebene **im** Uhrzeigersinn, also nach **rechts**, die entsprechende (–)-Milchsäure-Lösung dagegen nach **links**, also **gegen** den Uhrzeigersinn.

Das Verhalten chiraler Moleküle gegenüber linear polarisiertem Licht bezeichnet man als **optische Aktivität**.

Die Zeichen (+) und (–) geben die **Richtung der Drehung** an, (+) steht für rechts herum, also im Uhrzeigersinn, (–) steht für links herum.

Beispiel

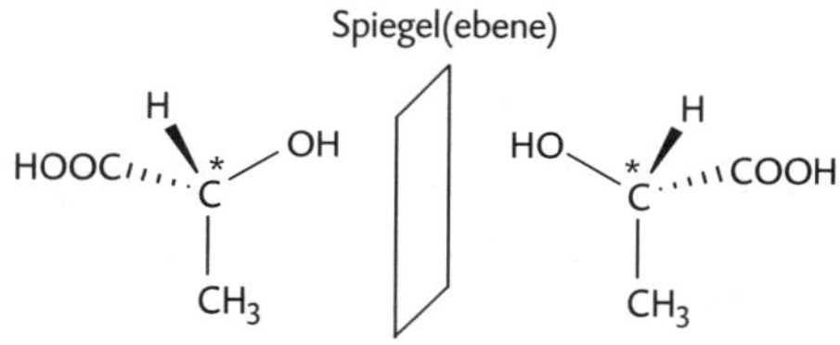

(–)-Milchsäure
linksdrehend

(+)-Milchsäure
rechtsdrehend

Wichtig ist anzumerken, dass die (+)- und (–)-Formen dieser Säure die Schwingungsebene unter gleichen Versuchsbedingungen, d. h. bei gleicher Konzentration, Temperatur, Lösungsmittel und Wellenlänge des verwendeten Lichts um den **gleichen Betrag**, allerdings in **entgegengesetzte Richtung** drehen. Dieses Verhalten hatte schon Pasteur bei den beiden Kristallformen von Natriumammoniumtartrat festgestellt (siehe S. 2).

Erfassung der optischen Aktivität

Ein Polarimeter ist ein Messgerät, mit dem man feststellen kann, **ob** eine Verbindung die Schwingungsebene von linear polarisiertem Licht dreht – ob sie also optisch aktiv ist (**qualitative** Messung) – und **wie groß** der Betrag dieser Drehung ist (**quantitative** Messung).
Prinzipiell ist ein Polarimeter aus folgenden Bestandteilen aufgebaut:

- Lichtquelle (Natriumlampe)
- zwei Polarisationsfilter (Polarisator und Analysator)
- Probenrohr (Messzelle mit optisch aktiver Substanz)
- Bildschirm

Aufbau und Funktion des Polarimeters sind nachfolgend schematisch dargestellt:

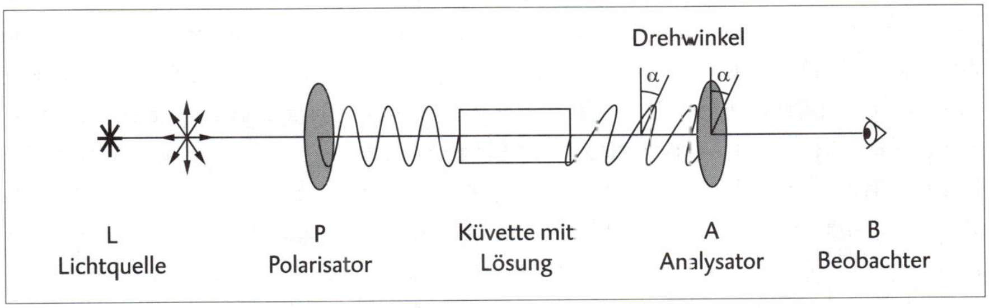

Abb. 5: Schematischer Aufbau eines Polarimeters.

Funktionsweise des Polarimeters

Ausgehend von einer Lichtquelle durchquert das Licht zunächst den Polarisator, dann das Probenrohr, passiert anschließend den Analysator und trifft schließlich auf dem Bildschirm auf. Wichtig für die Messungen ist die Stellung der gegeneinander verdrehbaren Filter „Polarisator“ und „Analysator“. Stellt man die **beiden** Polarisationsfolien z. B. so ein, dass sie jeweils nur exakt horizontal liegende Schwingungsebenen hindurchlassen, so ist die auf dem Bildschirm auftreffende Lichtmenge am größten. Ist allerdings der Polarisator so eingestellt, dass er nur **horizontal** liegende, der Analysator dagegen nur **vertikal** liegende Schwingungsebenen durchlässt, was einer 90°-Stellung von Analysator und Polarisator entspricht, so herrscht auf dem Bildschirm **völlige Dunkelheit**, da linear polarisiertes Licht nach der Passage durch den Polarisator vom Analysator zu 100 % herausgefiltert wird. Jede Zwischenstellung mit einer Winkelstellung der beiden Filter < 90° führt dagegen zu **unvollständigem Herausfiltern** der nach Durchtritt durch den Polarisator horizontal liegenden Schwingungsebene des linear polarisierten Lichts. Demzufolge lässt sich auf dem Bildschirm eine mehr oder weniger große Lichtmenge beobachten.

Zur Messung der optischen Aktivität einer Verbindung füllt man das Probenrohr mit einer wässrigen Lösung der Substanz und bringt dieses in den Strahlengang zwischen die beiden Polarisationsfolien. Der Analysator ist dabei zunächst um 90° gegenüber dem Polarisator gedreht, auf dem Bildschirm herrscht völlige Dunkelheit. Dreht die zu untersuchende Substanz die Schwingungsebene des linear polarisierten Lichts, ist sie also optisch aktiv, so **verschiebt** sich die Lage der Schwingungsebene nach dem Durchtritt durch die Analysenprobe gegenüber derjenigen vor Eintritt in die Testlösung. Die

Schwingungsebene ist um einen bestimmten Winkel **gedreht** worden, was auf dem Bildschirm durch Beobachtung einer Aufhellung erkannt werden kann.
Den exakten Betrag des Drehwinkels α ermittelt man durch Drehen des Analysators bis zur völligen Lichtauslöschung auf dem Schirm, also durch Wiederherstellung einer 90°-Stellung des Analysators zur Lage der Schwingungsebene des linear polarisierten Lichts nach dem Durchgang durch die Probe. Muss dabei der Analysator nach rechts, **im** Uhrzeigersinn gedreht werden, so nennt man die Verbindung **rechtsdrehend** und versieht sie mit dem Zeichen (+). Wird der Analysator **gegen** den Uhrzeigersinn nachgestellt, bezeichnet man die Verbindung als **linksdrehend** und kennzeichnet sie mit (–).

Beispiele

- Ein Enantiomer der Milchsäure dreht die Schwingungsebene im Uhrzeigersinn, weshalb ihre Bezeichnung (+)-Milchsäure lautet. Für die linksdrehende Milchsäure erhält man die Bezeichnung (–)-Milchsäure.
- Natürlicher Traubenzucker, die **Glucose**, ist eine rechtsdrehende Verbindung. Folglich wird sie als (+)-Glucose bezeichnet, während für ihre linksdrehende Form die Bezeichnung (–)-Glucose korrekt ist.

Spezifische Drehung α
Die Fähigkeit, die Schwingungsebene des linear polarisierten Lichts zu drehen, ist eine Eigenschaft der einzelnen Moleküle einer optisch aktiven Substanz. Daher hängt der Betrag des Drehwinkels α von der **Anzahl** der Moleküle ab, mit denen das linear polarisierte Licht beim Durchtritt durch die Messzelle in Wechselwirkung tritt.
Der Drehwinkel α ist dabei von folgenden Faktoren abhängig:

- Massenkonzentration c der Probenlösung $[g \cdot ml^{-1}]$
- Länge ℓ des Probensrohrs [dm]

Der **beobachtbare Drehwinkels α** setzt sich wie folgt zusammen:

$$\alpha = [\alpha]_D^{20} \cdot c \cdot \ell$$

Für die Berechnung werden folgende Größen verwendet:

- $[\alpha]_D^{20}$: spezifische Drehung, Stoffkonstante in $\left[\sphericalangle \cdot ml \cdot g^{-1} \cdot dm^{-1}\right]$
- 20: Temperatur in [°C]
- D: Wellenlänge des monochromatischen Lichts (Natrium-D-Linie: λ = 589,3 nm)

Die **spezifische Drehung [α]** hat für jede optisch aktive Verbindung einen charakteristischen Wert. Kennt man diesen Wert [α] einer zu untersuchenden Substanz (z. B. aus Tabellenwerken) und stimmen die verwendete Temperatur der Messlösung und die Wellenlänge der Lichtquelle mit den tabellierten Werten überein, lässt sich unter Beachtung der Probenrohrlänge ℓ aus der Bestimmung des Drehwinkels α die Massenkonzentration c der Probe mittels vorangegangener Gleichung berechnen.

Beispiel

> Der Drehwinkel α einer Analysenprobe ergibt bei einer Messung einen Wert von +24°. Wie lässt sich aber nun ermitteln, ob der Wert tatsächlich +24° und nicht, was auch denkbar wäre, −336° beträgt?
> Dies kann man sich mittels zuvor genannter Gleichung klarmachen. Der fragliche Drehwinkel ist laut dieser Gleichung nur von der Massenkonzentration c der Lösung und der Probenrohrlänge ℓ abhängig.
> Man führt eine zweite Messung mit der Probe durch, verwendet jedoch nun ein Polarisationsrohr mit **halber** Länge. Der Drehwinkel muss jetzt die Hälfte des zuerst gemessenen betragen, also in diesem Beispiel +12°. (Hätte er aber −336° betragen, so ließe sich ein Wert von −168° messen.)

1.5 Zusammenhang zwischen Spiegelbildisomerie und optischer Aktivität

Wie kann man erklären, dass manche Verbindungen die Schwingungsebene linear polarisierten Lichts drehen, manche jedoch nicht? Beim Durchgang eines Strahls linear polarisierten Lichts durch eine Lösung einer Verbindung wird bei **allen Sustanzen** infolge von Wechselwirkungen des Lichtes mit einzelnen Teilen eines Moleküls – genauer den **Elektronen** – die Schwingungsebene etwas gedreht.

Optisch nicht aktive Verbindungen

Eine optisch inaktive Verbindung zeichnet sich dadurch aus, dass es von ihren Molekülen keine enantiomeren Formen gibt, d. h. alle Moleküle sind **achiral**, da sie ein Symmetriezentrum oder eine Symmetrieebene besitzen. Wie erwähnt finden auch hier Wechselwirkungen zwischen polarisiertem Licht und den einzelnen Molekülen in der Probe statt. Betrag und Richtung der Drehung der Schwingungsebene hängen dabei von der zufälligen Anordnung der betroffenen Moleküle im Strahlengang ab. Entscheidend ist, dass aufgrund der

Symmetrie der Moleküle jeder Effekt, der durch einen **Molekülteil** verursacht wurde, durch den entsprechenden spiegelbildlichen Teil gerade wieder aufgehoben wird. Eine solche Verbindung zeigt sich **insgesamt optisch inaktiv**, das Fehlen optischer Aktivität erklärt sich durch die Tatsache, dass die die Schwingungsebene des Lichtes beeinflussenden spiegelbildlichen Molekülteile sich in ihrer Wirkung gegenseitig aufheben.

Optisch aktive Verbindungen

Die reine Probe nur eines Enantiomers einer chiralen Verbindung – die Herstellung einer solchen Substanzprobe ist unter 1.6 beschrieben – besteht zwar ebenfalls aus untereinander identischen Molekülen, **keines** dieser Moleküle kann jedoch mit seinem Spiegelbild identisch sein. Dies rührt daher, dass sich in **chiralen** Molekülen **kein** Symmetriezentrum bzw. keine Spiegelebene findet. Bei Verbindungen mit einem asymmetrischen C-Atom unterscheiden sich die Effekte, die die zueinander **nicht spiegelbildlichen** Molekülteile verursachen in der Art, dass eine gegenseitige „Neutralisation" nicht möglich ist. Die durch die einzelnen Moleküle verursachte Drehung der Ebene des linear polarisierten Lichts hängt von deren räumlicher Orientierung im Strahlengang ab und summiert sich zur messbaren **optischen Aktivität**.

1.6 Racemat

Bei vielen industriellen Synthesen chiraler Verbindungen wie Milchsäure entstehen die beiden Enantiomere **zu gleichen Teilen**, wenn ihre chemische Bildungswahrscheinlichkeit gleich groß ist.

Ein Gemisch, welches beide Enantiomere im Verhältnis 1 : 1 enthält, wird als **Racemat** bezeichnet.

Ein Racemat ist **optisch inaktiv**, da die durch ein Enatiomer verursachte Drehung der Schwingungsebene des linear polarisierten Lichts durch die vom Betrag her gleich große, ihr aber entgegengesetzte Drehung durch ein anderes enantiomeres Molekül gerade wieder aufgehoben wird. Auch die von Pasteur untersuchte Weinsäure stellte ein Racemat – also ein Gemisch im Stoffmengenverhältnis 1 : 1 der chiralen Moleküle (+)- und (–)-Weinsäure dar. Dieses Racemat wird auch **Traubensäure** (Acidum **racemicum**) genannt und gibt der Erscheinung ihren Namen. Die Kennzeichnung erfolgt durch Voranstellung des Zeichens (±), im vorliegenden Fall spricht man also von (±)-Weinsäure.

Im gasförmigen, flüssigen und **gelösten** Zustand zeigt ein Racemat als Gemisch der beiden Enantiomeren nahezu die gleichen Eigenschaften wie die reinen enantiomeren Formen. Im **festen Zustand** aber ist entscheidend, wie stark die Wechselwirkungen innerhalb des racemischen Kristalls zwischen den (+)- und (–)-Molekülen im Vergleich zu den Kräften zwischen (+)/(+)- bzw. (–)/(–)-Molekülen in Feststoffen aus nur je einem Enantiomeren sind. Die gegenseitigen Anziehungskräfte zwischen den Molekülen eines Enantiomers können dabei **stärker, gleich oder schwächer** als die betreffenden Kräfte zwischen (+)- und (–)-Molekülen sein. In Abhängigkeit davon unterscheiden sich die entsprechenden physikalischen Eigenschaften eines racemischen Feststoffes mehr oder weniger deutlich von denen der reinen Enantiomere.
Da Enantiomere außer in ihrem Verhalten gegenüber linear polarisiertem Licht nicht zu unterscheiden sind, können sie mit den üblichen physikalisch-chemischen Verfahren nicht voneinander getrennt werden. So bewirkt z. B. eine Destillation aufgrund gleicher Siedepunkte keine Trennung von Enantiomeren.

Im Folgenden werden einige mögliche Verfahren zur **Isolierung reiner Enantiomere aus Racematen** vorgestellt:

- Makroskopische Auslese der Kristalle ähnlich der Vorgehensweise von Pasteur, wenn die (+)- und (–)-Formen **getrennt und unterscheidbar** auskristallisieren.
- Auslese durch Bakterien, die **nur ein** Enatiomer als Energie- oder Baustoff verwerten können. Allerdings geht bei dieser Methode stets ein Enantiomer verloren.
- Trennung durch **Reaktion mit weiteren optisch aktiven Reagenzien** nach folgendem Prinzip: Das Racemat (z. B. (±)-Weinsäure) wird mit einem Enantiomer einer selbst optisch aktiven Verbindung, etwa einer optisch aktiven organischen Base umgesetzt. Dabei entstehen **diastereomere** Produkte, z. B. Salze (siehe S. 12 f.). Diastereomere lassen sich anhand ihrer **unterschiedlichen chemischen und physikalischen Eigenschaften** mit den üblichen Methoden trennen.

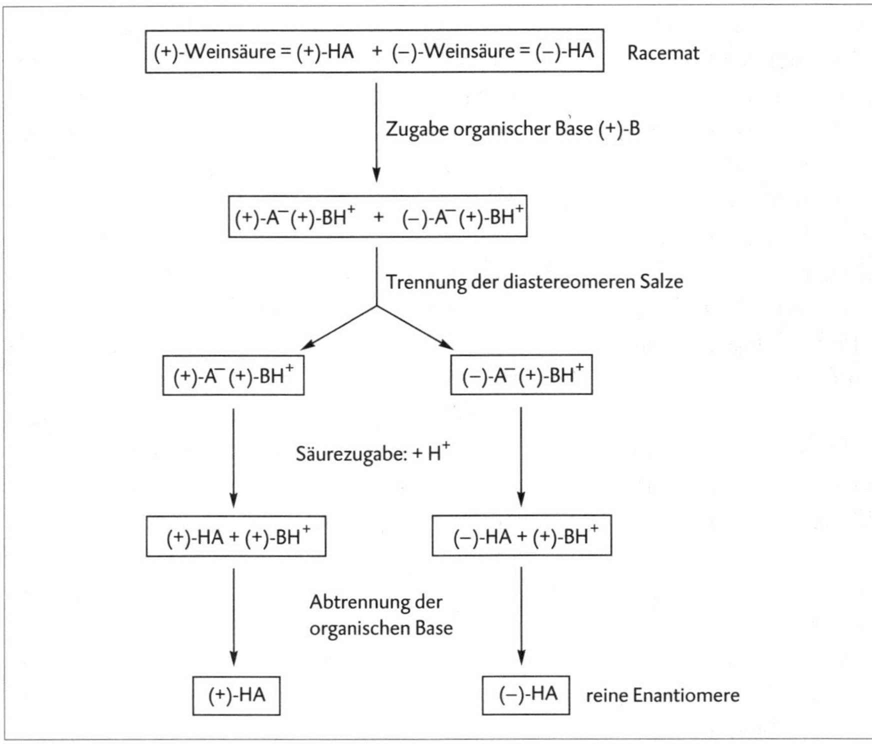

Abb. 6: Schema für die Trennung zweier Enantiomere.

1.7 Mehrere asymmetrische C-Atome in einem Molekül

Diastereomere

Befindet sich in einem Molekül mehr als ein asymmetrisches C-Atom, so erhöht sich die Zahl der möglichen Stereoisomere. Für die Anzahl der möglichen Stereoisomere gilt:

> Sind in den Molekülen einer Verbindung **n** asymmetrische C-Atome vorhanden, so sind maximal $\mathbf{2^n}$ Stereoisomere dieser Verbindung möglich.

Zur Wiederholung: Sind bei zwei Molekülstrukturen Anzahl und Verknüpfung der Atome gleich, bestehen aber Unterschiede in der räumlichen Anordnung dieser Atome, so spricht man allgemein von **Stereoisomeren**.

Beispiel

2,3-Pentadiol $CH_3-CH_2-C^*H(OH)-C^*H(OH)-CH_3$ besitzt zwei Chiralitätszentren, es existieren vier Stereoisomere:

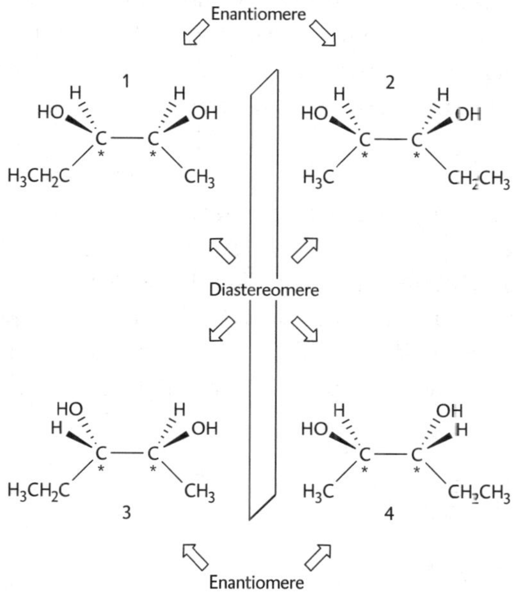

Beim Vergleich der Isomere aus vorangegangenem Beispiel stellt man fest, dass die Strukturen 1 und 2 sowie 3 und 4 sich jeweils wie Bild und Spiegelbild zueinander verhalten, also Enantiomere sind. Es gibt **zwei Paare von Enantiomeren** (1/2 und 3/4), die sich nur in der Beeinflussung linear polarisierten Lichts, nicht aber in ihren anderen physikalischen bzw. chemischen Eigenschaften unterscheiden.
In welcher Beziehung stehen die Moleküle 1 und 3 (bzw. 4) sowie 2 und 3 (bzw. 4) zueinander? Die Strukturen 1 und 3 (4) – wie auch 2 und 3 (4) – sind ebenfalls stereoisomer, d. h. sie sind Isomere, die sich nur in der räumlichen Anordnung ihrer Atome unterscheiden. Allerdings verhalten sie sich dabei **nicht wie Bild und Spiegelbild**, es handelt sich **nicht** um Enantiomere.

Nicht spiegelbildliche Stereoisomere bezeichnet man als **Diastereomere**.

Bei jedem Paar von Diastereomeren von 2,3-Pentadiol ist die räumliche Anordnung (Konfiguration) der Atome an je einem asymmetrischen C-Atom (*) **gleich**, am anderen ist sie jeweils **spiegelbildlich**.

Diastereomere besitzen ähnliche, aber **nicht identische chemische** sowie stärker unterschiedliche physikalische **Eigenschaften**. Sie können mit den üblichen Trennverfahren wie Destillation, Chromatografie oder Kristallisation getrennt werden. Beispielsweise erhält man bei der Destillation einer Probe von 2,3-Pentadiol, die **alle vier** Stereoisomere enthält, zunächst zwei Fraktionen. Jede Fraktion ist ein Racemat: Die erste Fraktion besteht aus den Enantiomeren 1 und 2, die zweite Fraktion aus den Enantiomeren 3 und 4.

Meso-Verbindungen

Auch Weinsäure-Moleküle weisen **zwei asymmetrische** C-Atome auf. Die Moleküle 1 und 2 sind das bereits besprochene Enantiomerenpaar (–)- und (+)-Weinsäure. Bei den Strukturen 3 und 4 fällt auf, dass die beiden Chiralitätszentren **gleichartig substituiert** sind. Beim genauen Vergleich der Moleküle 3 und 4 stellt man fest, dass 4 zwar das Spiegelbild von 3 ist, doch lässt sich dieses durch Drehung in der Papierebene um 180° mit dem Molekül 4 zur Deckung bringen:

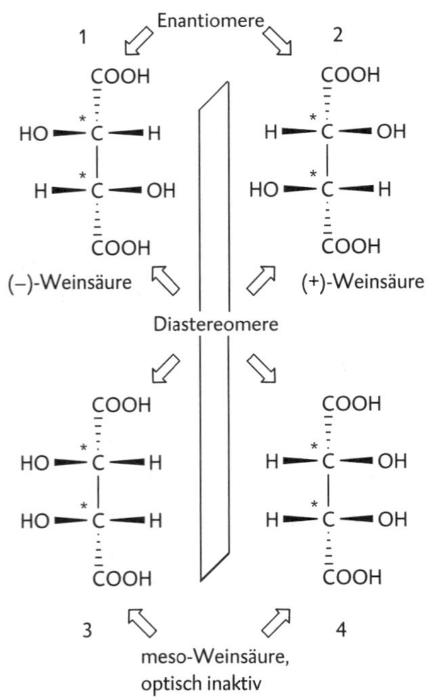

Die vermeintlichen Enantiomere 3 und 4 der Weinsäure sind also **identische** Moleküle. Trotz des Vorhandenseins zweier asymmetrischer C-Atome sind sie **nicht chiral**, es handelt sich nicht um enantiomere Formen und es ist demnach keine optische Aktivität zu beobachten.

Verbindungen, deren Moleküle mit ihrem Spiegelbild identisch sind und die keine optische Aktivität zeigen, obwohl sie asymmetrische C-Atome enthalten, werden **meso-Verbindungen** genannt.

Es sei noch einmal darauf hingewiesen, dass sich die Enantiomere (–)- und (+)-Weinsäure nur anhand der Messung ihrer **optischen Aktivität** unterscheiden lassen, während man die meso-Weinsäure aufgrund ihrer abweichenden chemischen und physikalischen Merkmale leicht von den Enantiomeren trennen kann. Auch die Traubensäure (siehe S. 10), das racemische Gemisch beider Enantiomere, besitzt in **festem Zustand** Eigenschaften, die sich sowohl von denen der Enantiomere, wie auch der meso-Form unterscheiden (siehe S. 11). Wie zuvor erläutert, reduziert sich die Zahl der möglichen Stereoisomere, wenn die Verbindung gleichartig substituierte Chiralitätszentren aufweist. Oft kann man meso-Strukturen daran erkennen, dass das Molekül eine interne **Symmetrieebene** besitzt, d. h. dass eine Hälfte des Moleküls das Spiegelbild der anderen Hälfte ist:

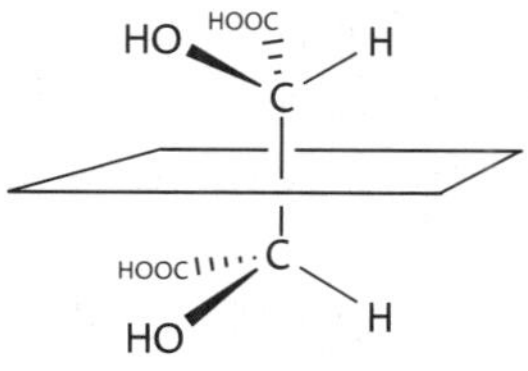

meso-Weinsäure

1.8 Fischer-Projektionsformeln

Bei der zeichnerischen Wiedergabe von Molekülen steht man häufig vor dem Problem, eine räumlich-dreidimensionale Struktur in die zweidimensionale Papierebene übersetzen zu müssen. Ein Molekülmodell wie das der Milchsäure zeigt, dass das reale Molekül nicht eben gebaut ist, sondern dass die vier Substituenten **tetraedrisch** um das asymmetrische C-Atom angeordnet sind:

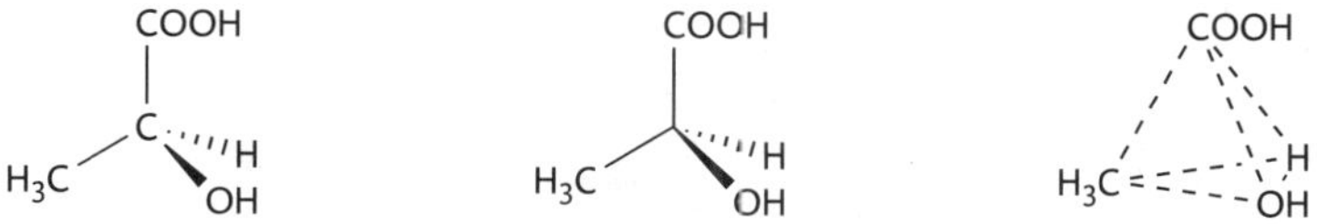

Verschiedene zeichnerische Darstellungen des Milchsäuremoleküls: Links mit räumlich orientierten Bindungen, in der Mitte ohne das asymmetrische C-Atom, rechts zur Verdeutlichung der tetraedrischen Struktur auch ohne dessen Bindungen.

Abb. 7: Emil FISCHER (1852–1919).

Um die räumliche Anordnung der Atome (**Konfiguration**) eines Moleküls mit einem Chiralitätszentrum korrekt wiedergeben zu können, verwendet man oft die von Emil FISCHER 1891 vorgeschlagenen **Projektionsformeln**. Bei der Anwendung dieser Formeln sind folgende Regeln zu beachten:

- Die **längste** C–C-Kette wird beim Zeichnen **vertikal** angeordnet.
- Das am **höchsten oxidierte** C-Atom steht an der oberen **Spitze** der längsten C–C-Kette.
- Alle Chiralitätszentren liegen **in der Papierebene.**
- Die beiden Atome, die beim Zeichnen **ober- und unterhalb** des Chiralitätszentrums stehen, liegen stets **hinter der Papierebene**.
- Die beiden Atome, deren Bindung durch **horizontale Striche** (links und rechts des Chiralitätszentrums) veranschaulicht werden, liegen stets **vor** der Papierebene, dem Betrachter zugewandt.
- **In der Papierebene** darf die Formel um 180° gedreht werden, ohne dass dadurch eine andere Konfiguration wiedergegeben wird. Eine Drehung der Projektionsformel um 90° oder 270° ist dagegen nicht erlaubt, da sie die Konfiguration des anderen Enantiomers ergibt.

Zeichnerisch umgesetzt ergibt sich nach diesen Regeln folgende Darstellung eines Enantiomers der Milchsäure. Die römischen Zahlen entsprechen den **Oxidationsstufen** der Kohlenstoffatome:

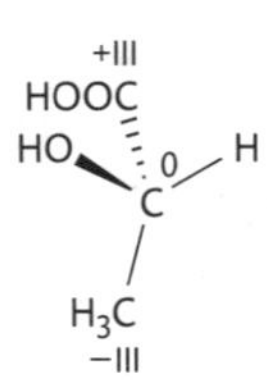

wird gezeichnet als

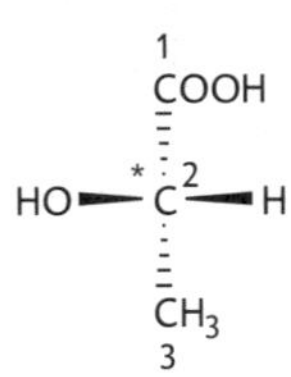

oder verkürzt

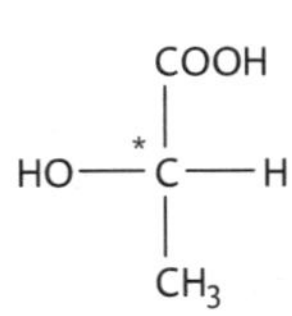

Es darf nicht übersehen werden, dass die Fischer-Formeln Projektionen eines **Tetraeders** in die Papierebene darstellen, in etwa vergleichbar mit der Projektion eines Kugel-Stab-Modells einer tetraedrischen Molekülstruktur mittels eines Overhead-Projektors.

Bei der Klärung der **Konfiguration der Enantiomere** ergibt sich ein wichtiges Problem: Man bestimmt die Drehung der Schwingungsebene des linear polarisierten Lichts einer Substanzprobe eines Enantiomers und stellt z. B. fest, dass sie die Schwingungsebene nach **rechts** dreht. Doch **welche** der beiden mit den Fischer-Projektionsformeln beschreibbaren Molekülstrukturen kommt dieser **rechtsdrehenden** Stoffprobe zu? Man kann nicht direkt erkennen, welche Molekülform dem untersuchten Enantiomer in der Realität entspricht:

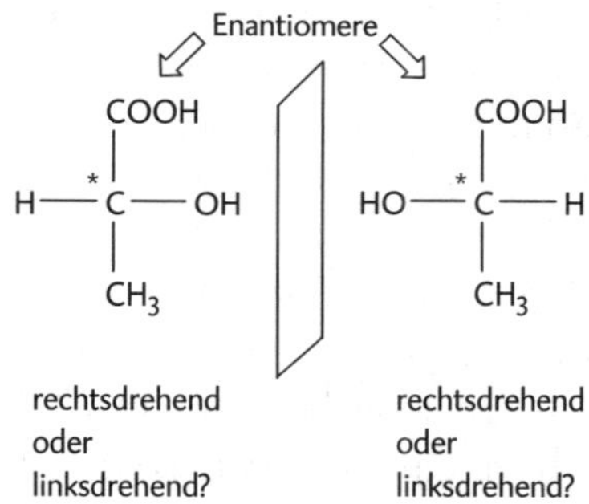

Da man vor der Erfindung moderner Analysemethoden – wie etwa der Röntgenstrukturanalyse – keine Angaben über die **wirkliche Konfiguration**, also die räumliche Anordnung der Molekülteile optisch aktiver Verbindungen machen konnte, musste hierfür ein Standard definiert werden. Dazu wurde dem in zwei enantiomeren Formen vorkommenden **Glycerinaldehyd** (2,3-Dihydroxypropanal) die Rolle des Bezugspunktes für alle weiteren Kohlenstoffhydrate zugesprochen. Willkürlich wies Emil Fischer dem (+)-Glycerinaldehyd, dem **rechtsdrehenden** Enantiomer, die hier **links** wiedergegebene Konfiguration zu:

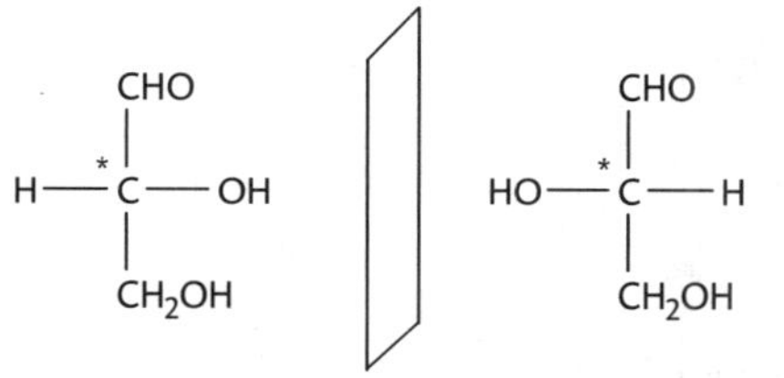

D-(+)-Glycerinaldehyd L-(−)-Glycerinaldehyd

Er bezeichnete diese Konfiguration als **D**-Glycerinaldehyd bzw. als D-(+)-Glycerinaldehyd, wobei **D** von *dexter* (lat.: „rechts“) stammt. Das linksdrehende Enantiomer wurde **L**-(–)-Glycerinaldehyd (**L** von lat. *laevis*: „links“) genannt. Dieses Enantiomer ist in vorheriger Darstellung rechts abgebildet.

Als D-Konfiguration wird diejenige Struktur benannt, in der die **OH-Gruppe** in der Fischer-Projektion **rechts** steht, in der L-Form befindet sich die OH-Gruppe **links**. Die Bezeichnungen „D“ und „L“ haben also **nichts** mit dem **Vorzeichen** der Drehung des linear polarisierten Lichts zu tun, sondern beziehen sich nur auf die **relative Anordnung der Substituenten** in der Fischer-Projektion.

Andere Verbindungen, die durch chemische Reaktionen auf die „Bezugssubstanz“ D-Glycerinaldehyd zurückgeführt werden konnten, **ohne** dass dabei eine Bindung zum asymmetrischen C-Atom gespalten werden musste, wurden in der Folge als die D-Formen, solche, die von L-Glycerinaldehyd abstammten, als die L-Formen bezeichnet.
Um herauszufinden, welche **Konfiguration** der linksdrehenden oder rechtsdrehenden Probe eines Enantiomerenpaares zugesprochen werden konnte, wurde folgender Weg beschritten: Ließ sich, z. B. ausgehend von D-(+)-Glycerinaldehyd, ein Enantiomer einer weiteren Verbindung synthetisieren, ohne dass eine Bindung zum asymmetrischen C-Atom dabei gespalten wurde, so hatte man es folglich auch weiterhin mit der D-Konfiguration zu tun. War die Lösung des Syntheseprodukts in der Lage, die Schwingungsebene linear polarisierten Lichts nach links zu drehen, hatte man das D-(–)-Enantiomer, drehte es die Schwingungsebene nach rechts, hatte man das D-(+)-Enantiomer hergestellt. Dies gelang 1917 beispielsweise für die **Weinsäure**. Durch eine Reaktionsfolge ausgehend von D-(+)-Glycerinaldehyd erhielt man das optisch aktive Produkt, welches eine Linksdrehung aufwies. Da sich diese Weinsäure von der D-Konfiguration des Glycerinaldehyds ableitete, bezeichnete man die Moleküle des Syntheseprodukts folgerichtig als D-(–)-Weinsäure:

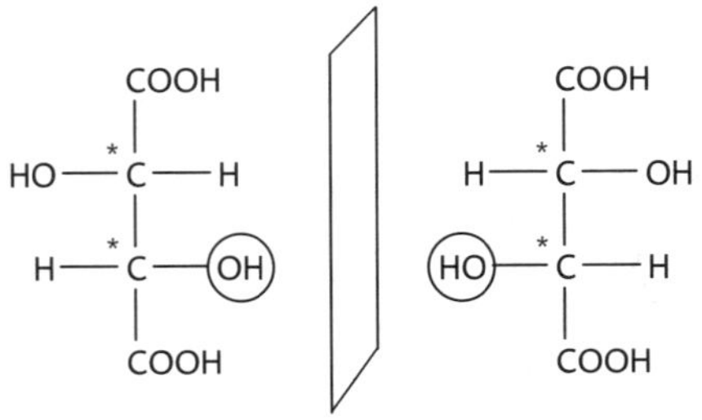

D-(–)-Weinsäure L-(+)-Weinsäure

Anhand des **Weinsäuremoleküls** lässt sich eine weitere Regel zum Aufstellen und Benennen von Fischer-Projektionsformeln für Kohlenstoffhydrate verdeutlichen: Sind **mehrere** asymmetrisch substituierte C-Atome in einem Molekül vorhanden, so bezieht sich die D/L-Konfigurationsangabe auf das **unterste** asymmetrische C-Atom in der Projektionsformel (siehe vorangegangene Moleküldarstellungen).

BIJVOET gelang es 1949 durch Röntgenbeugung die **absolute Konfiguration** der Weinsäure zu bestimmen. Da die **relative** Konfiguration der Weinsäure in Bezug auf Glycerinaldehyd bekannt war, konnte damit auch die wirkliche Konfiguration der Bezugssubstanz geklärt werden. Dabei erwies sich die willkürlich angenommene Konfiguration von D-Glycerinaldehyd – und damit auch die aller hiervon abgeleiteter Substanzen – als **richtig**.

2 Kohlenstoffhydrate als Bau- und Betriebsstoffe

2.1 Definition und Einteilung der Kohlenstoffhydrate

Abb. 8: Die unterirdischen Speicherknollen der Kartoffel bestehen zu ca. 30 % aus Stärke.

Die **Kohlenstoffhydrate** stellen eine der wichtigsten organischen Naturstoffklassen dar. Ihre Synthese aus Kohlenstoffdioxid und Wasser beginnt mit dem Fotosyntheseprozess. Den Lebewesen dienen sie in erster Linie zur Energiegewinnung. Vor allem die in Glucose, Fructose, Glykogen und Stärke enthaltene **Energie** wird von den verschiedensten Organismen zur Aufrechterhaltung der Lebensvorgänge benötigt. Der Mensch nutzt die Cellulose für Bekleidung (Baumwolle, Leinen), zum Bau von Häusern, zur Herstellung von Möbeln (Holz) und zur Produktion von Papier. Ursprünglich verstand man unter den Kohlenstoffhydraten Verbindungen, die neben **Kohlenstoff** nur die Elemente **Wasserstoff** und **Sauerstoff** im Verhältnis 2 : 1 enthalten. Da sich dieses Atomzahlenverhältnis für die Elemente Wasserstoff und Sauerstoff auch im Wassermolekül findet und die **allgemeine Summenformel** $C_m(H_2O)_n$ die Zusammensetzung vieler Kohlenstoffhydrate beschreibt, bezeichnete man diese Stoffgruppe als „**Kohlenstoff-Hydrate**". Diese Definition gilt heute nicht mehr streng, da bekannt ist, dass in diesen Verbindungen keine Wassermoleküle gebunden vorliegen und dass es auch Kohlenstoffhydrate gibt, deren Atomzahlenverhältnis von der allgemeinen Summenformel abweicht und/oder in deren Aufbau **Heteroatome** wie Stickstoff oder Schwefel auftauchen. Außerdem gibt es Verbindungen, deren Zusammensetzung zwar der Summenformel $C_m(H_2O)_n$ entspricht, die aber keine Kohlenstoffhydrate sind, wie etwa die Essigsäure mit der Summenformel $C_2H_4O_2$.
Trotz dieser Unzulänglichkeiten wird der ursprüngliche Begriff Kohlenstoffhydrate weiterhin beibehalten. Um nicht durch die Vielfalt an Bezeichnungen, die heute in der Kohlenstoffhydrat-Chemie gängig sind, irregeführt zu werden, sollte man beachten, dass sich bei der Benennung von Substanzen dieser Stoffgruppe nach den Regeln der chemischen Nomenklatur häufig die Endung *-ose* findet. Dies ist z. B. bei Gluc**ose** (Traubenzucker), Fruct**ose** (Fruchtzucker) und Sacchar**ose** (Haushalts- oder Rübenzucker) der Fall.

Die chemischen und physikalischen Eigenschaften der verschiedenen Kohlenstoffhydrate werden hauptsächlich durch die **Molekülgröße** bestimmt.

Nach dieser Größe unterscheidet man innerhalb der Gruppe der Kohlenstoffhydrate die **Monosaccharide**, **Oligosaccharide** und **Polysaccharide**.
Monosaccharide sind Einfachzucker und stellen damit die kleinstmöglichen Kohlenstoffhydrate dar. Sie lassen sich je nach Art der funktionellen Gruppen und der Anzahl der C-Atome in ihrem Bau noch weiter unterteilen. Enthält z. B. ein Einfachzucker eine **Aldehydgruppe**, wird er als **Aldose** bezeichnet, weist ein Monosaccharid eine **Ketogruppe** auf, wird dieses zu den **Ketosen** gezählt. Je nach Anzahl der C-Atome, die in einem Einfachzucker zu finden sind, wird er Biose (*Bi*- als Vorsilbe für das Vorhandensein von 2 C-Atomen), Triose (3 C-Atome), Tetrose (4 C-Atome), Pentose (5 C-Atome), Hexose (6 C-Atome) usw. genannt. Besitzt ein Monosaccharid sechs C-Atome und eine Aldehydgruppe, handelt es sich um eine **Aldohexose**, besteht es aus fünf C-Atomen und weist eine Ketogruppe auf, bezeichnet man das Saccharid als **Ketopentose**. Die häufigsten Monosaccharide sind Hexosen und Pentosen:

Beispiele

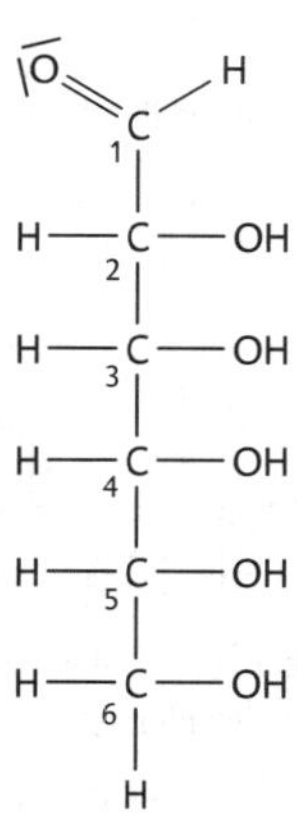

Aldohexose

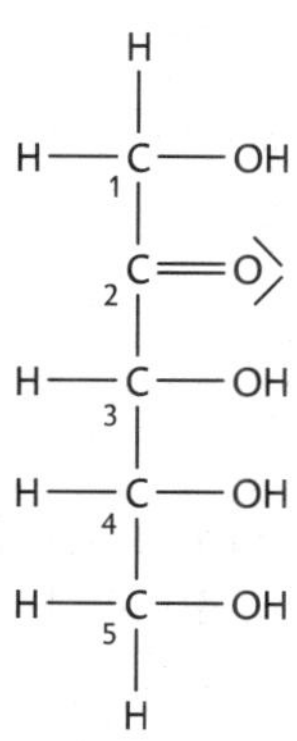

Ketopentose

Oligosaccharide und Polysaccharide sind aus vielen Monosaccharid-Bausteinen aufgebaute Vertreter der Kohlenstoffhydrate.
Oligosaccharide (Mehrfachzucker; gr. *oligo*: „wenige") enthalten zwei bis acht Einzelmoleküle und werden je nach Anzahl der Bausteine als *Di*-, *Tri*-, *Tetra*-saccharide usw. bezeichnet. Zu den **Disacchariden** gehören der Haushaltszucker (Saccharose), der Malzzucker (Maltose) und der Milchzucker (Lactose).

In **Polysacchariden** (gr. *poly*: „viele“) sind die einzelnen Moleküle aus einer sehr großen Anzahl – z. T. Tausender – miteinder verknüpfter Monosaccharid-Moleküle aufgebaut. Dies ist in der Stärke, dem Glykogen und der Cellulose der Fall.
Formal könnte man Kohlenstoffhydrate durch **Oxidation** mehrwertiger Alkohole herstellen, sie stellen demzufolge Polyhydroxyaldehyde, Polyhydroxyketone oder entsprechende „Spaltprodukte“ dar. Oxidiert man beispielsweise das endständige C-Atom des sechswertigen Alkohols **Sorbit** (1,2,3,4,5,6-Hexanhexaol), so erhält man eine Aldohexose. Wird die Oxidation am zweiten C-Atom durchgeführt, so wird eine Ketohexose gebildet:

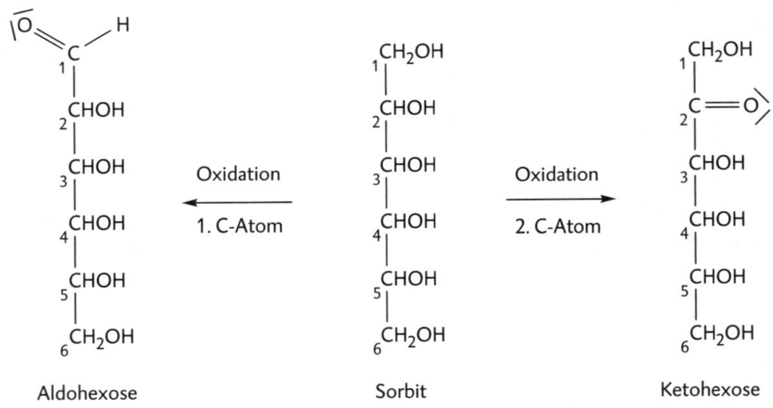

2.2 Monosaccharide

Glucose

Da die Glucose (**Traubenzucker**, Dextrose) das Monosaccharid ist, aus dem die Polysaccharide Stärke, Glykogen und Cellulose aufgebaut sind, und da es im Stoffwechsel aller Lebewesen eine herausragende Stellung einnimmt, ist es nicht nur das wichtigste, sondern auch das am **häufigsten vorkommende Monosaccharid**. Als Einzelmolekül findet es sich in allen süßen Früchten, im Honig, im Blut (60 – 110 $mg \cdot ml^{-1}$) und im Harn. Als Süßstoff wird es in der Nahrungsmittelindustrie in sehr vielen Produkten eingesetzt.
Die natürlich vorkommende Glucose ist in wässriger Lösung farblos, bei Zimmertemperatur kristallin und dreht die Schwingungsebene des linear polarisierten Lichts nach rechts. Sie wird deshalb als (+)-Glucose bezeichnet. Glucose löst sich sehr gut in Wasser, ist dagegen in unpolaren Lösungsmitteln wie Benzin oder Hexan völlig unlöslich.

Eine typische Nachweisreaktion auf Glucose ist neben der Tollens-(Silberspiegelprobe) auch die Fehling-Probe, die bei (+)-Glucose beide **positiv** verlaufen. Die **reduzierenden** Eigenschaften, die die (+)-Glucose bei diesen Reaktionen zeigt, weisen auf das Vorhandensein einer **Aldehydgruppe** im Molekül hin. Die Schiff'sche Probe auf Aldehyde verläuft mit verdünnter Glucoselösung allerdings **negativ**.

Die **Fehling-Probe** erfordert den Einsatz folgender Lösungen:

- Fehling I: Kupfer(II)-sulfat-Lösung $CuSO_4$(aq)
- Fehling II: alkalische K-Na-Tartrat-Lösung (Kalium-Natrium-Salz der Weinsäure)

Gleiche Mengen der Lösungen Fehling I und Fehling II werden im Reagenzglas zusammengegeben. Die **tiefblaue** Lösung wird nach Zugabe der zu untersuchenden Substanz vorsichtig erhitzt. Bei Anwesenheit von Aldehyden fällt Kupfer(I)-oxid (Cu_2O) als **rotbrauner** Niederschlag aus:

$$\underset{}{R{-}CHO} + \underset{\text{blau (als } CuSO_4)}{2\,Cu^{2+}} + 4\,OH^- \longrightarrow R{-}COOH + \underset{\text{rotbraun}}{Cu_2O\downarrow} + 2\,H_2O$$

Die **Tollens-Probe (Silberspiegelprobe)** wird folgendermaßen durchgeführt: Zu einer 5 %-igen ammoniakalischen Sibernitratlösung wird solange verdünnte Ammoniaklösung gegeben, bis sich der entstehende Niederschlag durch Bildung des komplexen Diamminsilber(I)-nitrats gerade wieder auflöst. Nach Zugabe der zu überprüfenden Substanz – etwa einer Zuckerlösung – wird das Gemisch vorsichtig im Wasserbad erhitzt. Bei Anwesenheit von Aldehyden färbt das entstehende, elementare **Silber** die Lösung grau und lagert sich an der (zuvor entfetteten) Reagenzglaswand als glänzender **„Silberspiegel“** ab:

$$R{-}CHO + 2\,Ag^+ + 2\,OH^- \longrightarrow R{-}COOH + \underset{\text{„Silberspiegel“}}{2\,Ag} + H_2O$$

Bei beiden Nachweisen handelt es sich um **Redoxreaktionen**. Dies lässt sich formal durch die Veränderung der Oxidationszahl des zur Aldehydgruppe –CHO gehörenden Kohlenstoffatoms beim Übergang in die Carbonsäuregruppe –COOH kennzeichnen:

$$R{-}\overset{+I}{C}HO \longrightarrow R{-}\overset{+III}{C}OOH$$

Die Aldehydgruppe der Glucosemoleküle weist also in beiden Nachweisreaktionen reduzierende Eigenschaften auf: Cu^{2+}-Ionen werden zu Cu_2O, Ag^+-Ionen werden zu metallischem Silber **reduziert**, die Aldehydgruppe wird zur Carboxylgruppe oxidiert. D-(+)-Glucose, die einen positiven Verlauf bei den beiden Reaktionen aufweist, wird deshalb zu den **reduzierenden Zuckern** gezählt. Bei den Reaktionen sollte Glucose zu **Gluconsäure** oxidiert werden[1]:

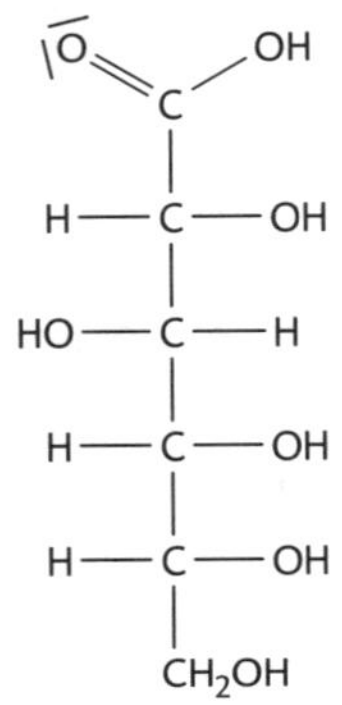

D-Gluconsäure

Zur Durchführung der **Schiff'schen Probe** wird wie folgt vorgegangen: Zu fuchsinschwefliger Säure wird die zu untersuchende Substanz gegeben. Mit Aldehyden bildet die farblose fuchsinschweflige Säure ein farbiges **Aldehyd-Additionsprodukt**, das Lösungsgemisch färbt sich **rotviolett**. Diese Farbreaktion unterbleibt allerdings bei D-(+)-Glucose, obwohl diese in beiden zuvor beschriebenen Nachweisreaktionen auf Aldehyde ein positives Ergebnis liefert.

Schließlich kann zum Nachweis der Glucose ein spezifischer **Glucoseteststreifen** verwendet werden: Der Teststreifen wird ca. eine Minute in die Testlösung gehalten, die dabei auftretende Farbreaktion ist charakteristisch für Glucose und kann als ein **halbquantitativer Nachweis** gelten. Die Wirkung des Teststreifens beruht auf seinem Gehalt an den Enzymen **Glucoseoxidase** (GOD) und **Peroxidase**, die folgende Reaktion katalysieren:

$$\beta\text{-D-Glucose} + O_2 \longrightarrow \delta\text{-D-Gluconolacton} + H_2O_2$$

Entstehendes Wasserstoffperoxid H_2O_2 reagiert in Kombination mit der Peroxidase und den Farbstoffen des Teststreifens und führt so die charakteristische Färbung herbei.

1 Tatsächlich lässt sich Glucose mittels Fehling-Reagenz nicht zur Monocarbonsäure oxidieren, die dabei ablaufenden Reaktionen sind komplex. Eine direkte Oxidation gelingt nur mit Bromwasser.

Die **Summenformel** der Glucose lautet $C_6H_{12}O_6$, wie aber sieht die dieser Summenformel entsprechende **Strukturformel** aus?

- Das Löslichkeitsverhalten (siehe S. 22) gibt einen ersten Hinweis darauf, dass im Glucosemolekül **funktionelle Gruppen** vorhanden sein müssen, die **Wasserstoffbrücken** ausbilden können. Außerdem reagiert Glucose mit Essigsäure zu einem **Ester** und Wasser. Da Ester im Allgemeinen nach der Gleichung

  $$\text{Säure} + \text{Alkohol} \rightleftharpoons \text{Ester} + \text{Wasser}$$

  gebildet werden, müssen im Glucosemolekül OH-Gruppen zu finden sein. Bei quantitativer, d. h. vollständiger Veresterung werden fünf mol Essigsäure pro mol Glucose verbraucht. Dies deutet darauf hin, dass die Glucosestruktur **fünf OH-Gruppen** enthält. Der süße Geschmack des Traubenzuckers wird mit dieser großen Zahl von OH-Gruppen im Molekül erklärt.
- Der positive Verlauf von Tollens- und Fehling-Probe bezeugt die **reduzierenden Eigenschaften** des Glucosemoleküls und weist auf das Vorhandensein einer **Aldehydgruppe** hin.

Zwei Strukturformeln, die diese experimentellen Ergebnisse zusammenfassen, sind nachfolgend dargestellt:

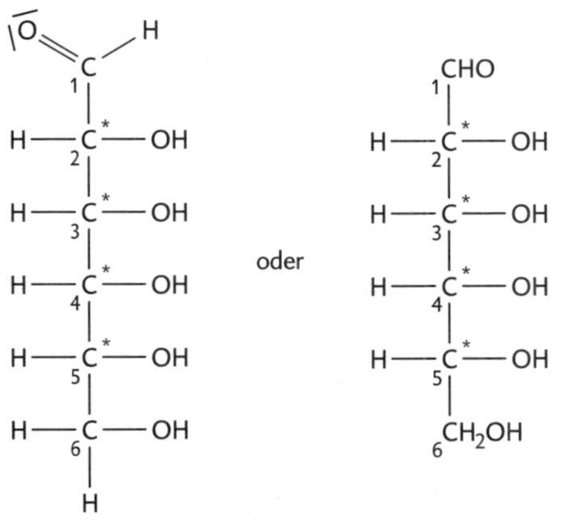

Glucose enthält **sechs** C-Atome und **eine** Aldehydgruppe, es handelt sich also um eine **Aldohexose**. Diese Aldohexose besitzt **vier** asymmetrisch substituierte C-Atome – die C-Atome C-2, C-3, C-4 und C-5 – die mit jeweils vier verschiedenen Atomen bzw. Molekülteilen verbunden sind. Das C-Atom 6 weist mit seinen beiden Wasserstoffatomen **zwei identische** Substituenten auf und ist demzufolge **nicht asymmetrisch**.

Beim Vorhandensein von **vier asymmetrischen C-Atomen** (C*) sind nach der allgemeinen Beziehung

$$n \cdot C^* \Rightarrow 2^n \text{ Stereoisomere}$$

16 Stereoisomere bzw. 8 Enantiomerenpaare möglich (siehe S. 12 f.). Die verschiedenen Isomere unterscheiden sich in der Fischer-Projektionsformel durch die Stellung der Hydroxylgruppen, die **links oder rechts** von den vier asymmetrischen C-Atome stehen können. Meso-Verbindungen sind nicht möglich, da das Aldohexosemolekül **kein molekülinternes Symmetriezentrum** besitzt. Alle 16 Isomere sind den Chemikern bekannt; eines davon ist die in der Natur vorkommende (+)-Glucose, ein weiteres deren **nicht natürlich** vorkommendes Enantiomer, die (–)-Glucose. Die übrigen 14 Formen stellen **Diastereomere** des Glucosemoleküls dar.
Welcher Struktur entspricht das (+)-Glucosemolekül, d. h. welche Stellung nehmen die OH-Gruppen der asymmetrischen C-Atome (*) in den Projektionsformeln nach Fischer ein? Diese Frage klärte Emil FISCHER im Jahre 1891 nach dreijähriger Forschung in einer umfangreichen wissenschaftlichen Arbeit und wies der (+)-Glucose folgende Struktur zu:

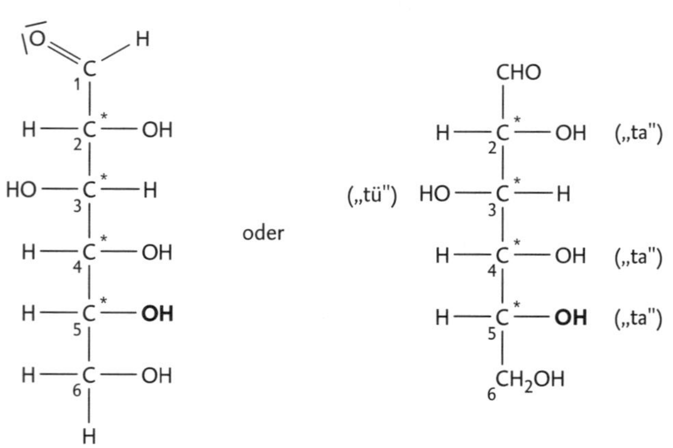

Offenkettige Aldehydform der **D**-(+)-Glucose mit allen asymmetrischen C-Atomen (*)

Eine Merkregel zur Einprägung der Stellung der OH-Gruppen an den asymmetrischen C-Atomen soll an dieser Stelle genannt werden: OH-Gruppen rechts in der Projektionsformel werden mit „ta", OH-Gruppen links werden mit „tü" bezeichnet. Zur Feststellung der Position der OH-Gruppen erinnere man sich dann an das Martinshornsignal „ta-tü-ta-ta".

Alle Monosaccharide werden nach der Konfiguration ihres **untersten Chiralitätszentrums** bzw. nach der Stellung der OH-Gruppe dieses asymmetrischen C-Atoms bezeichnet. Steht die Hydroxylgruppe **rechts**, bezeichnet man sie als **D-**, steht sie **links**, bezeichnet man sie als **L-**Form.
Bei der (+)-Glucose stellt das **C-5-Atom** das **unterste** asymmetrische C-Atom dar. Da die OH-Gruppe rechts steht, gehört der natürlich vorkommende Traubenzucker zur D-Reihe und wird als **D-(+)-Glucose** bezeichnet. Das Enantiomer (–)-Glucose (Struktur 2, s. u.) wird der L-Reihe zugerechnet, da die OH-Gruppe am untersten asymmetrischen C-Atom links steht. Die Struktur 3 stellt die D-(+)-Mannose, die Struktur 4 die D-(–)-Galactose dar:

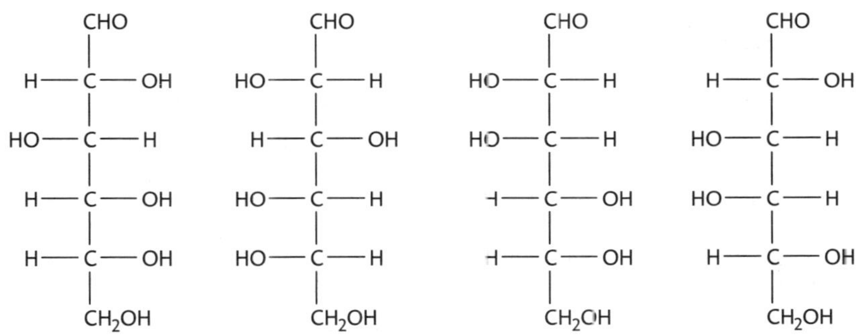

D-(+)-Glucose	L-(–)-Glucose	D-(+)-Mannose	D-(+)-Galactose
1	2	3	4

Wie zuvor besprochen, verlaufen Tollens- und Fehling-Probe mit D-(+)-Glucose positiv und weisen auf das Vorhandensein einer Aldehydgruppe im Glucosemolekül hin. Dagegen verläuft aber die Schiff'sche Probe – eine weitere **typische Aldehyd-Nachweisreaktion** – negativ. Wie lassen sich diese scheinbar widersprüchlichen Versuchsergebnisse erklären?
Mit der Annahme, dass D-(+)-Glucose **ausschließlich** als das gezeigte, kettenförmige Pentahydroxyaldehyd vorkommt, können die geschilderten Beobachtungen nicht ausreichend verstanden werden. Die bisherigen Vorstellungen über die Struktur der D-(+)-Glucose bedürfen einer Ergänzung.
Das Resultat der verschiedenen Aldehyd-Nachweisreaktionen erklärt sich aus der Tatsache, dass in einer wässrigen D-(+)-Glucoselösung die auf Seite 26 dargestellte offenkettige Form des Glucosemoleküls, mit einer Aldehydgruppe am C-1-Atom, nur in **sehr geringer Konzentration** (weniger als 0,5 %) vorkommt. Die weitaus meisten Moleküle in der wässrigen D-(+)-Glucoselösung liegen als **sechsgliedrige Ringe** vor, in denen es **keine** freien Aldehyd-

gruppen gibt. Im festen, kristallinen Zustand ist sogar die **ringförmige Konfiguration** die ausschließliche Strukturform der D-(+)-Glucose. Diese **zyklische** Struktur kommt durch eine Reaktion **innerhalb** des Moleküls zwischen der Aldehydgruppe am C-1-Atom und der OH-Gruppe am C-5-Atom zustande. In der Ringform ist das C-1-Atom mit dem C-5-Atom über ein **Sauerstoffatom** verbunden:

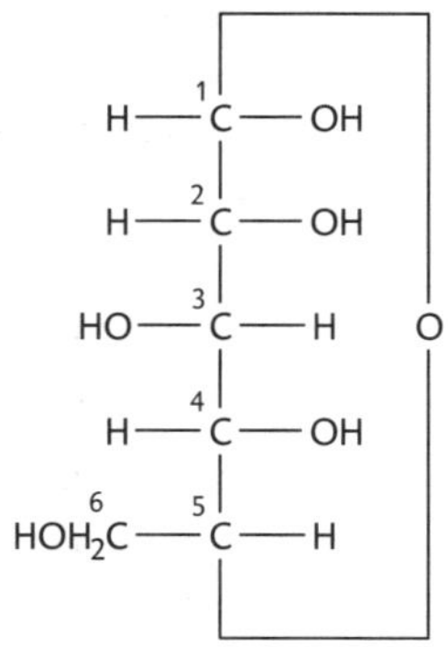

Ringform der D-(+)-Glucose in der Fischer-Projektion

Da in der chemischen Systematik Verbindungen, die durch Reaktion eines Aldehyds mit einem Alkohol entstehen – und das allgemeine Strukturmerkmal

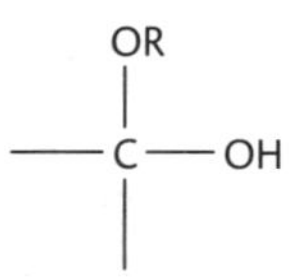

aufweisen – als **Halbacetal** (R = Alkylrest) bezeichnet werden, wird der sechsgliedrige Ring des (+)-Glucosemoleküls auch **zyklisches Halbacetal** genannt. Im ersten Schritt dieser säurekatalysierten **Halbacetalbildung** lagert sich ein Proton an das Sauerstoffatom der Aldehydgruppe an, welches – infolge seiner hohen Elektronegativität – eine negative Teilladung (δ^-) trägt. An das entstehende positive Carbeniumion bindet das **Sauerstoffatom** der OH-Gruppe am C-5-Atom. Durch Abspaltung eines Protons entsteht schließlich das zyklische Halbacetal, die H^+-Ionen wirken als Katalysator dieser Reaktion.

Formal wird ein Proton der OH-Gruppe am C-5-Atom an das Sauerstoffatom der Aldehydgruppe abgegeben, das durch ein Elektronenpaar der Doppelbindung der Carbonylgruppe gebunden wird. Letztendlich wird am C-1-Atom also eine OH-Gruppe gebildet. Das „übriggebliebene“ Elektronenpaar des Sauerstoffs am C-5-Atom bindet an das C-1-Atom, sodass dieses wiederum vier Bindungspartner aufweist:

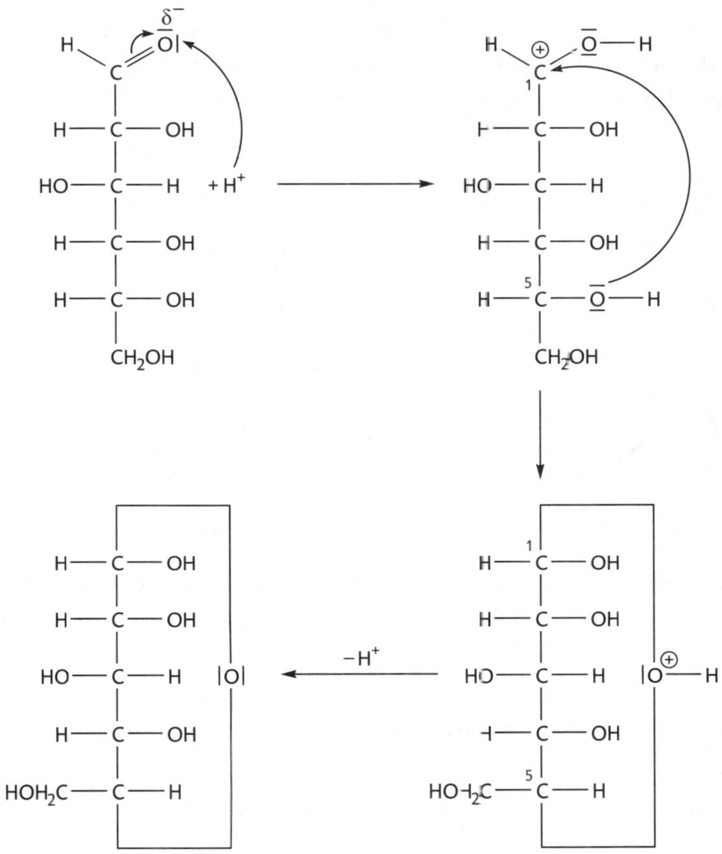

Das C-1-Atom der Glucosestruktur in der Ringform bedarf einer genaueren Betrachtung:

- Nach der Ringbildung weist dieses C-Atom **vier verschiedene** Substituenten auf. Es hat sich ein weiteres asymmetrisches C-Atom gebildet, das als **anomeres C-Atom** bezeichnet wird.
- Die entstandene **halbacetalische OH-Gruppe** am C-1-Atom kann in der Fischer-Projektionsformel entweder links oder rechts stehen, sodass **zwei** Ringstrukturen möglich sind.
- Die beiden Ringformen verhalten sich nicht wie Bild und Spiegelbild, es handelt sich um **Diastereomere**. Diese **speziellen** Diastereomere, die sich nur unter den Zuckern finden, nennt man **Anomere**.

Die zyklische Halbacetalform, in der die OH-Gruppe am anomeren C-Atom in der Projektionsformel **rechts** steht, wird als **α**-D-(+)-Glucose, jene, welche die OH-Gruppe **links** trägt, als **β**-D-(+)-Glucose bezeichnet:

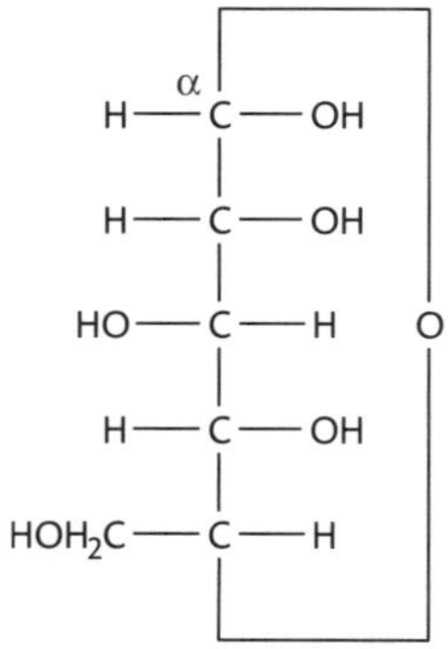

α-D-(+)-Glucose

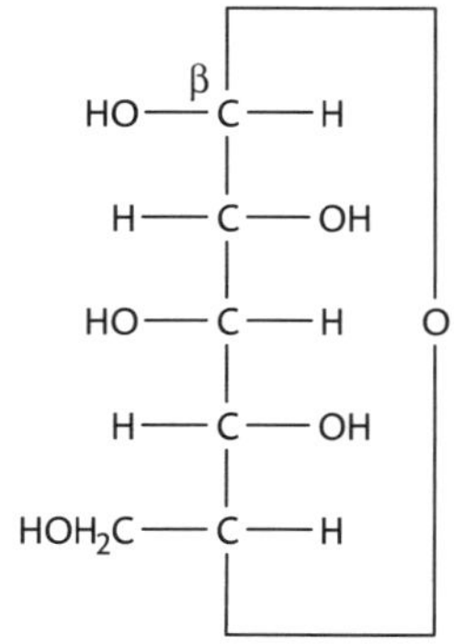

β-D-(+)-Glucose

Die beiden Anomere zeigen, da sie Diastereomere sind, ähnliche, aber nicht identische Eigenschaften und können in reinem, kristallinem Zustand isoliert werden:

Anomere	Schmelzpunkt	spezifische Drehung α_{sp}
α-D-(+)-Glucose	146 °C	$+112° \cdot ml \cdot g^{-1} \cdot dm^{-1}$
β-D-(+)-Glucose	150 °C	$+18{,}7° \cdot ml \cdot g^{-1} \cdot dm^{-1}$

Tab. 1: α- und β-D-(+)-Glucose im Vergleich.

Dabei entstehen im Kristallisationsprozess immer nur Kristalle eines Anomers, da aufgrund der unterschiedlichen Molekülstruktur in das Molekülgitter des einen kein Molekül des anderen Anomeren eingebaut werden kann.
Stellt man von **einem** der reinen Anomeren eine wässrige Lösung her, so kann man beobachten, dass sich der zunächst gemessene Drehwinkel der Schwingungsebene linear polarisierten Lichts **kontinuierlich ändert**, bis er schließlich einen konstanten Wert von +52,7 °annimmt (spezifische Drehung von α- und β-Form: siehe Tab. 1). Diese Veränderung der Drehung wird als **Mutarotation** bezeichnet. Die Erscheinung wird dadurch hervorgerufen, dass sich in wässriger Lösung – ungeachtet von welchem Anomeren man ausgeht – ein **Gleichgewicht** zwischen den beiden zyklischen Halbacetalformen und der offenkettigen Aldehydform einstellt, wobei die Umwandlung des einen Anomeren in das andere über die offenkettige Form verläuft. Da die zyklischen

Strukturen aber wesentlich stabiler sind als das offenkettige Molekül, bleibt dessen Konzentration mit < 0,5 % äußerst gering. Diese geringe Stoffmengenkonzentration ist schließlich auch der Grund für den **negativen** Aldehydnachweis mittels der **Schiff'schen Probe**. Die im Verlauf der Schiff'schen Probe nötige Bildung des Aldehyd-Additionsproduktes ist nur mit den in **sehr geringer** Konzentration vorliegenden offenkettigen Glucosemolekülen möglich, der Nachweis fällt daher negativ aus, während die Proben nach Tollens und Fehling positiv verlaufen, da der geschlossene Sechsring der D-Glucose durch Oxidation der **halbacetalischen** OH-Gruppe aufgebrochen werden kann (siehe S. 24).

Das Phänomen der **Mutarotation** ist ebenso wie die widersprüchlichen Ergebnisse bei den verschiedenen Aldehydnachweisen ein Hinweis darauf, dass die D-(+)-Glucose **nicht** ausschließlich **nur** mit der **offenkettigen** Struktur des 2,3,4,5,6-Pentahydroxyhexanals beschrieben werden darf.

Der Massenanteil an α-D-(+)-Glucose beträgt in einer Lösung, in der sich das Gleichgewicht zwischen offenkettigen und ringförmigen Strukturen eingestellt hat, ca. **36,5 %**, der an β-D-(+)-Glucose ca. **63,5 %**. Die unterschiedliche Häufigkeit ist eine Folge der verschiedenen räumlichen Gegebenheiten für die OH-Gruppen in α- oder β-Stellung (siehe S. 34 f.). Der **Endwert** der Drehung von **+52,7°** ist das Ergebnis der jeweiligen Anteile der beiden Anomeren in der wässrigen Lösung:

$$52{,}7^\circ = \frac{18{,}7^\circ \cdot 63{,}5\,\% + 112^\circ \cdot 36{,}5\,\%}{100\,\%}$$

Die Fischer-Projektionsformeln geben die Strukturen der zyklischen Halbacetalformen nur ungenügend wieder, da alle C–O-Bindungen, genau wie die C–C-Bindungen, normale Einfachbindungen sind. Dies aber kommt in Bezug auf die Bindungslänge nur unzureichend zum Ausdruck. Dagegen zeigen die **Projektionsformeln nach Haworth** ein besseres Bild der Molekülgestalt, obgleich man sich bewusst sein muss, dass auch sie die räumliche Anordnung der Atome nur modellhaft beschreiben. So bleibt bei der **ebenen sechsgliedrigen** Darstellung der Ringstruktur unberücksichtigt, dass sämtliche C-Atome sp^3-hybridisiert sind und die jeweiligen Substituenten eigentlich **tetraedrisch** angeordnet sein müssten. Dennoch reichen die Formeln nach Haworth für viele Darstellungen der Kohlenstoffhydrate aus.

Der Zusammenhang zwischen den Fischer-Projektionsformeln und den Formeldarstellungen nach Haworth lässt sich bei der D-(+)-Glucose durch Beachtung folgender Regeln herstellen:

- Man zeichnet ein **ebenes, waagrechtes Sechseck** mit dem Ringsauerstoffatom in der hinteren rechten Ecke, das C-1-Atom stellt den „Eckpunkt" rechts unterhalb des Ringsauerstoffatoms dar.
- Die Nummerierung der übrigen Ring-C-Atome (C-2 bis C-5) verläuft vom C-1-Atom ausgehend im Uhrzeigersinn.
- Die Substituenten der C-Atome (anomere C-Atome C-2, C-3 und C-4), die in der Fischer-Projektion **rechts** stehen, werden **unterhalb** des ebenen waagrechten Sechsecks bei dem jeweiligen C-Atom eingezeichnet, die Atome bzw. Atomgruppen, die **links** stehen, werden **oberhalb** des Ringes bei dem entsprechenden C-Atom notiert.
- Beim C-5-Atom wird das H-Atom **unterhalb**, die verbleibende CH_2OH-Gruppe **oberhalb** des Sechsecks eingezeichnet.
- Bei der α-D-(+)-Glucose steht die halbacetalische OH-Gruppe am anomeren C-1-Atom **unterhalb**, bei der β-Form **oberhalb** der Ringebene:

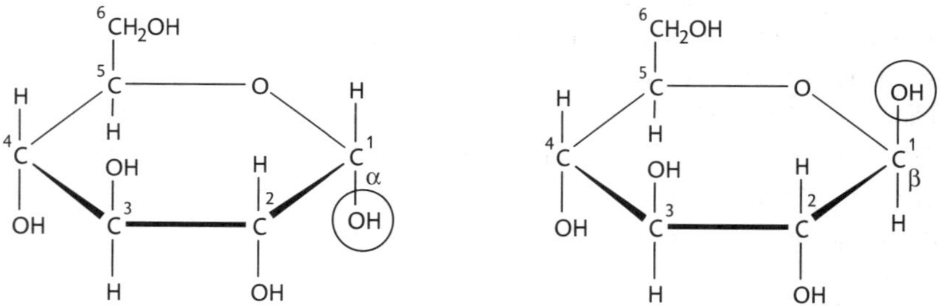

Haworth-Projektion der α- und der β-D-(+)-Glucose

Zur Übung empfiehlt es sich auf einer Karteikarte ein Sechseck mit einem Ringsauerstoffatom in der hinteren rechten Ecke zu zeichnen. Dieses Sechseck wird auch auf die Rückseite der Karte gezeichnet, wobei darauf zu achten ist, dass die Eckpunkte – insbesondere die Lage des Ringsauerstoffatoms – oberhalb und unterhalb der Karteikarte zusammenfallen. So muss der Ringsauerstoff in die linke hintere Ecke eingezeichnet sein, wenn die Karte auf der Rückseite liegt. Die Substituenten werden auf einem Klebestreifen notiert und oberhalb bzw. unterhalb der Karte auf die jeweiligen Eckpunkte befestigt. Auf der Karteikarte (Oberseite) müssen so z. B. (im Uhrzeigersinn) für die α-D-(+)-Glucose die Atome bzw. Atomgruppen H (C-1), H (C-2), OH (C-3), H (C-4), CH_2OH (C-5) notiert sein. Solche Darstellungen können auch eine Hilfe bei der Feststellung der Lage der Substituenten bei Di- und Polysacchariden sein:

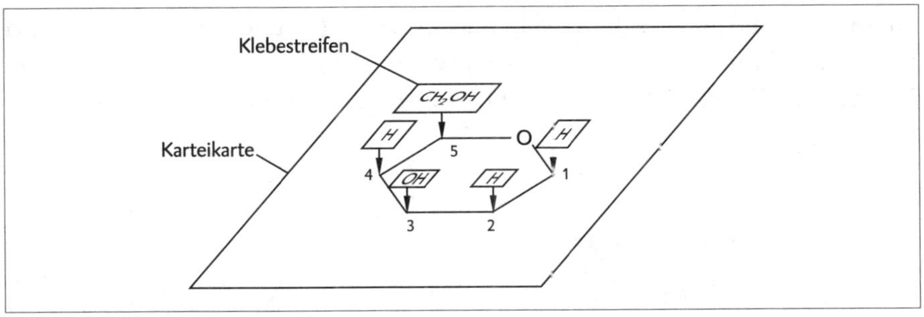

Abb. 9: Schema einer Karteikarte für die Haworth-Projektion der α-D-(+)-Glucose (Oberseite).

Eine wirklichkeitsnähere Darstellung, die die zuvor angesprochene **tetraederförmige** Bindungssituation der sp^3-hybridisierten Kohlenstoffatome berücksichtigt, stellen schließlich die **Sesselformen** der ringförmigen Strukturen dar:

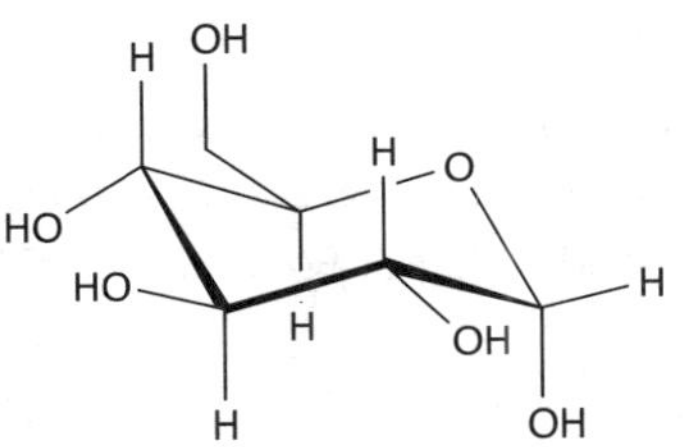

Sesselkonformation der α-D-(+)-Glucose

(Zur verbesserten Übersichtlichkeit sind in obiger Moleküldarstellung weder die Kohlenstoffatome noch die beiden an C-Atom 6 gebundenen Wasserstoffatome eingezeichnet, eine Praxis, die Chemiker v. a. bei komplexeren Strukturen gerne der Einfachheit halber anwenden.)
Jedes Kohlenstoffatom im Gluco**pyran**osemolekül[2] ist mit vier anderen Atomen verbunden. Die vier bindenden sp^3-Hybridorbitale eines jeden C-Atoms weisen in die Ecken eines Tetraeders. Da sich auch der C–O–C-Bindungswinkel mit einem Wert von 111 ° nur unwesentlich von dem des Tetraederwinkels (109 ° 5') unterscheidet, kann der Pyranosering in der Realität nicht eben sein, wie in der Haworth-Projektion dargestellt, sondern muss, ähnlich wie ein **Cyclohexanmolekül**, in einer Sesselkonformation vorliegen. Die Messergebnisse aus der Röntgenstrukturanalyse bestätigen diese Vorstellungen.

2 Die Bezeichnung -**pyran**ose- bezieht sich auf die strukturelle Verwandtschaft des ringförmigen Glucosemoleküls mit dem sechsgliedrigen zyklischen Ether **Pyran**: 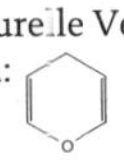

Für die beiden Anomere der D-(+)-Glucopyranose (α- und β-Form) lassen sich jeweils **zwei** miteinander im **Gleichgewicht** stehende Sesselkonformationen formulieren. Für die β-Glucose sieht dies folgendermaßen aus:

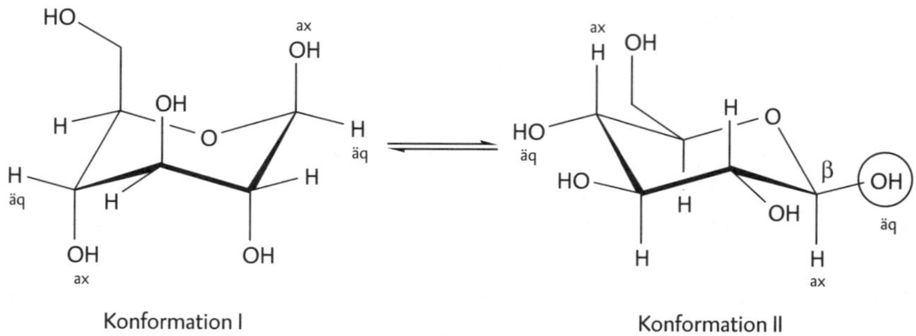

In welcher dieser Formen kommen die α- und die β-Glucose bevorzugt vor?

- β-Glucose:
  Konformation I: Alle großen und sperrigen Substituenten, wie die $-CH_2-$OH-Gruppe und die OH-Gruppen der C-Atome, besetzen die **axialen** (ax) Stellungen und stehen somit dicht beieinander. Diese Form ist verhältnismäßig ungünstig.
  Konformation II: Alle großen Substituenten an den C-Atomen nehmen die geräumigeren **äquatorialen** (äq) Stellungen ein. Die Konformation II ist folglich die stabilere Form.
- α-Glucose:
  Auch in diesem Fall ist diejenige Konformation die stabilere, in der insbesondere die voluminöse $-CH_2OH$-Gruppe sich in der **räumlich** günstigeren äquatorialen Position befindet. Auch hier ist dies die Darstellung in der Konformation II. In dieser Anordnung nimmt jedoch die Hydroxylgruppe am anomeren C-Atom 1 die „eingeengte" axiale Stellung ein:

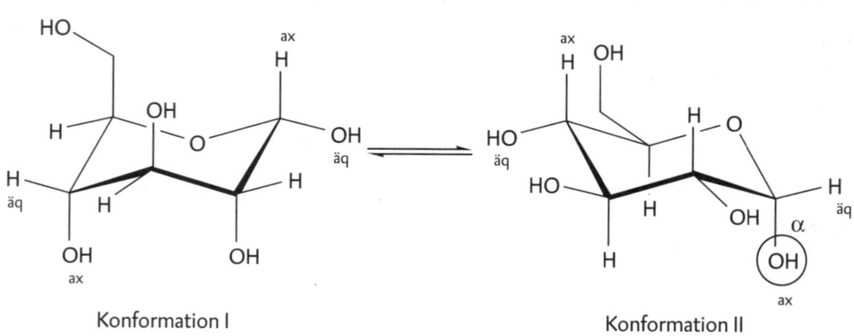

In beiden Anomerenformen der D-(+)-Glucopyranose lässt sich nur für die β-Glucose eine Sesselkonformation formulieren, in der **alle großen Substituenten** in der räumlich günstigeren Anordnung der äquatorialen Stellung vorliegen. Verglichen mit allen anderen D-Aldohexosen kommt β-Glucose deshalb auch am **häufigsten** in der Natur vor. Der energetische Unterschied der Konformationen erklärt auch die unterschiedlichen Massenanteile der Ringstrukturen von α-Glucose und β-Glucose in wässriger Lösung (siehe S. 31).

Fructose

Fructose, besser bekannt als **Fruchtzucker**, findet sich in vielen Früchten und im Honig. Er schmeckt wesentlich **süßer** als Glucose und Saccharose (Haushaltszucker). Insbesondere als **Zuckeraustauschstoff** für Diabetiker spielt der Fruchtzucker eine wichtige Rolle, da er wegen seiner langsameren Resorption und der schnellen und teilweise insulinunabhängigen Umsetzung im Stoffwechsel (Metabolisierung) der Leber für diese Patienten besonders geeignet ist. Außerdem lassen sich aufgrund der vergleichsweise höheren Süßkraft der Fructose mit diesem Zucker kalorienreduzierte Lebensmittel herstellen, die zur gezielten Gewichtsabnahme bei Übergewichtigen eingesetzt werden.
Fructose kristallisiert in farblosen Kristallen und weist eine sehr gute Wasserlöslichkeit auf. Weitere charakteristische Eigenschaften der Fructose sind:

- eine molare Masse (M) von 180,16 $g \cdot mol^{-1}$,
- ein Schmelzpunkt bei 100–104 °C und
- eine spezifische Drehung $[\alpha]_D^{20} = -92{,}4°$ des linear polarisierten Lichts.

Fructose hat die **Summenformel $C_6H_{12}O_6$**, womit sie ein **Isomeres** der Glucose darstellt. Allerdings zählt sie **nicht** zu den 16 Stereoisomeren des Traubenzuckers (siehe S. 26), da das Molekül in seiner offenkettigen Form am C-2-Atom eine **Ketogruppe** besitzt. Die offenkettige Form dieser Ketohexose lässt sich durch folgende Fischer-Projektionsformel darstellen:

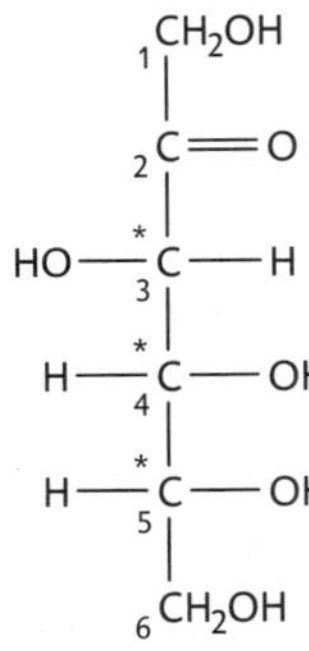

Die C-Atome C-3, C-4 und C-5 sind asymmetrische C-Atome (*). Die **natürlich** vorkommende Fructose gehört der D-Reihe an, weshalb die OH-Gruppe des untersten asymmetrischen C-Atoms (C-5) in vorangegangener Strukturformel rechts steht. Diese D-Fructose dreht die Schwingungsebene des linear polarisierten Lichtes nach links, weshalb sie genauer als D-(–)-Fructose bezeichnet werden muss. Auch von der Fructose sind ringförmige Molekülstrukturen bekannt. Dabei kann die Ketogruppe entweder mit der OH-Gruppe des C-6-Atoms zu einem **sechs**gliedrigen, oder aber mit der OH-Gruppe des C-5-Atoms zu einem **fünf**gliedrigen Ring reagieren:

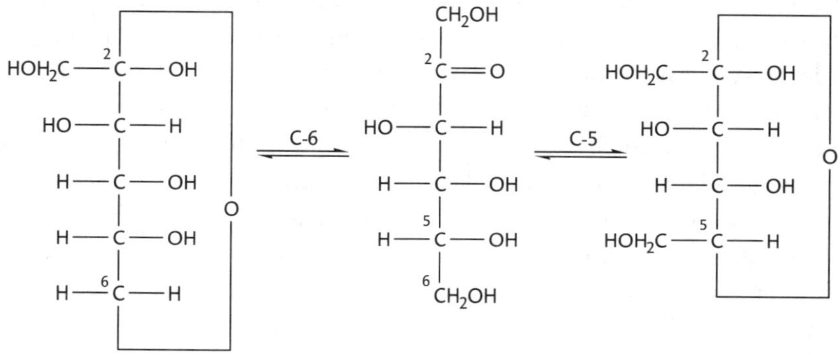

Üblicherweise benutzt man für die Darstellung der Fünf- und Sechsringsysteme der D-Fructose – wie schon beim Glucosemolekül gezeigt – die Projektionsformeln nach Haworth:

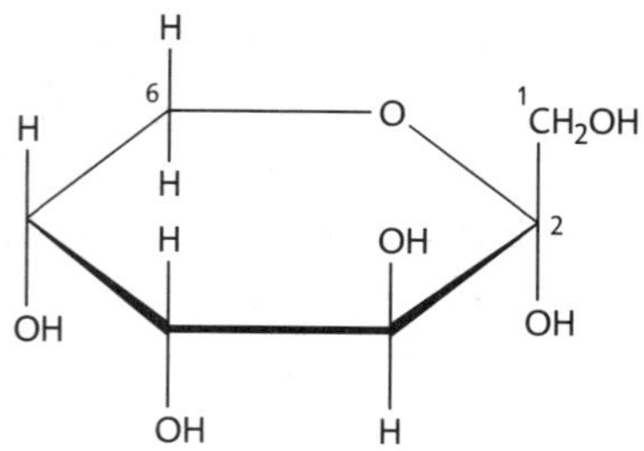

D-(–)-Fructopyranose

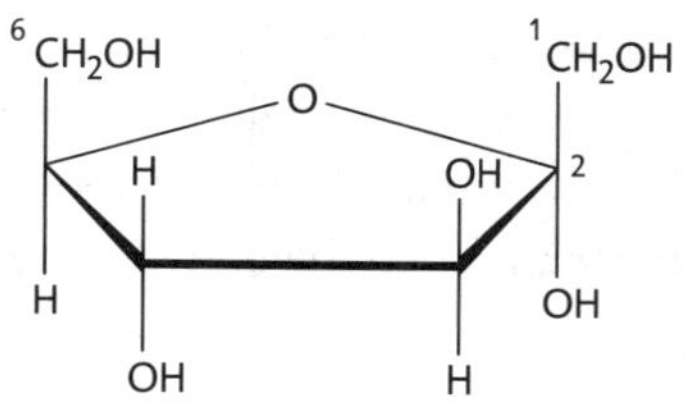

D-(–)-Fructofuranose

Der sechsgliedrige Ring eines Zuckers wird als **Pyranose**, der fünfgliedrige als **Furan**ose[3] bezeichnet.

3 Die Bezeichnung -**furan**ose bezieht sich auf die strukturelle Verwandtschaft des ringförmigen Fructosemoleküls mit dem fünfgliedrigen aromatischen Heterocyclus **Furan**: 

Ähnlich wie bei den Pyranoseformen der D-Glucose wird das C-2-Atom des Fructosemoleküls durch die Ringbildungen zu einem asymmetrischen Kohlenstoffatom. Je nach Stellung der OH-Gruppe an diesem C-Atom unterscheidet man auch hier zwischen einer α- und einer β-Form. Das neu gebildete Chiralitätszentrum führt erneut zur Bildung von speziellen Diastereomeren, die bei den Zuckern als **Anomere** bezeichnet werden:

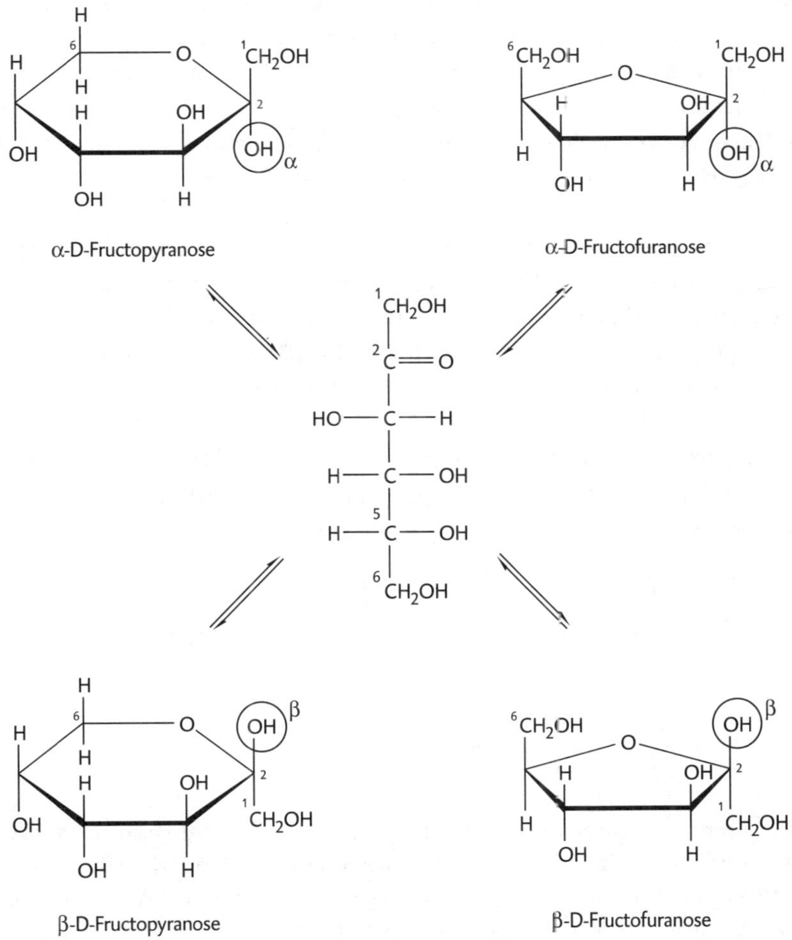

Theoretisch sind also die beiden Anomere α- und β-D-(–)-Fructo**furanose** und das Anomerenpaar α- und β-D-(–)-Fructo**pyranose** denkbar, von denen allerdings bisher nur die β-D-(–)-Fructopyranose in kristalliner Form isoliert werden konnte.

Stellt man von dieser eine wässrige Lösung her, so misst man zunächst eine spezifische Drehung von $\alpha_{sp} = -133{,}5°$, nach einiger Zeit aber einen Wert von $-92{,}4°$. Diese **Mutarotation** ist die Folge einer Gleichgewichtseinstellung zwischen den α- und β-**Pyranose**anomeren und den beiden **Furanose**anomeren über die offenkettige Ketoform. Die Lage dieses Gleichgewichts ist nur von der Temperatur der Lösung abhängig.
Interessanterweise zeigen die Fehling- und die Tollens-Probe auch mit dem Monosaccharid Fructose – wie mit Glucose – einen positiven Verlauf. Diese Reaktion ist deshalb zunächst nicht zu verstehen, da die Fructose in ihrem Molekülbau **keine freie Aldehydgruppe** aufweist. Sie enthält als Ketohexose eine **Ketogruppe**, welche sich, unter der Voraussetzung, dass dabei das Kohlenstoffgerüst des Hexosemoleküls nicht zerstört werden soll, nicht weiter oxidieren lässt.
Zur Klärung dieses scheinbaren Widerspruches ist es nötig, die Reaktionsbedingungen, unter denen die Aldehyd-Nachweise durchgeführt werden, näher zu betrachten: Bei den Reaktionsgemischen sowohl der Fehling- wie auch der Tollens-Probe handelt es sich um **alkalische** Lösungen. Natronlauge bei der Fehling- bzw. Ammoniak bei der Silberspiegelprobe sorgen für ein stark basisches Milieu. Eine Ketogruppe, wie sie im Fructosemolekül vorliegt, kann sich in alkalischem Milieu in eine so genannte **Enolstruktur** (*-en* für die C=C-Doppelbildung, *-ol* für die OH-Gruppe) umwandeln und mit dieser unter den gegebenen Bedingungen im Gleichgewicht stehen:

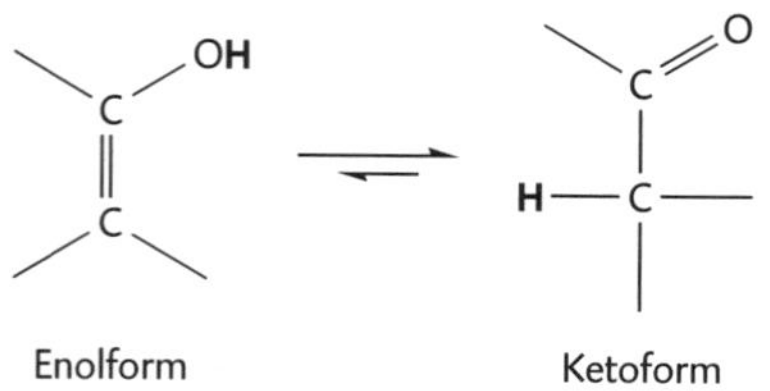

> Als **Enolform** bezeichnet man eine Struktur, die eine OH-Gruppe an einem doppelt gebundenen C-Atom trägt. Ketostrukturen und deren Enolstruktur sind **Konstitutionsisomere**, d.h. Isomere die sich in der Reihenfolge ihrer Atome und der Art der Verknüpfung, z.B. durch Einfach- oder Doppelbindungen, unterscheiden.

Konstitutionsisomere und Stereoisomere darf man nicht verwechseln: Konstitutionsisomere sind Verbindungen, die bei gleicher Summenformel in der **Anordnung** ihrer Atome deutlich voneinander abweichen und sich z.B. durch unterschiedliche **Verknüpfung** der Atome auszeichnen, während Stereoiso-

mere sich nur in der **räumlichen Anordnung gleichartig verknüpfter** Atome unterscheiden.
Stehen zwei Konstitutionsisomere miteinander im Gleichgewicht, so spricht man von Tautomeren, hier von einer **Keto-Enol-Tautomerie**:

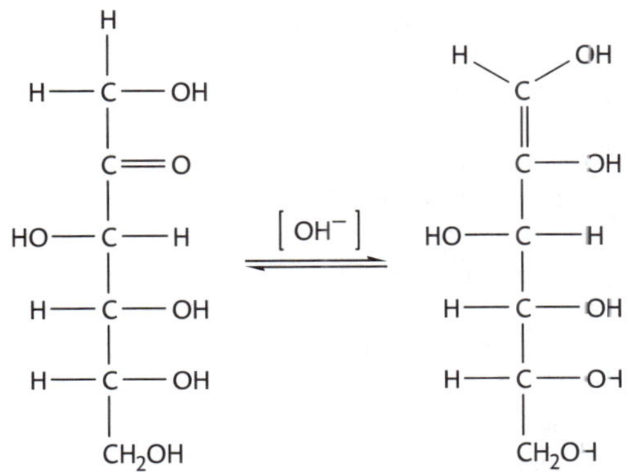

D-(–)-Fructose in der Ketoform und in der isomeren Enolform

Wie kommt es zum chemischen Gleichgewicht zwischen den tautomeren Formen? Bei dieser **Keto-Enol-Tautomerie** findet eine Protonenverschiebung statt, d.h. die Tautomeren unterscheiden sich letztendlich nur in der Stellung eines **Wasserstoffatoms**. Die Umwandlung der Tautomeren ineinander erfolgt über eine „Wanderung" eines Protons, welche durch die im alkalischen Milieu vorliegenden Hydroxid-Ionen katalysiert wird. Diese OH^--Ionen spalten von dem der Carbonylgruppe **benachbarten** (α-)C-Atom ein so genanntes **acides** Proton ab, wodurch sich ein durch Mesomerie stabilisiertes **Enolat-Ion** als Zwischenstufe bilden kann:

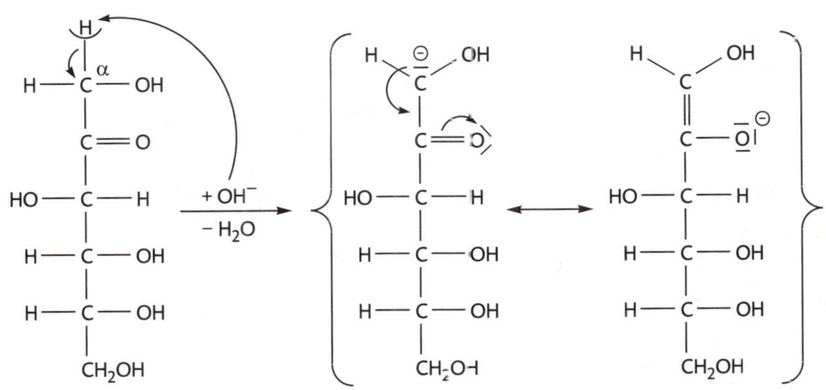

mesomeres Enolat-Ion als Zwischenstufe

Möglich wird die Abspaltung des Protons, da Carbonylverbindungen mit α-ständigen Wasserstoffatomen als schwache Säuren reagieren können. Durch Aufnahme eines Protons entsteht schließlich die Enolform und das OH^--Ion wird zurückbildet:

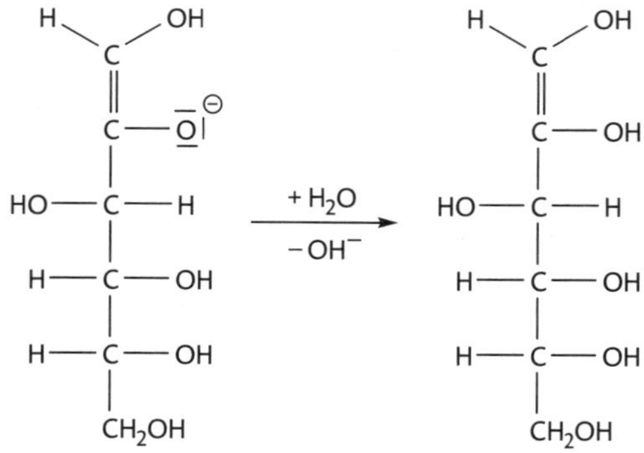

Enolform der D-(–)-Fructose

Gewöhnlich überwiegt im dynamischen Gleichgewicht die **Carbonylform**. Die Enolform kann ihrerseits infolge der Polarität der O–H-Bindungen ein Proton abspalten. Dieses wird vom entstehenden Carbanion dann wieder gebunden. Im Falle der Enolform des Fructosemoleküls, die genauer betrachtet eigentlich eine En**di**olform ist, da sie **zwei** (stark polarisierte) OH-Gruppen in Nachbarschaft zur C=C-Doppelbindung trägt, kann die „Verschiebung" eines Protons **entweder** an das C-1-Atom **oder** an das C-2-Atom erfolgen, sodass sich an C-2 **oder** an C-1 eine Carbonylgruppe bildet. Je nachdem entsteht entweder eine **Keto**gruppe (C-2-Atom) oder eine **Aldehyd**gruppe (C-1-Atom):

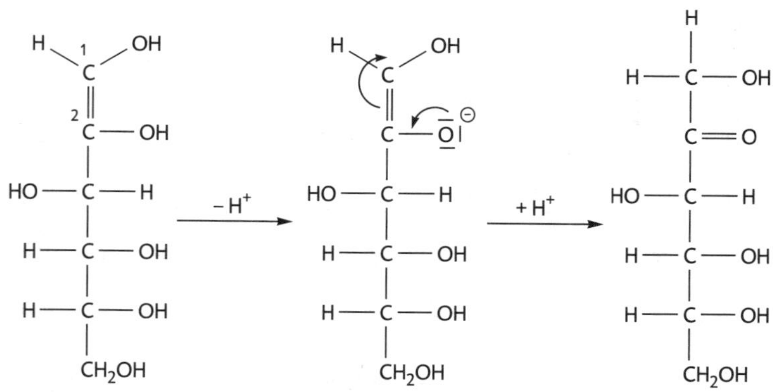

Endiolform · Carbanion · Ketose (D-Fructose)

oder:

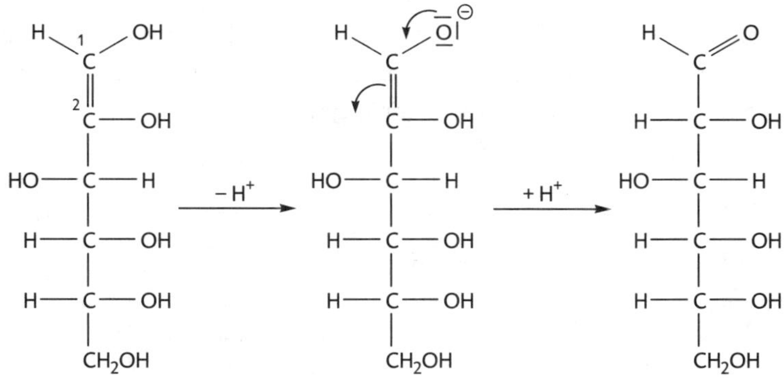

z. B. D-Glucose

Auf diese Weise kann sich also aus der **Keto**hexose Fructose eine **Aldo**hexose bilden. Je nach Stellung der OH-Gruppe am C-2-Atom in der Fischer-Projektionsformel handelt es sich dabei um D-Glucose (siehe vorangegange Moleküldarstellungen) oder um D-Mannose (siehe S. 27). In der offenkettigen Form besitzen beide Aldohexosen eine freie Aldehydgruppe im Molekül und zeigen sowohl bei der Fehling- als auch bei der Tollens-Probe ein **positives** Ergebnis.

Wenig spezifisch, aber für viele Nachweise ausreichend, ist die **Seliwanow-Probe** zur Unterscheidung von D-Fructose und D-Glucose. Dazu versetzt man eine Spatelspitze der Zuckerlösungen mit einer Spatelspitze **Resorcin** (1,2-Dihydroxybenzol) und gibt einige Milliliter konzentrierte Salzsäure hinzu. Beim Erhitzen entsteht bei Anwesenheit von Fructose sofort ein rotvioletter Niederschlag.

2.3 Glycoside

Viele Pflanzeninhaltstoffe, wie z. B. das Vanillin aus der Vanillinschote, gehören einer wichtigen Stoffklasse an, die als die Gruppe der **Glycoside** bezeichnet wird. Glycoside kommen in der Natur sehr häufig vor. Chemisch betrachtet stellen sie **Ether** der Kohlenstoffhydrate dar, die z. B. durch Reaktion der Hydroxylgruppe des **anomeren** C-Atoms der Zucker mit verschiedenen Alkoholen entstehen.
Als Beispiel für die Bildung eines Glycosides – allerdings unter Laborbedingungen – sei der genaue Reaktionsablauf zwischen α-D-(+)-Glucose, Methanol und wasserfreiem Chlorwasserstoff als Katalysator beschrieben.

Beispiel

Im ersten Reaktionsschritt wird die halbacetalische OH-Gruppe des Monosaccharids protoniert, d. h. ein H^+-Ion wird an das negativ polarisierte Sauerstoffatom der Hydroxylgruppe addiert:

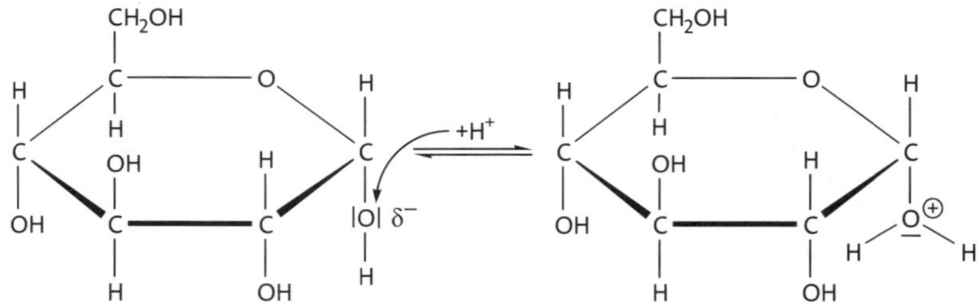

α-D-(+)-Glucose

Diese Protonenanlagerung bewirkt einen verstärkten Elektronenabzug vom Carbonyl-C-Atom, sodass schließlich ein Wassermolekül abgespalten werden kann:

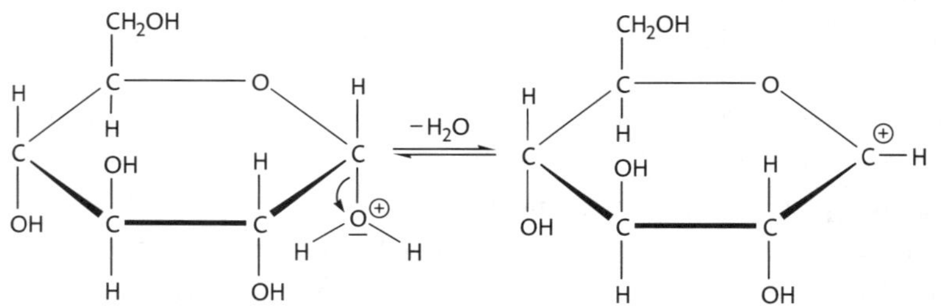

Carbenium-Ion

Es entsteht ein positives Carbenium-Ion, an das sich das Methanolmolekül mit dem freien Elektronenpaar seiner Hydroxylgruppe anlagert:

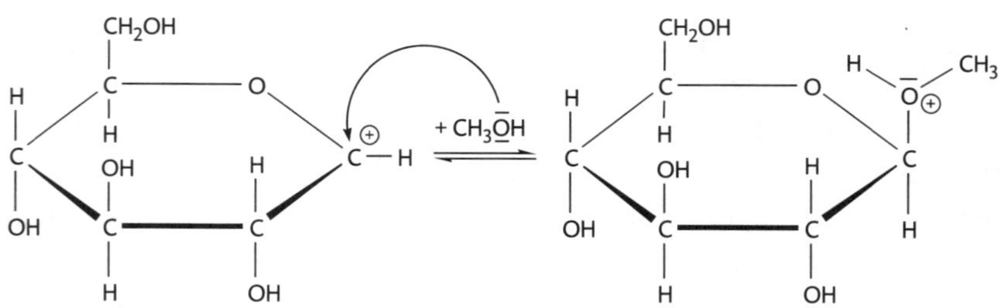

Durch Abspaltung eines Protons, also unter Rückbildung des Katalysators, bildet sich schließlich der Ether:

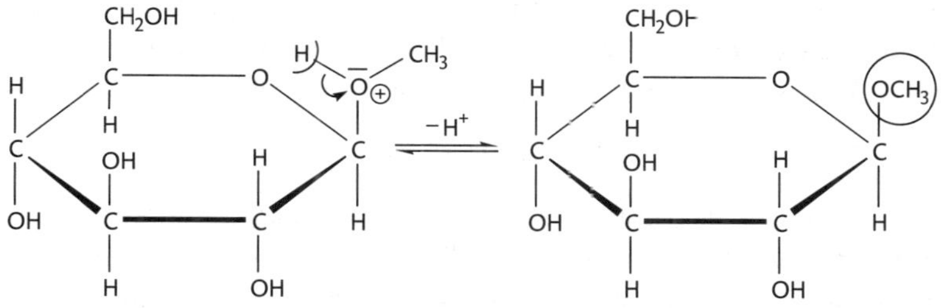

Methyl-β-D-glucosid

Vom anomeren C-Atom gehen damit **zwei** „Etherbindungen" vom Typ −O−R aus. Moleküle, die solche Bindungen enthalten, werden allgemein als **Vollacetale** bezeichnet. In der Chemie der **Kohlenstoffhydrate** hat sich der Begriff **Glycoside** für diesen speziellen Typ der Acetale durchgesetzt. Je nach Kohlenstoffhydrat-Baustein unterscheidet man Glucoside, Fructoside usw. Im beschriebenen Beispiel ist das exakt benannte Produkt ein Methyl-D-glucosid. Da allerdings die neue (Ether-)Bindung sowohl in α- als auch in β- Stellung entsteht, weil sich der Alkohol „von oben" (β-) oder „von unten" (α-Stellung) an das Carbenium-Ion anlagern kann, bildet sich bei der Reaktion von α-D-(+)-Glucose mit Methanol ein Gemisch aus den beiden Anomeren Methyl-**α**-D-glucosid und Methyl-**β**-D-glucosid. Das Methyl-α-D-glucosid besitzt einen Schmelzpunkt von 165 °C und eine spezifische Drehung $\alpha_D = +158°$, das Methyl-β-D-glucosid weist einen Schmelzpunkt von 107 °C und eine spezifische Drehung $\alpha_D = -33°$ auf.

Glycoside entstehen – wie in vorangegangenem Beispiel gezeigt – unter der katalytischen Wirkung wasserfreier Säuren. Die Reaktion ist umkehrbar, was in den Gleichungen durch die Doppelpfeile bereits angedeutet wird. In sauren, wässrigen Lösungen werden Glycoside in ihren Kohlenstoffhydrat- und ihren Alkoholbaustein **hydrolysiert**, d. h. die polare Atombindung zwischen den beiden Bausteinen wird durch Reaktion mit Wasser gespalten.

Dagegen sind Glycoside in neutralem oder alkalischem Medium stabil. Eine Folge davon ist, dass sie im alkalischen Medium der Tollens- und Fehling-Lösung nicht zu einem Halbacetal, das mit seiner offenkettigen Form im Gleichgewicht stünde, hydrolysiert werden können. Sie besitzen somit **keine** reduzierenden Eigenschaften und werden zu den **nicht reduzierenden** Zuckern gezählt. Glycoside zeigen aufgrund ihrer Beständigkeit in wässriger Lösung auch keine Mutarotation, da die jeweiligen Anomere nicht miteinander in einem chemischen Gleichgewicht stehen können.

2.4 Disaccharide

Disaccharide sind Kohlenstoffhydrate, die durch Verknüpfung **zweier Monosaccharidbausteine** unter Wasserabspaltung (Kondensation) entstehen. Sie besitzen dementsprechend die **allgemeine Summenformel $C_{12}H_{22}O_{11}$**.

Formal: 2 $C_6H_{12}O_6$ „abzüglich“ 1 H_2O „ergibt“ $C_{12}H_{22}O_{11}$

Bei der Bildung eines Disaccharids reagiert ein Monosaccharidmolekül als Halbacetal mit einem zweiten Monosaccharid zu einem Vollacetal bzw. Glycosid. Die entstehende Bindung wird **glycosidische Bindung** genannt. Durch saure Hydrolyse lassen sich Disaccharide wieder in ihre beiden Monosaccharideinheiten spalten.
Die Verknüpfung der beiden Bausteine kann derart erfolgen, dass entweder

- die Hydroxylgruppe des **anomeren C-Atoms** des ersten Zuckers mit dem **anomeren C-Atom** des zweiten Zuckermoleküls zu einer **vollacetalartigen** Bindung reagiert, oder
- die Hydroxylgruppe eines **nicht anomeren** C-Atoms des zweiten Zuckers am Zustandekommen der glycosidischen Bindung beteiligt ist. Dabei bildet sich ein Disaccharid, das am zweiten Monosaccharidbaustein noch eine **halbacetalische OH-Gruppe** aufweist, ein Disaccharid also, das gleichzeitig ein Halbacetal ist.

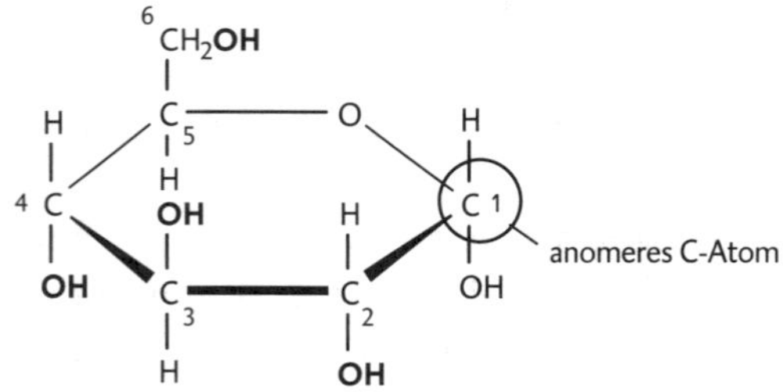

α-D-(+)-Glucose; fett: OH-Gruppen der **nicht** anomeren C-Atome

Ein solches Disaccharid zeigt **Mutarotation**: In einer wässrigen Lösung dieses Zuckers ist eine **Ringöffnung** an dem die halbacetalische OH-Gruppe tragenden Baustein – etwa einem D-Glucosebaustein – zur **offenkettigen** Aldehydform möglich. Von solchen Disacchariden existieren demnach zwei Anomere, die unterschiedliche spezifische Drehwinkel aufweisen. Eine wässrige Lösung eines reinen Anomers wird – über die offenkettige Form – zu einem Gleichgewichtsgemisch der beiden zyklischen Halbacetale umgewandelt, folglich kommt es zu einer kontinuierlichen **Änderung des Drehwinkels** bis hin zu einem konstanten Endwert (siehe S. 45).

Die offenkettige Form eines solchen Disaccharids weist außerdem eine **freie Aldehydgruppe** auf und ist deshalb für den positiven Verlauf von Fehling- und Tollens-Probe verantwortlich. Es gehört damit zu den **reduzierenden Zuckern**. Erfolgt jedoch – wie zuvor für die erste Verknüpfungsmöglichkeit beschrieben – die Reaktion zwischen den Hydroxylgruppen **beider anomerer C-Atome** (z. B. C-Atome 1) der Monosaccharidbausteine, so sind **beide halbacetalischen** OH-Gruppen an der Ausbildung der glycosidischen Bindung beteiligt (1,1-Verknüpfung), im entstandenen Disaccharid findet sich deshalb **keine** halbacetalische OH-Gruppe mehr. Diese **Blockierung** der halbacetalischen OH-Gruppen führt dazu, dass solche Disaccharide nicht reduzierend wirken und in wässriger Lösung keine Mutarotation zeigen.

Maltose

Die (+)-Maltose, oder auch **Malzzucker**, wird im Verlauf der alkoholischen Gärung in keimender Gerste (Malz) durch partielle[4] Hydrolyse von **Stärke** (siehe S. 59) gebildet. Die Hydrolyse wird dabei durch das Enzym **Diastase** katalysiert. Im Versuch lässt sich Malzzucker auch mittels wässriger Säure aus Stärke herstellen.

Maltose ist als Disaccharid aus **zwei D-(+)-Glucopyranoseeinheiten** aufgebaut, die durch eine glycosidische Bindung zwischen dem anomeren C-Atom (C-1) des einen Glucoserests und dem C-4-Atom des anderen miteinander verbunden sind. Man spricht deshalb von einer **1,4-glycosidischen Bindung**. Da das an der Verknüpfung beteiligte anomere C-Atom in der glycosidischen Bindung in α-Stellung vorliegt, lautet die exakte Bezeichnung **α-1,4-**glycosidische Bindung. Die OH-Gruppe des anomeren C-Atoms des zweiten Glucosebausteins ist **nicht** an der glycosidischen Bindung beteiligt und kann in α- oder β-Konformation vorliegen, weshalb eine α- wie auch eine β-Maltose existieren. In wässriger Lösung erfolgt über die offenkettige Aldehydform eine gegenseitige Umwandlung der Anomeren ineinander.

Maltose dreht die Schwingungsebene des linear polarisierten Lichts nach rechts, weshalb sie als (+)-Maltose bezeichnet wird. Das Disaccharid kann in α- und/oder β-Form vorliegen. Geht man von wässrigen Lösungen der reinen α- (spezifischer Drehwinkel $\alpha_D = +168°$) bzw. β-Formen ($\alpha_D = +112°$) aus, so zeigen diese eine kontinuierliche Änderung des Drehwinkels bis zu einem konstanten Endwert von $\alpha_D = +136°$, bei welchem sich ein Gleichgewicht zwischen α-, β- und offenkettiger Form eingestellt hat.

4 **partiell** = teilweise. Bei vollständiger Hydrolyse von Stärke würde sich ausschließlich das Monosaccharid Glucose bilden.

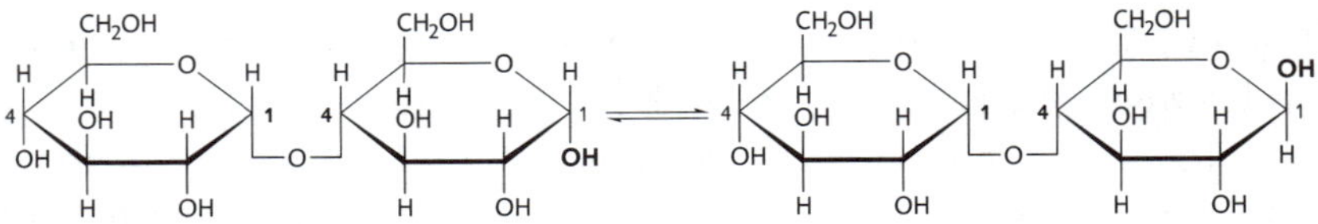

α-1,4-glykosidisch
α-Maltose

α-1,4-glykosidisch
β-Maltose

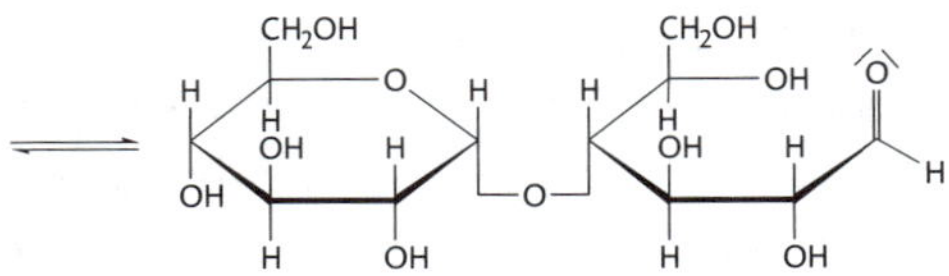

α-1,4-glykosidisch
Maltose (offenkettige Form)

(+)-Maltose reduziert Tollens-Reagenz und Fehling-Lösung und stellt somit einen **reduzierenden Zucker** dar. Für diese beiden Reaktionen ist die in wässriger Lösung in geringer Menge vorhandene offenkettige Aldehydform verantwortlich, die mit den beiden Halbacetalformen (α- und β-Maltose) im Gleichgewicht steht. Die offenkettige Aldehydform kann nachgebildet werden, wenn sie dem Gleichgewicht entzogen wird. Durch Bromwasser wird (+)-Maltose zur so genannten D-Maltobion**säure** oxidiert:

$$\text{Ox.:}\quad R{-}\overset{+I}{C}HO + H_2O \longrightarrow R{-}\overset{+III}{C}OOH + 2\,H^+ + 2\,e^-$$

$$\text{Red.:}\quad \overset{0}{Br_2} + 2\,e^- \longrightarrow 2\,\overset{-I}{Br^-}$$

$$R{-}\overset{+I}{C}HO + H_2O + \overset{0}{Br_2} \longrightarrow R{-}\overset{+III}{C}OOH + 2\,H\overset{-I}{Br}$$

(+)-Maltose ist – wie alle Mono- und Disaccharide – gut wasserlöslich. Dies erklärt sich durch die Vielzahl an OH-Gruppen der Moleküle, die mit dem Lösungsmittel Wasser H-Brückenbindungen ausbilden können.
Erwärmt man eine Lösung von (+)-Maltose mit verdünnter wässriger Säure wie z. B. Salzsäure ($c = 1\ mol \cdot l^{-1}$), so kann man in dieser Lösung D-(+)-Glucose nachweisen. Formal wird ein Molekül (+)-Maltose in zwei D-(+)-Glucoseeinheiten unter Anlagerung von Wasser gespalten:

$$C_{12}H_{22}O_{11} + H_2O \longrightarrow 2\,C_6H_{12}O_6$$

Bei dieser Reaktion wird die glycosidische Bindung des Maltosemoleküls **säurekatalytisch hydrolysiert**, d. h. die polare Atombindung wird durch Reaktion mit Wasser gespalten.

Man erhält bei dieser Hydrolyse stets ein Gemisch aus α- und β-D-Glucose und der offenkettiger Aldehydform der Glucose, unabhängig davon, ob man von α- oder β-Maltose ausgeht. Dies erklärt sich aus der Tatsache, dass es in wässriger Lösung immer zur bereits besprochenen Gleichgewichtseinstellung zwischen α-, β- und offenkettiger Form der D-Glucose kommt.
Auch durch das im Verdauungssystem des Menschen bzw. in der Hefe vorkommende **Enzym Maltase** wird (+)-Maltose vollständig in zwei D-Glucoseeinheiten gespalten. Da Maltase nur **α-glycosidische** Bindungen zu hydrolysieren vermag, kann diese Enzymreaktion auch umgekehrt als ein Hinweis auf die α-glycosidische Verknüpfung von zwei Molekülen D-(+)-Glucose gelten.

Cellobiose
Cellobiose ist ein Abbauprodukt des Makromoleküls Cellulose („Zellstoff", z. B. aus gereinigter Baumwolle) und weist – wie Maltose – die **Summenformel $C_{12}H_{22}O_{11}$** auf. Als charakteristische Merkmale der Cellobiose sind zu nennen:

- Die saure Hydrolyse führt zu **zwei** D-(+)-**Glucoseeinheiten** je Cellobiosemolekül.
- Fehling- und Silberspiegelprobe fallen mit Cellobiose **positiv** aus, was als Hinweis auf das Vorhandensein einer reaktiven, offenkettigen Aldehydform gedeutet werden kann. Cellobiose ist damit ein **reduzierender** Zucker.
- Ein wässrige Cellobioselösung dreht die Schwingungsebene linear polarisierten Lichts nach rechts und wird deshalb als (+)-Cellobiose bezeichnet.
- Die α- und β- Formen zeigen in wässriger Lösung **Mutarotation**.

Vergleicht man die Eigenschaften von (+)-Cellobiose mit denen der (+)-Maltose, so finden sich viele Ähnlichkeiten. (+)-Cellobiose unterscheidet sich jedoch in **einem wichtigen Merkmal** von (+)-Maltose: Sie lässt sich **nicht** durch das Enzym Maltase, stattdessen aber durch das Enzym **Emulsin** hydrolysieren, welches man z. B. in Bittermandeln findet. Maltose ihrerseits lässt sich nicht durch Emulsin in zwei D-Glucoseeinheiten spalten. Da Maltase nur α-glycosidische Bindungen hydrolysieren kann, während aber das Enzym Emulsin **nur β-glycosidische Bindungen** spaltet, ergibt sich hieraus für die Struktur des Cellobiosemoleküls ein wesentlicher Unterschied zu jener des Maltosemoleküls: Hier sind die beiden D-Glucosemoleküle **β-glycosidisch** miteinander verknüpft, d. h. die OH-Gruppe des anomeren C-Atoms des ersten Glucosemoleküls, das an der Ausbildung der glycosidischen Bindung beteiligt ist, steht in der Haworth-Projektionsformel nach oben, in der **β-Stellung** also. Im zweiten Glucosebaustein steht die Hydroxlgruppe am C-Atom 4, das für die

Bildung der Glycosidbindung benötigt wird, allerdings in der Projektionsformel nach unten, sodass eine Verknüpfung formal zunächst nicht möglich erscheint. Da für die Bindung beide OH-Gruppen gleichartig orientiert sein sollten, muss der zweite Glucosebaustein um 180° gedreht werden. Hat man sich eine Projektionsformel nach Haworth auf eine Karteikarte gezeichnet (siehe S. 33), so dreht man diese Karte nun einfach um:

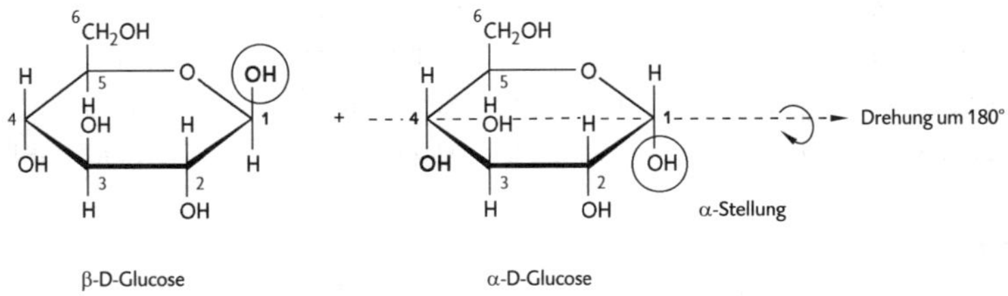

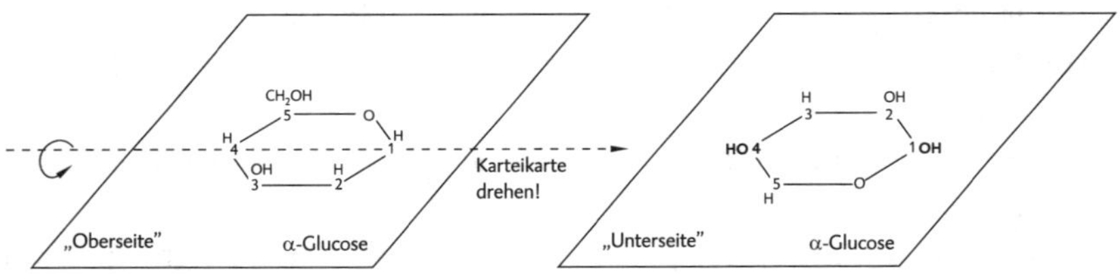

In der zeichnerischen Darstellung liegt jetzt der Ringsauerstoff im Sechseck rechts vorne, alle Substituenten die zuvor nach unten gerichtet waren, sind jetzt nach oben gerichtet und umgekehrt. Durch diese Maßnahme kommt die OH-Gruppe des C-Atoms 4 des zweiten Glucosemoleküls, und damit die bei der Glycosidbildung entstehende Sauerstoffbrücke, oberhalb der Zeichenebene zu stehen (β-glycosidische Bindung).

Sollte beim zweiten Glucosebaustein **vor** der Drehung die OH-Gruppe am **anomeren** C-1-Atom **unterhalb** der Zeichenebene, also in α-Stellung liegen, handelt es sich bei dem gebildeten Disaccharid um die **α-(+)-Cellobiose**. Man beachte aber, dass in der α-Form der Cellobiose im zweiten Baustein die OH-Gruppe des anomeren C-Atoms in der zeichnerischen Darstellung als Folge der Drehung **oberhalb** der Zeichenebene steht:

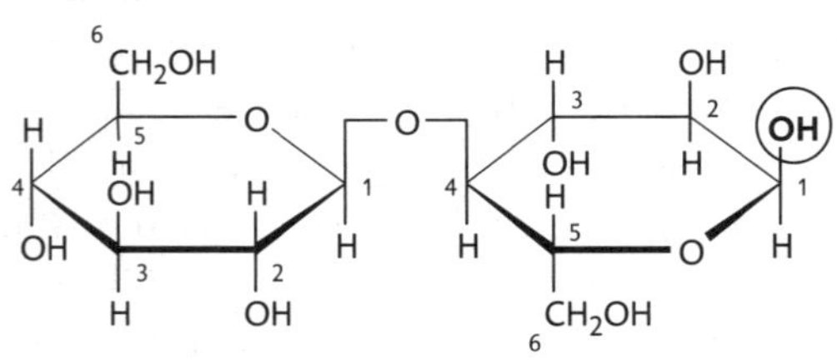

α-(+)-Cellobiose mit β-1,4-glycosidischer Verknüpfung

Saccharose

Die Saccharose ist ein Kohlenstoffhydrat, das in nahezu jeder Küche zur Grundausstattung gehört. Sie gilt heute als Grundnahrungsmittel – in den industrialisierten Ländern werden etwa 10 bis 15 % der täglichen Kalorienaufnahme mit Saccharose gedeckt – und wenn man im Alltagsleben von „Zucker" spricht, so ist damit in der Regel dieses am häufigsten vorkommende Disaccharid gemeint.

Saccharose, oder auch **Rohr**- bzw. **Rübenzucker**, findet sich im Zellsaft vieler Pflanzen, z. B. in den Speicherblättern der Küchenzwiebel. In großen Mengen kommt die Saccharose in den Stängeln des Zuckerrohrs (11–16 %) und in den Speicherwurzeln der Zuckerrübenpflanze vor (frisch 16–17,5 %). Aus 100 kg Rüben gewinnt man in der industriellen Verarbeitung 13,3 bis 14,8 kg so genannten „Weißzucker".

Abb. 10: Zuckerrohrernte auf Kuba.

Das Disaccharid Saccharose besteht aus den Bausteinen α-D-(+)-**Glucopyranose** und β-D-(+)-**Fructofuranose**, die über die OH-Gruppen der **anomeren C-Atome** (C-1 bei Glucose, C-2 bei Fructose) miteinander verbunden sind. In einer Kondensationsreaktion entsteht also eine **1,2-glycosidische Bindung**.

Um die Bildung der Bindung zu verstehen, zeichnet man die **α-D-Glucose** als Sechs- (Pyranosid), die **β-D-Fructose** als Fünfring (Furanosid) in Haworth-Projektion nebeneinander. Bei der Glucose ist die OH-Gruppe am anomeren C-1-Atom α-ständig, d. h. sie zeigt nach **unten**. Bei der Fructose ist die OH-Gruppe am anomeren C-2-Atom in der β-Stellung, d. h. sie steht nach **oben**:

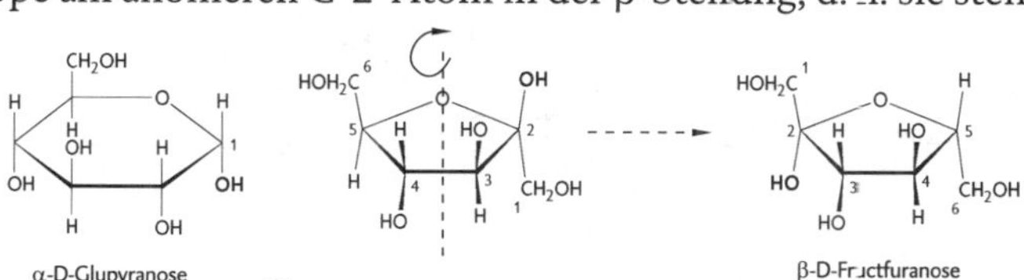

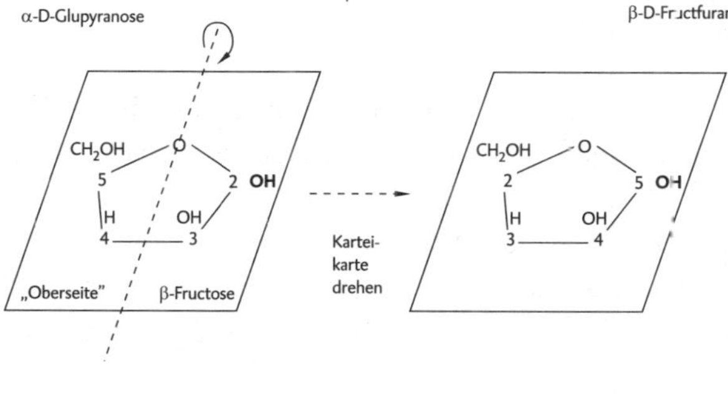

Die 1,2-Verknüpfung ist – wenn man die beiden Molekülstrukturen nebeneinander gezeichnet betrachtet – so nicht möglich:

- Die anomeren C-Atome, zwischen denen die Glycosidbindung ausgebildet werden soll, sind noch **nicht benachbart**.
- Die am Zustandekommen der Bindung beteiligte OH-Gruppe steht bei der Glucose unterhalb des Sechsringes (**α**-Stellung), die OH-Gruppe bei der Fructose aber oberhalb des Fünfringes (**β**-Stellung).

Zur Ausbildung der Bindung muss das Fructosemolekül gedreht werden. Dazu notiert man den Fünfring der β-D-Fructofuranose oberhalb und unterhalb einer Karteikarte derart, dass die Lage des Sauerstoffatoms genau übereinstimmt. Das Sauerstoffatom bildet die „obere Spitze" des Fünfecks. Im Uhrzeigersinn werden dann auf der Oberseite beginnend am C-2-Atom, welches die **rechte Ecke** des Fünfecks bildet, die jeweiligen Substituenten eingezeichnet: –OH (C-2-Atom; β-Stellung), –OH (C-3-Atom), –H (C-4-Atom) und $-CH_2OH$ (C-5-Atom). Entsprechendes gilt für die Unterseite. Nun dreht man die Karte um, sodass die unten stehenden Substituenten nach oben zeigen. Das Sauerstoffatom **bleibt** während der Drehung der Karte **an der oberen Spitze** des Fünfrings. Das C-Atom **2** bildet jetzt die **linke Ecke** des Fünfecks. Oberhalb des Rings steht an diesem Atom jetzt die CH_2OH-Gruppe, **unterhalb** die **OH-Gruppe** des anomeren Atoms. In dieser Lage des β-D-Fructosemoleküls sind die anomeren C-Atome der Fructose und der α-D-Glucose benachbart, und unter Abspaltung von Wasser kann die 1,2-glycosidische Bindung ausgebildet werden:

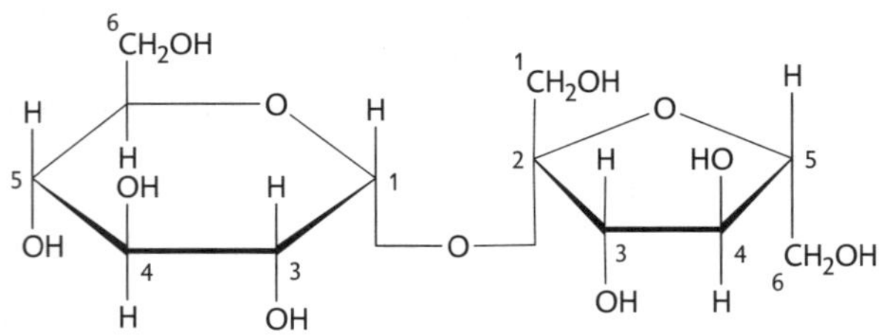

Saccharose, α,β-1,2-glycosidisch verknüpft

Aufgrund der Vielzahl an OH-Gruppen und der damit verbundenen Fähigkeit zur Ausbildung von H-Brücken mit Wassermolekülen ist auch die Saccharose leicht wasserlöslich.

Fehling- und Tollens-Probe fallen bei Saccharose **negativ** aus. Diese Eigenschaft erklärt sich aus der Tatsache, dass an der 1,2-glycosidischen Verknüpfung sowohl bei dem α-D-Glucose- als auch bei dem β-D-Fructose-Baustein jeweils das **anomere C-Atom** mit seiner **halbacetalischen OH-Gruppe** beteiligt ist. Bei keinem der beiden Bausteine ist daher eine Ringöffnung möglich, sodass sich in wässriger Lösung auch keine oxidierbare **Aldehydform** bildet. Die Saccharose gehört deshalb, im Unterschied zu Cellobiose und Maltose, zu den **nicht reduzierenden** Zuckern. Das Fehlen einer zur Ringöffnung fähigen, **halbacetalischen** OH-Gruppe erklärt auch, dass Saccharose nicht in einer α- und β-Form vorkommt, zwischen denen sich in wässriger Lösung ein Gleichgewicht einstellen könnte. Deshalb tritt in einer wässrigen Saccharoselösung auch keine **Mutarotation** auf.

Die **saure Hydrolyse** – z. B. durch Zugabe von Salzsäure zu einer Saccharoselösung – ergibt ein Gemisch aus α- und β-D-Glucose und α- und β-D-Fructose. Bei der Hydrolysereaktion entstehen zwar pro Molekül Saccharose ein Molekül **α-D-Glucose** und ein Molekül **β-D-Fructose**, aber in der wässrigen Lösung kommt es bei jedem der beiden Monosaccharide sofort zu einer **Gleichgewichtseinstellung** zwischen den jeweiligen α-, β- und offenkettigen Formen. Diese dynamischen Gleichgewichte erklären auch die Ergebnisse zweier **experimenteller Untersuchungen** des Saccharosehydrolysats:

- Führt man nach der Neutralisation des Hydrolysats mit z. B. Natriumhydrogencarbonat

  $$NaHCO_3 + H_3O^+ + Cl^- \longrightarrow Na^+ + Cl^- + H_2O + CO_2$$

  die Fehling-Probe durch, so erhält man wegen der im Gleichgewicht vorhandenen offenkettigen Aldehydformen ein positives Ergebnis. Eine vorherige Neutralisation ist deshalb notwendig, weil die Fehling-Reaktion nur im **alkalischen** Milieu abläuft.
- Die wässrige Saccharoselösung dreht die Schwingungsebene des linear polarisierten Lichts nach rechts, die spezifische Drehung α_{sp} beträgt +66,5 °. Im Laufe der **Hydrolyse** stellt man bei einer Messung des Drehwerts fest, dass sich dieser vom Betrag her **positive** Drehwinkel **fortlaufend verkleinert** und schließlich einen **negativen** Wert annimmt (α_{sp} = –19,9 °). Die Rechtsdrehung ist also während der Hydrolyse in eine Linksdrehung übergegangen.

Wie lässt sich diese zweite interessante Beobachtung im Detail erklären?
Bei der Hydrolyse erhält man ein Gleichgewichtsgemisch aus sowohl α- und β-D-Glucose, das die Schwingungsebene nach rechts dreht (α_{sp} = +52,7 °), wie auch aus α- und β-D-Fructose, welches die Schwingungsebene nach links dreht (α_{sp} = –92,4 °).

Da erstens nach der Hydrolyse **D-Glucose und D-Fructose** im **Verhältnis 1 : 1** vorliegen, zweitens die **Linksdrehung** des D-Fructosegemisches einen **höheren Wert als die Rechtsdrehung** des D-Glucosegemisches zeigt, dreht die entstandene Lösung die Schwingungsebene des linear polarisierten Lichts insgesamt nach links.

Die spezifische Drehung α_{sp} des Hydrolysats von –19,9° berechnet sich folgendermaßen:

$$-19{,}9° = \frac{-92{,}4° \cdot 50\,\% + 52{,}7° \cdot 50\,\%}{100\,\%}$$

Diese Umkehrung des Drehsinns wird als **(Rohrzucker-)Inversion**, das entstehende Gemisch als **Invertzucker** bezeichnet. Im **Honig** findet sich genau dieser Invertzucker, also ein 1 : 1-Gemisch aus den α- und β-D-Glucosen und -Fructosen, da Bienen mithilfe des Enzyms **Invertase** in der Lage sind, die im Nektar enthaltene Saccharose zu hydrolysieren. Auch im menschlichen Verdauungstrakt wird die mit der Nahrung aufgenommene Saccharose bei der Passage durch den Dünndarm enzymatisch in D-Fructose und D-Glucose gespalten.

Industrielle Gewinnung von Saccharose aus Zuckerrüben

Die in unseren Breiten saccharosereichste Pflanze, die **Zuckerrübe**, bildet von Frühjahr bis Ende September einen Wurzelkörper aus, die so genannte Rübe, die das über die Fotosynthese gebildete Disaccharid speichert. Die Rüben werden von September bis November geerntet („gerodet"). In der Zuckerfabrik werden die Rüben zunächst gewaschen, anschließend in Schneidemaschinen zerkleinert. In Extraktionstürmen werden die Rübenschnitzel im Gegenstromverfahren mit ca. 70 °C heißem Wasser behandelt, sodass der Zucker aus den Zellen herausgelöst wird. Der auf diese Weise gewonnene Rohsaft enthält neben ca. 15 % Zucker noch Nichtzuckerstoffe wie Eiweiße und verschiedene organische Säuren, die abgetrennt werden müssen. Zur Reinigung wird dem Rohsaft Kalkmilch ($Ca(OH)_2$-Lösung) beigemischt. Die unerwünschten Begleitstoffe setzen sich als schwerlösliche Calciumverbindungen ab. Die organischen Säuren werden z. B. als unlösliche Calciumsalze ausgefällt:

$$2\,R{-}COOH + Ca(OH)_2 \longrightarrow Ca(R{-}COO)_2\downarrow + 2\,H_2O$$

Durch Einleiten von Kohlenstoffdioxid werden schließlich überschüssige Calciumionen zusammen mit den pflanzlichen Nichtzuckerstoffen gefällt und über Filter abgetrennt. Das Filtrat ist ein klarer, gelblicher, sehr zuckerreicher

Dünnsaft. In Verdampfapparaten wird der Dünnsaft so lange eingedickt, bis der Dicksaft mit ca. 70 % Zucker entstanden ist. Bei Unterdruck und niedrigerer Temperatur wird das Eindampfen weiter fortgesetzt, bis sich Saccharosekristalle in der Kochmasse bilden. Der den Kristallen noch anhaftende zähflüssige Sirup wird durch Zentrifugieren abgetrennt. Dieser Rohzucker wird nochmals in Wasser aufgelöst, die Lösung wird filtriert und wiederum einer erneuten Kristallisation unterworfen, wodurch weiße Zuckerraffinade von hoher Reinheit entsteht. Den gewonnenen Sirup lässt man nochmals zweimal auskristallisieren, wobei zuletzt die so genannte **Melasse** entsteht. Diese enthält nicht auskristallisierbare Saccharose und Nichtzuckerstoffe, die zur Herstellung von Hefe, Alkohol und als Viehfutter verwendet werden. Außerdem können aus der Melasse verschiedene Stoffe für die Lebensmittelindustrie und die pharmazeutische Industrie hergestellt werden.

Lactose

Das Disaccharid **Lactose** (Milchzucker) kommt – zu ungefähr 5 % – nur in Milch wie der Kuh- oder auch der Muttermilch vor und weist die **Summenformel $C_{12}H_{22}O_{11}$** auf. Das Sauerwerden der Milch erklärt sich durch Stoffwechselprozesse von Bakterien, die Lactose in **Milchsäure** umgewandeln.

- Die **saure** oder **enzymatische** Hydrolyse mit Emulsin, welches nur β-glycosidische Bindungen spaltet, liefert ein Molekül **β-D-(+)-Glucose** und ein Molekül **β-D-(+)-Galactose**, die in wässriger Lösung ein chemisches Gleichgewicht mit ihren jeweiligen α-, β-Formen und den offenkettigen Aldehydformen bilden. D-Galactose ist ein Diastereomer zu D-Glucose und unterscheidet sich von diesem in der Stellung der Hydroxlgruppe am Kohlenstoffatom 4 (siehe S. 27).
- Fehling- und Tollens-Probe verlaufen mit Lactose **positiv**, d. h. die halbacetalische OH-Gruppe an einem Baustein des Disaccharids ist **nicht** blockiert, Lactose ist ein reduzierender Zucker.
- α- und β- Form der Lactose zeigen in wässriger Lösung **Mutarotation**.

Das β-D-Galactosemolekül ist mit seinen C-1-Atom glycosidisch mit dem C-4-Atom des β-D-Glucose-Bausteins verbunden, es handelt sich also um eine **β-1,4-glycosidische Verknüpfung**. In der Haworth-Projektion muss man das Glucosemolekül um 180° drehen, wenn man die Bindung „bilden“ will:

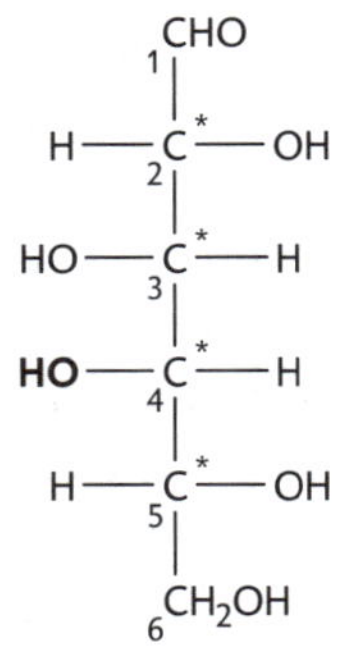

offenkettige Form der D-(+)-Galactose

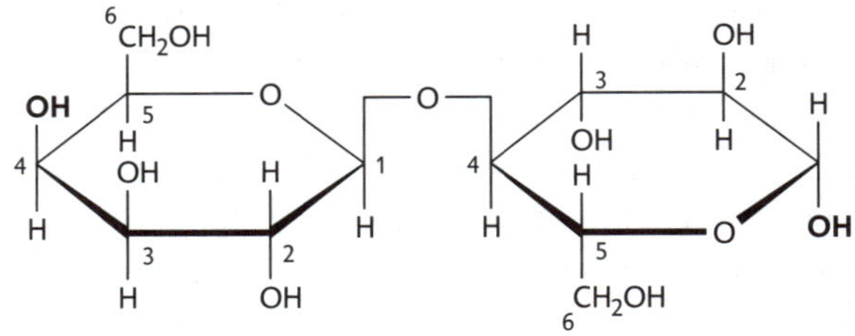

β-D-Galactose-Baustein β-D-Glucose-Baustein
Lactose, β-1,4-glycosidisch verknüpft

2.5 Polysaccharide

Polysaccharide (Glycane) sind organische Verbindungen, die in der Natur verschiedene wichtige Funktionen erfüllen. Ihre Moleküle sind aus vielen, z. T. Tausenden Monosacchariden aufgebaut, die einzelnen Bausteine eines solchen Riesenmoleküls sind dabei glycosidisch miteinander verknüpft. Man rechnet sie wegen ihrer außerordentlich großen Molekülmasse zu den natürlich vorkommenden **Makromolekülen**. Die Struktur eines solchen, natürlichen Polymers hängt von der Art und Anzahl der Monosaccharidbausteine, der Verknüpfung dieser Bausteine und der Anordnung der riesigen Molekülketten im Raum ab. Die wichtigsten Polysaccharide sind **Stärke** und **Cellulose** mit der **allgemeinen Formel** $(C_6H_{10}O_5)_n$. Beide bestehen aus D-(+)-Glucoseeinheiten.

Stärke

Die Stärke spielt eine überragende Rolle in der Ernährung des Menschen. Woher aber erhält man diese so wichtige Verbindung? Bei der **Fotosynthese** der grünen Pflanzen wird als Primärprodukt u. a. **Glucose** gebildet:

$$\text{Bilanzgleichung: } 6\,CO_2 + 12\,H_2O \longrightarrow C_6H_{12}O_6 + 6\,O_2 + 6\,H_2O$$

Noch in den Blättern der Pflanze müssen die gebildeten Glucose-Monosaccharide zum Makromolekül Stärke „zusammengesetzt“ werden, da Glucose als **osmotisch wirksame** Substanz in hoher Konzentration die Pflanzenzellen schädigen würde, Stärke diese Wirkung aber nicht besitzt. Die Stärke wird während der Dunkelperiode zu ihrer **Transportform**, der **Saccharose** (siehe S. 49)

„umgebaut" und über die Leitungsbahnen in die jeweiligen Reserve-Depots wie die Knollen der Kartoffel geleitet, in denen größere Stärkekörner aus den niedermolekularen Zuckern polymerisiert werden. Kartoffelknollen enthalten bis zu 30 %, Weizenkörner bis zu 70 % ihres Frischgewichts an Stärke. Stärke stellt also die **Speicherform** der fotosynthetisch gebildeten Glucose dar. Jede Pflanzenart bildet Stärkekörner mit charakteristischer Form und Größe, die darin enthaltene Stärke ist der **wichtigste** pflanzliche Reservestoff. Diese „Reservestärke" stellt seit Jahrtausenden das wichtigste Grundnahrungsmittel des Menschen dar. Besonders wichtige Quellen sind kultivierte Getreidesorten wie Weizen, Roggen, Hafer, Gerste, Hirse, Mais, Dinkel und Reis. Weizen steht im Weltverbrauch an erster Stelle, Reis ist etwa für die Hälfte der Menschheit das **Grundnahrungsmittel**.

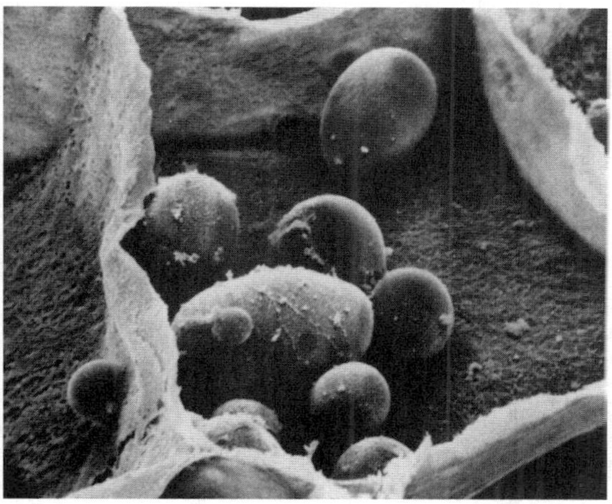

Abb. 11: Rasterelektronenmikroskopisches Bild von Stärkekörnern in einer Kartoffelzelle (0,7 cm ≙ 1 µm).

Inzwischen sind Pflanzen wie Kartoffel, Mais oder Weizen auch für die chemische Industrie von Interesse. Die Stärke dieser Pflanzen wird als **nachwachsender Rohstoff** für viele Produktionsbereiche immer wichtiger. Verschiedene Kunststoffe, Verpackungsmaterialen, leicht biologisch abbaubare Waschmittelzusätze, Papier, diverse Kosmetika, Baustoffe, Klebstoffe usw. werden heute unter Verwendung dieses neu entdeckten „Chemierohstoffs" hergestellt.

Das Polysaccharid **Stärke** ist, wie schon erwähnt, aus **α-D-(+)-Glucopyranoseeinheiten** aufgebaut und weist die allgemeine Formel $(C_6H_{10}H_5)_n$ auf, d. h. formal sind Glucosemoleküle durch Kondensationsreaktionen unter Abspaltung von Wasser zum Makromolekül polymerisiert. Rechnerisch werden bei den Verknüpfungsreaktionen bei n Glucoseeinheiten (n–1) Wassermoleküle freigesetzt. Die natürliche Stärke ist jedoch **keine einheitliche** Substanz. In heißem Wasser lösen sich nur ca. 20 % einer Stärkeportion, die so genannte **Amylose**, während ein Anteil von 80 % ungelöst bleibt. Dieser wird als **Amylopektin** bezeichnet. Stärke quillt in kaltem Wasser und bildet ein Gel, das als Kleister verwendet werden kann.

Die lösliche **Amylose** ist aus **α-1,4**-glycosidisch verbundenen Glucosemolekülen aufgebaut, wobei 1 000 und mehr Glucosebausteine zu **langen, unverzweigten Ketten** verknüpft sind. Durch die ausschließliche α-1,4-glycosidische Verknüpfung bilden sich aber **keine gestreckten** Ketten, weil die Pyranosid-Ringe aufgrund der Stereochemie am anomeren C-Atom 1 miteinander einen **Winkel** bilden. Diesen kann man beim Disaccharid **Maltose** erkennen, welches die aus **zwei** Glucosemolekülen aufgebaute „Untereinheit" der Amylose darstellt:

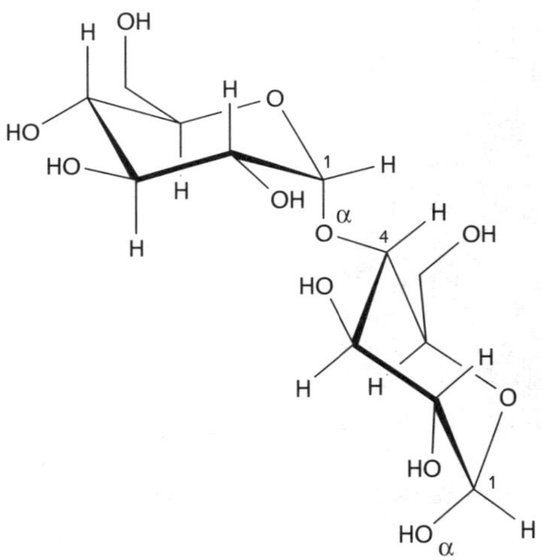

Das Disaccharid α-Maltose in der Sesselkonformation, α-1,4-glycosidisch verknüpft

Hierbei ist zu beachten, dass dieser Winkel nur in der zeichnerischen Darstellung als **Sesselformen** deutlich wird, der nachfolgend gezeigte Strukturformel-Ausschnitt der Amylose in der Haworth-Projektion

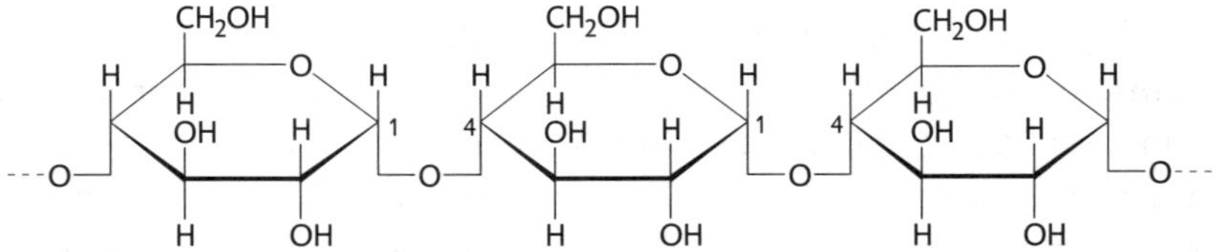

Strukturformelausschnitt von **Amylose**

diese Verhältnisse aber nicht korrekt wiedergeben kann. Durch den **von 180° verschiedenen** Winkel zwischen den Glucoseeinheiten bildet sich eine schraubige Struktur (**Helix**) mit etwa sechs Glucosemonomeren pro Windung:

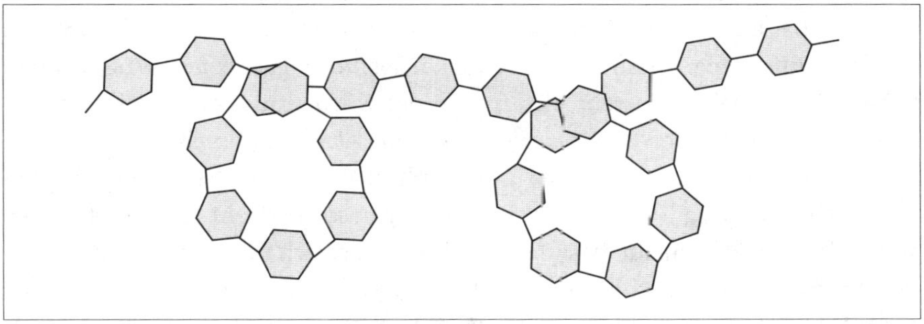

Abb. 12: Spiralförmige Anordnung der Glucosebausteine im Amylose-Makromolekül.

Wasserstoffbrückenbindungen zwischen den Hydroxygruppen der einzelnen Bausteine ermöglichen eine zusätzliche Stabilisierung der Kette. Die molare Masse einzelner Amylose-Makromoleküle kann bis zu $5 \cdot 10^5$ u betragen.

Im Gegensatz zur Amylose bestehen **Amylopektin**moleküle aus **verzweigten** Ketten, wobei die einzelnen Kettenlängen wesentlich geringer als bei Amylose sind. Die α-D-(+)-Glucosemoleküle sind auch hier **α-1,4**-glycosidisch miteinander verknüpft, allerdings treten daneben auch α-**1,6**-glycosidische Verknüpfungen auf, d. h. die Hydroxylgruppe am C-1-Atom eines Glucosebausteins hat, unter Wasserabspaltung, mit derjenigen am C-6-Atom eines weiteren Monomers reagiert. Durchschnittlich geht von jedem 25. Glucoserest neben einer α-1,4-Bindung auch eine α-1,6-Bindung aus, wodurch ein **vielfach verzweigtes** Makromolekül entsteht, das infolge seiner Verzweigungen keine Helixstruktur bilden kann. Die molare Masse einzelner Amylopektin-Makromoleküle kann bis zu $1 \cdot 10^6$ u betragen.

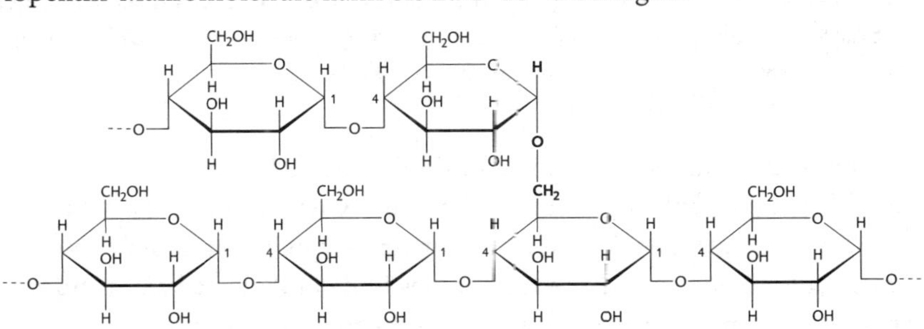

Strukturformelausschnitt von **Amylopektin**, 1,4- und 1,6-α-glykosidisch verknüpft

Weißes, geschmackloses Stärkepulver ist in kaltem Wasser unlöslich. Amylose löst sich in heißem Wasser, allerdings aufgrund ihrer großen Molekülmasse nur kolloidal. Diese **kolloidale Lösung** zeigt den für Lösungen von Makromolekülen charakteristischen **Tyndall-Effekt**: In einer in den Strahlengang einer Lampe gehaltenen Stärkelösung wird ein scharf begrenzter Lichtstrahl sichtbar. Da die Hülle vieler pflanzlicher Stärkekörner vorwiegend aus wasserunlöslichem Amylopektin besteht, das Innere der Körner aus reiner, leichter löslicher Amylose, bleiben Stärkekörner in kaltem Wasser unbeschädigt.
Träufelt man auf die Hälfte einer quergeschnittenen Kartoffel einige Tropfen Lugol'scher Lösung (Iod/Kaliumiod-Lösung), so entsteht **eine intensive Blauschwarzfärbung** an dieser Stelle. Wie erklärt sich diese Beobachtung?
Für diese charakteristische Färbung ist die spiralförmige Struktur der **Amylosemoleküle** verantwortlich. In die **Windungen** dieser Ketten können Iodmoleküle eingelagert werden, die entstandene **Einschlussverbindung** absorbiert ein Teil des sichtbaren Lichts und nur der blaue Anteil wird reflektiert. Erwärmt man eine blaue Iod-Stärke-Lösung, so verschwindet die Färbung, da die Wasserstoffbrückenbindungen zwischen den einzelnen Kettengliedern, die die schraubenförmige Struktur (Helix) des Amylosemoleküls stabilisieren, bei Wärmezufuhr aufgehoben werden. Die Iodmoleküle werden folglich nicht mehr in den Windungen gehalten, die Einschlussverbindung zerfällt. Aufgrund ihrer weniger einheitlichen Struktur bilden die Amylopektinmoleküle mit Iod nur vereinzelt eine Einschlussverbindung, die dann eine rotviolette Farbe besitzt.
Bei Amylose bzw. Amylopektin sind innerhalb der Ketten **alle** halbacetalischen OH-Gruppen der Glucosebausteine an den α-1,4- und an den α-1,6-glycosidischen Bindungen (bei Amylopektin) beteiligt und es können sich somit **keine freien Aldehydgruppen** bilden.

> Voraussetzung für den **positiven** Verlauf der Fehling- und Tollens-Proben ist bei Kohlenstoffhydraten das Vorhandensein einer **nicht blockierten**, halbacetalischen OH-Gruppe, da diese dazu führt, dass die ringförmigen Moleküle mit ihren jeweiligen **offenkettigen** Aldehydformen in einem Gleichgewicht stehen können.

Nur der letzte Glucosebaustein einer Kette liegt als Halbacetal vor und es kann sich über die offenkettige Aldehydform ein Gleichgewicht zwischen α- und β-Form und einstellen. Während die unverzweigten Ketten der Amylose zwei Enden aufweisen, ein nicht reduzierendes Ende und ein **reduzierendes Halbacetalende**, enthält das stark verzweigte Amylopektin mehr nicht reduzierende Enden als reduzierende Enden:

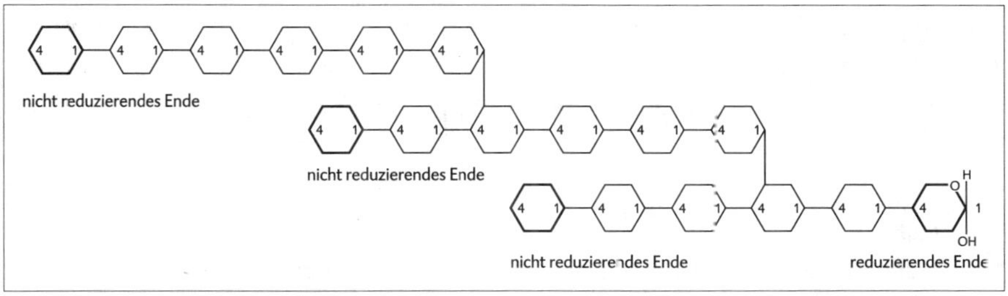

Abb. 13: Schematisierter Ausschnitt aus einem Amylopektin-Makromolekül.

In einer Stärkelösung ist die Anzahl dieser Kettenenden mit einer oxidierbaren Aldehydgruppe insgesamt aber sehr gering, die Fehling- bzw. Tollens-Proben fallen aus diesem Grund **negativ** aus.

Die Hydrolyse der Stärke lässt sich mit Säuren oder mittels bestimmter Enzyme durchführen. Bei der **sauren Hydrolyse der Stärke** (Spaltung von Glycosid-Bindungen durch Anlagerung von Wasser) kann man unterschiedlich lange **wasserlösliche Bruchstücke** des Polysaccharids erhalten. Eine unvollständige Hydrolyse liefert verschieden lange Polysaccharide mit geringerer Bausteinanzahl, die **Dextrine** genannt werden und im Gemisch mit Wasser die Grundlage für die Herstellung bestimmter Klebstoffe bilden. Diese kürzerkettigen Polysaccharide, die z. B. bei der Hydrolyse der **Amylose** gebildet werden, können weiter zu (+)-Maltose abgebaut werden. Da dieser Zweifachzucker eine **α-1,4**-glycosidische Bindung aufweist und bei der hydrolytischen Spaltung der Amyloseketten als **einziges Disaccharid** entsteht, ergibt sich daraus für die Stärke, dass diese aus α-D-(+)-Glucosemolekülen aufgebaut ist. Unter den Produkten der **partiellen Hydrolyse** von **Amylopektin** findet sich auch die **Isomaltose**. Sie besteht aus zwei α-1,6-glycosidisch verküpften Glucoseeinheiten, was als ein weiterer Hinweis auf den Aufbau der Stärkemoleküle ausschließlich aus α-D-(+)-Glucose angesehen werden kann.

Die **vollständige** Hydrolyse liefert zunächst das Monosaccharid α-D-(+)-Glucose. Allerdings enthält das wässrige Hydrolysat neben der α- auch die β- und die offenkettige Form der D-(+)-Glucose, da eine reine α- Glucoselösung nicht beständig ist und sich zwischen den beiden Anomeren und der offenkettigen Form rasch das schon besprochene **Gleichgewicht** einstellt.

Die **enzymatische** Hydrolyse der Stärke spielt vor allem bei den menschlichen Verdauungsprozessen eine wichtige Rolle. Die im Speichel und im Darm vorhandene **α-Amylase** spaltet im Inneren des Stärkemoleküls die α-1,4-Bindungen, die im Bürstensaum des Darms lokalisierte **Isomaltase** katalysiert die Spaltung der α-1,6-Bindungen. Bei den weiteren Verdauungsprozessen werden die entstandenen Maltosemoleküle durch die **Maltaseenzyme** des Verdauungstrakts zu Glucose umgewandelt, die als Endprodukt der hydrolytischen Spaltung in die Blutbahn aufgenommen (resorbiert) werden kann.

Glycogen

Der Mensch nimmt Kohlenstoffhydrate hauptsächlich in Form **pflanzlicher Stärke** zu sich. Überschüssig aufgenommene Kohlenstoffhydrate werden im Muskel und vorwiegend in der Leber als **Glycogen** gespeichert, zumeist allerdings in **Fett** umgebaut. Glycogen ist das wichtigste **Speicherpolysaccharid** in **tierischen** Zellen.
Sie besitzt eine ähnliche Struktur wie Amylopektin, ist also auch aus α-D-Glucoseeinheiten aufgebaut, die α-1,4-glycosidisch zu langen Ketten miteinander verbunden sind. Diese Ketten wiederum sind durch α-1,6-glycosidische Bindungen miteinander verknüpft. Glycogen ist allerdings im Unterschied zu Amylopektin noch stärker verzweigt, da sich schon nach 8–12 Glucosemolekülen eine Seitenkette findet. Die starke Verzweigung der Glycogenketten ist deshalb notwendig, weil D-Glucose häufig **rasch** und **in großen Mengen** für den Stoffwechsel benötigt wird. Die hohe Anzahl von Ketten**enden** erleichtern den Angriff der für den Abbau notwendigen Enzyme, da dieser stets mit der **stufenweise** ablaufenden Abspaltung **endständiger** Zuckerbausteine an den **nicht reduzierenden** Enden der Glycogenmoleküle beginnt.

Cellulose

Die **Zellwände** der Pflanzen sind überwiegend aus **Cellulose** aufgebaut, womit sie die mengenmäßig bedeutendste natürliche Verbindung überhaupt ist. Cellulose macht über 50 % aller organischen Verbindungen in der Biosphäre aus. Baumwollfasern bestehen nahezu gänzlich aus Cellulose, Holz enthält neben 30 % Lignin etwa 50 % Cellulose. Cellulose ist geschmacklos, wasserunlöslich und gehört wie die Stärke zu den nicht reduzierenden Zuckern.
Cellulose wird mit konzentrierter Säure zu **D-(+)-Glucose** hydrolysiert. Beim enzymatischen Abbau bzw. bei partieller Hydrolyse erhält man als einziges **Disaccharid Cellobiose**. Da die D-Glucosemoleküle in den Cellobiosemolekülen **β-1,4**-glycosidisch miteinander verknüpft sind, ist jeder zweite Glucosebaustein um 180° gegenüber dem vorherigen gedreht:

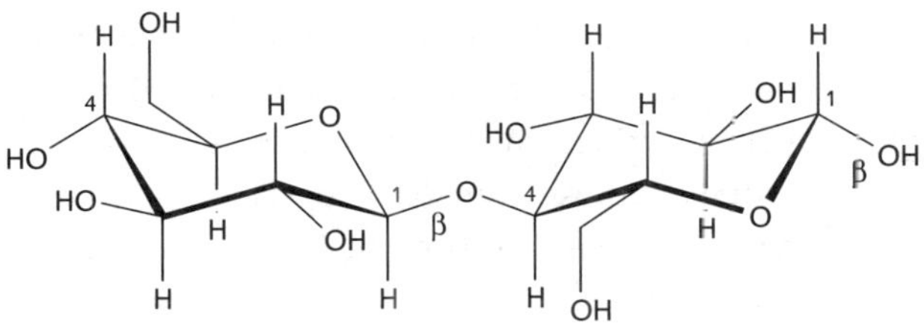

Cellobiose in der Sesselkonformation, **β-1,4**-glycosidisch verknüpft

Für die Struktur des Cellulose-Makromoleküls lässt sich daraus folgern:

- Cellulose kann als **Polycellobiose** bezeichnet werden.
- Das Monomer dieses Polysaccharids ist die **β-D-(+)-Glucose**.
- Die Monomere sind durch **β-1,4**-glycosidische Bindungen verknüpft.
- Die Drehung jedes zweiten Moleküls bewirkt insgesamt einen **linearen** Bau.

Die β-1,4-glycosidischen Verknüpfung führt zur Bildung einer **linearen, unverzweigten, fadenförmigen** Molekülkette aus 10 000 bis 15 000 D-Glucoseeinheiten, **nicht** zu einer Helixstruktur:

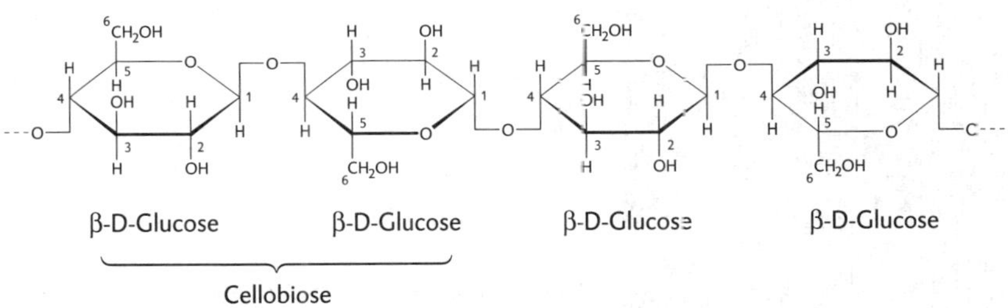

Cellulose (Molekülausschnitt)

Etwa 50 dieser Makromoleküle lagern sich zu **Elementarfibrillen** zusammen, der Zusammenhalt wird durch H-Brückenbindungen zwischen den zahlreichen OH-Gruppen gewährleistet. Die Elementarfibrillen wiederum sind zu dickeren, seilähnlichen **Mikrofibrillen** verdrillt, die in der Zellwand **netzartig** miteinander verflochten sind. Wassereinlagerung ist in den so genannten **Intermicellarräumen** möglich und führt zur Quellung der Zellwände.

Der Mensch und die meisten Tiere können Cellulose nicht verdauen, da sie nicht über die nötigen Enzyme verfügen, die β-glycosidische Bindungen spalten. Lediglich einige Pilze und Bakterien besitzen selbst das Enzym **Cellulase**, das diese Verknüpfungen hydrolisieren kann. Termiten, die sprichwörtlichen „Holzzerstörer“, kultivieren in ihren Bauten regelrechte „Pilzgärten“, in denen das durch die Termiten vorverdaute, cellulosehaltige Pflanzenmaterial durch den Pilz weiter aufgeschlossen wird. Die erhaltene Glucose und der Pilz selbst dienen als Nahrungsquelle der Termiten. Auch Rinder, Schafe und andere wiederkäuende Tiere können die Cellulose nur deshalb als Energiequelle verwerten, weil in ihren Verdauungstrakten bestimmte Mikroorganismen leben, die das Enzym Cellulase besitzen.

Cellulose ist auch in der **Technik** das **wichtigste Polysaccharid**. Die hohe Zugfestigkeit, die sich durch den Zusammenhalt der Celluloseketten aufgrund der Vielzahl von Wasserstoffbrückenbindungen innerhalb und zwischen den Ketten erklärt, erlaubt ein Reihe technisch wichtiger Anwendungen. So spielen **Baumwolle-** und **Kunstseidefasern** in der Textilindustrie eine große Rolle, auch gewöhnliches **Papier** besteht überwiegend aus Cellulose.

Abb. 14: Cellulosestränge bilden das strukturelle Grundgerüst der pflanzlichen Zellwände.
(Elektronenmikroskopische Aufnahme; 2 cm ≙ 1 µm)

Abb. 15: Der Papiermacher.
Holzschnitt von Jost Amman, 1568.

Beispiele

1. Zur **Papierherstellung** werden nussgroße Holzstücke aus ca. 50 % Cellulose unter Druck mit Calciumhydrogensulfitlösung ($Ca(HSO_3)_2$) gekocht, um die anderen Holzbegleitstoffe wie Lignin („Holzstoff") und Harze abzutrennen. Der übriggebliebene, mit Chlor (umweltfreundlicher: mit Sauerstoff) gebleichte, weiße Zellstoff wird zermahlen und mit Wasser, Leim und weiteren Füllstoffen versetzt. Dieser Zellstoffbrei wird über Walzen geleitet, das entstehende Papier wird getrocknet und geglättet. Der große Wasserverbrauch bzw. dessen Verschmutzung bei der Papierherstellung belastete die Umwelt früher außerordentlich. Die Papierfabriken müssen deshalb anfallendes Abwasser in eigenen Kläranlagen reinigen.
2. Durch Reaktion mit Kohlenstoffdisulfid (CS_2) und wässrigem Natriumhydroxid erhält man **Cellulosexanthogenat**, das man durch weitere Reaktionsschritte zu **Viskose** umsetzt. Verspinnt man die zähflüssige Viskose in einem Säurebad, wird die Cellulose in Form feiner Fäden wieder frei und man erhält die so genannte **Kunstseide**.
3. Cellulose besitzt drei Hydroxylgruppen pro Glucosebaustein; wie jeder Alkohol kann auch Cellulose **Ester** bilden. Mit einem Gemisch aus konzentrierter Salpetersäure und konzentrierter Schwefelsäure lassen sich **Cellulosenitrate** bilden. Ist die Cellulose fast vollständig nitriert, besitzt sie also drei Nitrogruppen pro Glucosebaustein, so spricht man von **Schießbaumwolle**, die zur Herstellung von rauchlosem Schießpulver dient. Weniger stark nitrierte Cellulose, mit z. B. bis zu zwei Nitrogruppen pro Glucosebaustein, dient zur Herstellung von **Celluloid** und Kollodium, das z. B. für Filmmaterial verwendet wird. Diese Nitrocellulose ist allerdings feuergefährlich und entwickelt beim Verbrennen giftige Gase. Außerdem ist sie nicht sehr haltbar, weswegen alte Filme verfallen, wenn sie nicht aufwändig restauriert werden.

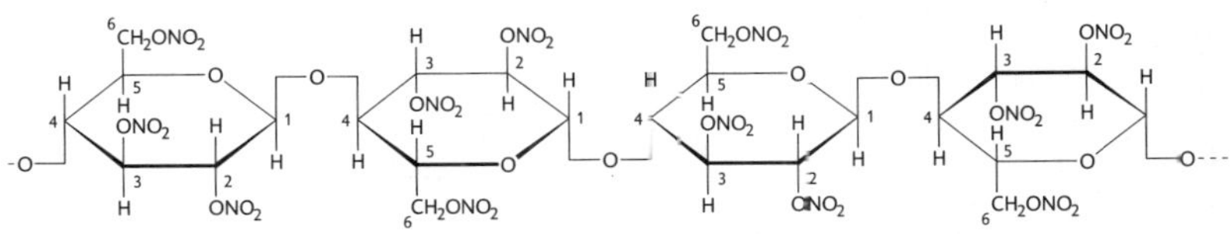

Cellulosetrinitrat (Molekülausschnitt)

Chitin

Chitin ist der Hauptbestandteil des **Außenskeletts** der Gliederfüßer (**Arthropoden**), und auch die Zellwände vieler Pilze sind aus Chitin aufgebaut. Dort übernimmt Chitin ähnliche Augaben wie die Cellulose in den Zellwänden der Pflanzen. Nach der Cellulose ist es vermutlich das zweithäufigste natürlich vorkommende Polysaccharid. Das die Chitin-Makromoleküle aufbauende Monomer ist das **N-Acetyl-D-Glucosamin**. Die Bausteine sind β-1,4-glycosidisch miteinander verknüpft:

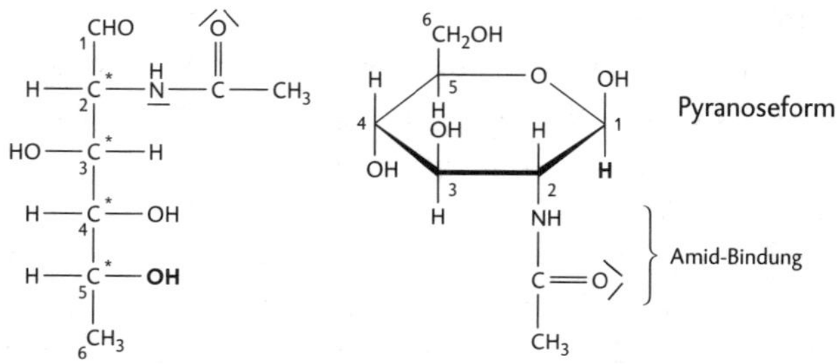

offenkettige Form

N-Acetyl-D-Glucosamin

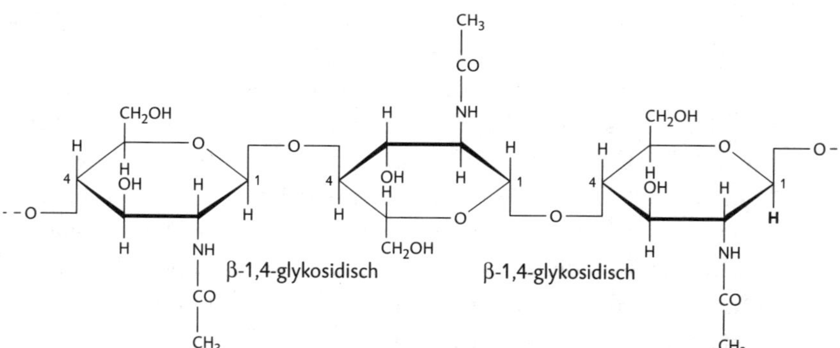

Chitin (Molekülausschnitt)

Zusammenfassung

1. Moleküle, die sich wie Bild und Spiegelbild verhalten, werden als **Enantiomere** bezeichnet. Enantiomere sind **nicht deckungsgleich**. Moleküle, die nicht mit ihrem Spiegelbild zur Deckung gebracht werden können, sind **chiral**. Die Chiralität vieler Moleküle wird durch C-Atome **mit vier verschiedenen Bindungspartnern** verursacht. Solche C-Atome nennt man **asymmetrisch**.
2. Enantiomere zeigen – außer in ihrem Verhalten gegenüber linear polarisiertem Licht – identische Eigenschaften und lassen sich durch die üblichen Verfahren wie Destillation, Dünnschichtchromatografie etc. nicht trennen. Die Moleküle eines Enantiomers drehen die Schwingungsebene des **linear polarisierten Lichts** nach rechts, die des anderen nach links. Man bezeichnet diese Verhalten chiraler Moleküle als **optische Aktivität**.
3. Ein Gemisch, welches beide Enantiomere im Verhältnis 1 : 1 enthält, wird als **Racemat** bezeichnet. Es ist optisch **inaktiv**.
4. Kohlenstoffhydrate haben die **allgemeine Summenformel $C_m(H_2O)_n$**. Sie stellen Polyhydroxycarbonyl-Verbindungen dar und lassen sich als offenkettige Formen in **Aldosen und Ketosen** einteilen. Je nach Stellung des **untersten** asymmetrischen C-Atoms werden die Monosaccharide der **D- oder L-Reihe** zugeordnet.
5. Bei **Monosacchariden** liegt in wässriger Lösung ein chemisches Gleichgewicht zwischen den **zyklischen Halbacetalformen** und der **offenkettigen Form** vor. In der Ringform lassen sich Pyranosen (sechsgliedrige Ringe) und Furanosen (fünfgliedrige Ringe) unterscheiden.
6. **Glycoside** sind Ether der Kohlenhydrate, die durch Kondensationsreaktion des anomeren C-Atoms mit Alkoholen entstehen. Die Glycosidbildung ist umkehrbar, Glycoside werden in wässrigen, sauren Lösungen **hydrolysiert**. Glycoside aus zwei Monosacchariden werden als **Disaccharide** bezeichnet.
7. Disaccharide entstehen durch die Reaktion zweier Monosaccharide zu einem **Vollacetal**. Erfolgt dabei die Verknüpfung so, dass die beiden anomeren C-Atome an der Bildung der glycosidischen Bindung beteiligt sind, so zeigt das Disaccharid **keine Mutarotation** und gehört zu den **nicht reduzierenden Zuckern**. Ist bei der Glycosidbildung aber die Hydroxylgruppe eines nicht anomeren C-Atoms beteiligt, so ist Ringöffnung an dem die halbacetalische OH-Gruppe tragenden Baustein weiterhin möglich. Ein solches Disaccharid zeigt Mutarotation und wird zu den **reduzierenden** Zuckern gezählt.
8. Wichtige **Polysaccharide** sind die Stärke und die Cellulose. **Stärke** ist aus α-D-Glucopyranose-Einheiten aufgebaut. In der löslichen **Amylosefraktion** sind diese Einheiten α-**1,4**-glycosidisch, im Amylopektin α-**1,4**-, und -**1,6**-glycosidisch verbunden. **Cellulose** besteht aus **β-1,4-glycosidisch** verknüpften D-Glucosemolekülen.

Proteine

Proteine bilden die Bau- und Gerüststoffe vieler biologischer Strukturen. Das Protein Keratin z. B. ist das wichtigste Bauelement der Haare. Deren besondere Zugfestigkeit beruht auf der Struktur der Proteinketten, die in Form einer α-Helix starke bindende intra- und intermolekulare Wechselwirkungen ausbilden. Rapunzels Haare wären also sicherlich stabil genug, um den Prinzen zu tragen, ob sie aber bis zu einer solchen Länge hätten wachsen können, darf bezweifelt werden.

1 Chemische Zusammensetzung der Proteine

Die Eiweiße oder **Proteine** (gr. *protos*: „an erster Stelle") sind aufgrund ihrer außerordentlichen biologischen Bedeutung eine besonders wichtige Gruppe unter den Biomolekülen:

- Sie kommen in den **Zellen** aller Lebewesen vor.
- Sie sind die häufigsten **Makromoleküle** in lebenden Zellen.
- Sie bilden wichtige **Bau-** und **Gerüststoffe** vieler biologischer Strukturen. (Das Protein Keratin z. B. ist das vorherrschende Bauelement der Haare, der Wolle, der Federn und der Nägel.)
- Als **Enzyme** regeln sie auf katalytische Weise viele Stoffwechselvorgänge.
- Als Komponente vieler **Hormone** nehmen sie eine zentrale Stellung in den Informations- und Steuerungssystemen menschlicher und tierischer Organismen ein.

Besonders auffallend und beeindruckend ist die **Vielfalt** an **Funktionen** und **Eigenschaften**, die Proteine in den Zellen von Lebewesen ausüben. Aus Proteinen sind so unterschiedliche Strukturen und Stoffe wie Antikörper, Enzyme, viele Hormone, Antibiotika, Schlangen- und Pilzgifte, Blut, Nerven, Haut, Muskeln, Rinderhufe, Federn, Spinnennetze sowie viele weitere tierische und pflanzliche Substanzen aufgebaut. Ein weiterer Hinweis auf die ungeheuere Anzahl an Eiweißmolekülen, die in der Natur zu finden sind, ist die Tatsache, dass das für eine bestimmte biologische Art charakteristische **Spektrum** an Proteinen niemals mit der einer anderen Art identisch ist. Dieses für eine Art typische Spektrum kann mehrere Zehntausend verschiedene Eiweißverbindungen umfassen. Lebende Systeme sind ohne die Existenz der Proteine nicht denkbar.

Welche **chemischen Elemente** sind am **Aufbau** der Eiweiße beteiligt?
Mithilfe einiger einfacher Versuche lässt sich das Vorhandensein von Atomen der wichtigsten Elemente nachweisen:

- Zum Nachweis von **Kohlenstoff** erhitzt man ein Stück gekochtes Hühnereiweiß bis es verkohlt. Die Verkohlung gilt als ein Hinweis auf Kohlenstoff.
- Zum Nachweis von **Stickstoff** in Form von Ammoniak gibt man eine Portion Fleisch, Käse, Wolle oder Hühnereiweiß in ein Becherglas. Nach Zugabe von Natronlauge wird die Probe erhitzt. Der Geruch von Ammoniak lässt sich feststellen. Bedeckt man das Becherglas mit einem Uhrglas, dessen Unterseite mit einem Stück angefeuchteten Universalindikatorpapier ver-

sehen ist, so färbt sich dieses blau. Die Blaufärbung des Universalindikatorstreifens erklärt sich durch die **alkalische Reaktion** des bei der Zersetzung der Eiweißproben entstehenden Ammoniaks:

$$NH_3 + H_2O \rightleftharpoons NH_4^+ + OH^-$$

- Zum Nachweis von **Schwefel** als Sulfid gibt man zu einer Eiweißlösung etwas Natronlauge und erhitzt das Gemisch. Nach einigen Minuten wird ein Streifen Bleiacetat-Papier in die Probe getaucht. Das Papier zeigt durch das entstandene **Bleisulfid** eine Schwarzfärbung:

$$Pb^{2+} + S^{2-} \longrightarrow \underset{\text{Bleisulfid (schwarz)}}{PbS}$$

Neben **Wasserstoff** und **Sauerstoff** finden sich in den Eiweißen auch die Elemente **Kohlenstoff, Stickstoff** und **Schwefel**.

2 Aminosäuren – Bausteine der Proteine

Proteine sind aus Hunderten oder Tausenden von Baueinheiten zusammengesetzte **Makromoleküle**. Die einzelnen Bausteine, aus denen ein Eiweißmolekül aufgebaut ist, sind die **Aminosäuren**. Es ist wichtig darauf hinzuweisen, dass sich die Verschiedenheit und die Vielzahl **aller** in der Natur vorkommender Proteine durch die unterschiedlichen Kombinationsmöglichkeiten von nur **20 proteinogenen Aminosäuren** erklärt. Dieses „Baukastensystem", das so genannte **Aminosäuremuster**, ist bei allen Lebewesen gleich.

2.1 Funktionelle Gruppen

Der Name **„Aminosäuren"** weist bereits auf zwei wichtige, charakteristische **funktionelle Gruppen** dieser Substanzklasse hin. Die Aminosäuren – oder, chemisch exakter Amino**carbon**säuren – sind Carbonsäurederivate, bei denen ein Wasserstoffatom der C-Kette formal durch eine Aminogruppe ersetzt (substituiert) worden ist. Die Moleküle tragen also gleichzeitig die saure Carboxylgruppe –COOH und die basische Aminogruppe $-NH_2$.
Um die **Stellung** der Aminogruppe innerhalb der Kohlenstoffkette angeben zu können, werden die der Carboxylgruppe **benachbarten** C-Atome in aufsteigender Folge mit den griechischen Buchstaben α, β, γ, ε usw. bezeichnet.

Das **α-C-Atom** ist demzufolge das **erste** C-Atom **nach** der Carboxylgruppe, das β-C-Atom das zweite nach der Carboxylgruppe, usw.:

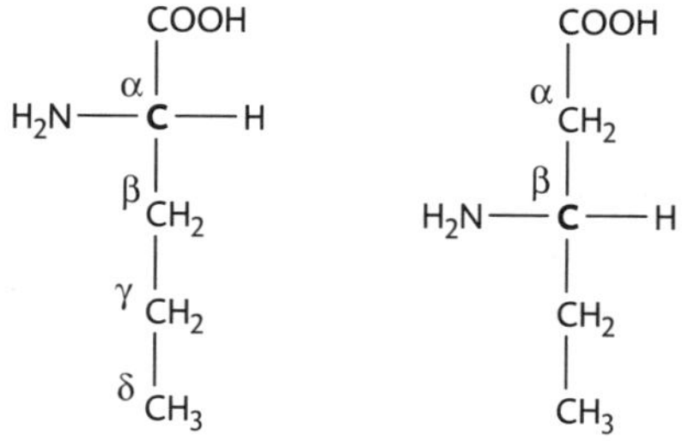

α-Aminopentansäure* β-Aminopentansäure*
(* = nicht natürlich vorkommende Aminosäuren)

Die Aminosäuren können in α-, β-, γ-Formen etc. unterteilt werden. Eine α-Aminosäure verfügt über eine Amino- sowie eine Carboxylgruppe, die sich **am selben C-Atom**, dem **α**-C-Atom befinden.

Beispiel

Die Kunstfaser **Perlon**® („Polyamid 6") entsteht durch Kondensation von Molekülen der **ε-Aminocapronsäure**, einer Aminosäure, die durch Hydrolyse von ε-Caprolactam entsteht. Bei dieser Säure steht die Aminogruppe in ε-Stellung, also am **fünften** C-Atom **nach** der Carboxylgruppe:

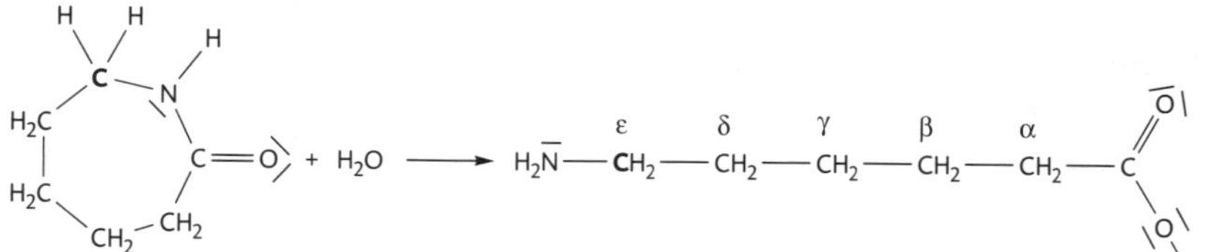

ε-Caprolactam

ε-Aminocapronsäure
(6-Aminohexansäure)

Die Bezeichnungen „α" und „β", die in der Proteinchemie verwendet werden, darf man nicht mit denen der Kohlenstoffhydrat-Chemie verwechseln. In der Eiweißchemie wird – wie zuvor erklärt – die **Stellung der Aminogruppe** innerhalb der Kohlenstoffkette **relativ zur Carboxylgruppe** durch die Buchstaben α, β, usw. gekennzeichnet. Dagegen weisen α und β in der Chemie der Kohlenstoffhydrate auf die unterschiedlichen Anordnungsmöglichkeiten der Hydroxylgruppe am anomeren C-Atom hin (siehe S. 30).

Für den Aufbau der Eiweiße aus Aminosäuren ist besonders wichtig, dass sich in den natürlich vorkommenden Proteinen – sowohl von einfachen Bakterienformen wie auch von komplexen mehrzelligen Organismen – **nur 20** verschiedene **Aminosäuren** finden. Bei diesen steht die Aminogruppe **immer** am ersten, am α-C-Atom nach der Carboxylgruppe. Bei den **natürlichen Aminosäuren** handelt es sich folglich ausnahmslos um **α-Aminosäuren**. Sie lassen sich durch die nachfolgend wiedergegebene, allgemeine Struktur darstellen. Die 20 natürlichen α-Aminosäuren unterscheiden sich lediglich in der Zusammensetzung des **Restes R**:

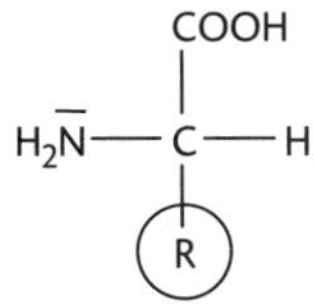

allgemeine Strukturformel einer α-Aminocarbonsäure

2.2 Bedeutung der L-α-Aminosäuren

Alle 20 α-Aminosäuren, die die Bausteine der natürlichen Proteine darstellen, tragen am α-C-Atom eine Amino-, eine Carboxylgruppe und ein Wasserstoffatom. Sie unterscheiden sich voneinander nur durch den vierten Bindungspartner „R" dieses C-Atoms, der ein einzelnes Atom oder eine ganze Molekülgruppe sein kann.

Im einfachsten Fall der proteinogenen Aminosäuren ist der Rest „R" ein **Wasserstoffatom**. In allen anderen 19 Fällen finden sich am α-C-Atom **vier** verschiedene Substituenten. Demzufolge weisen diese Aminosäuren ein **asymmetrisches** α-C-Atom auf, d. h. diese 19 natürlichen α-Aminosäuren sind **chiral** und zeigen **optische Aktivität**.

Von 19 α-Aminosäuren sind also Enantiomere denkbar, d. h. Molekülformen, die sich wie Bild und Spiegelbild verhalten und nicht deckungsgleich sind:

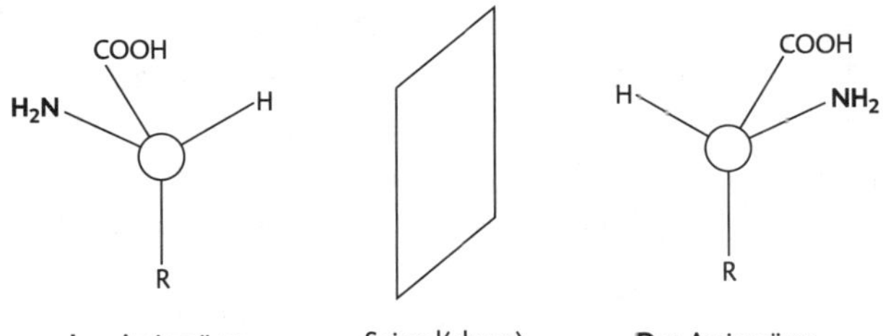

L-α-Aminosäure Spiegel(ebene) **D**-α-Aminosäure

Welche der beiden denkbaren Enantiomeren, **D-** oder **L-Form** dieser 19 Aminosäuren findet man in den Proteinen der Lebewesen? Die Isolierung und Untersuchung der α-Aminosäuren hat für diese die **L-Konfiguration** ergeben. In der Fischer-Projektion steht bei den L-α-Aminosäuren die Carboxylgruppe immer **oberhalb** des nach vorne gerichteten Chiralitätszentrums (α-C-Atom), der Rest R unterhalb und die Aminogruppe **links** davon.

D-Aminosäuren kommen nur in kleinen Peptiden von Bakterienzellwänden und in einigen Peptidantibiotika vor, finden sich jedoch nie in Proteinen. Die Zellwände der Bakterien enthalten z. B. D-Alanin und D-Glutaminsäure.

Nomenklatur

Die einfachste natürliche Aminosäure ist diejenige, welche als Seitenkette R ein zweites **Wasserstoffatom** besitzt. Wie lautet die Bezeichnung für diese Verbindung?

Zur Zeit sind noch zwei Systeme für die chemische Nomenklatur gebräuchlich. Nach dem älteren System werden die der funktionellen Gruppe, hier der Carboxylgruppe benachbarten C-Atome – wie schon besprochen – mit α, β, γ, usw. bezeichnet. Aus dieser Regel leitet sich auch der Begriff α-Aminosäure ab. Den Grundsätzen der heute allgemein anerkannten Genfer **IUPAC-Nomenklaturregeln** entsprechend werden dagegen die C-Atome einer Kohlenstoffkette an der funktionellen Gruppe beginnend **durchnummeriert**. Das α-C-Atom wird hiermit zum C-Atom 2.

Die genannte, einfachste natürliche Aminosäure erhält folglich den IUPAC-Namen **2-Aminoethansäure**. Ist die Seitenkette ein Methylrest, so bezeichnet man die Verbindung als 2-Amino**propan**säure:

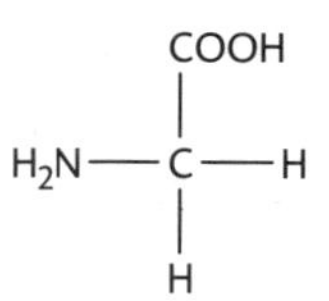

2-Aminoethansäure
(Glycin)

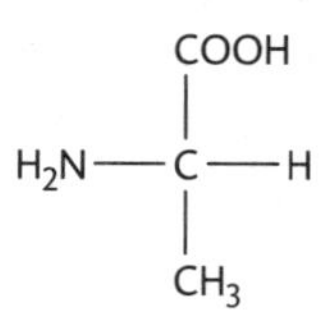

2-Aminopropansäure
(Alanin)

Üblicherweise werden die proteinogenen Aminosäuren allerdings mit ihren historisch begründeten **Trivialnamen** bezeichnet. Die einfachste Aminosäure (Rest R = H) wird **Glycin** genannt, 2-Aminopropansäure ist als **Alanin** bekannt. Die Namen für alle 20 natürlichen α-Aminosäuren sind in nachfolgender Übersicht aufgeführt. Meist werden sogar nur die **ersten drei Buchstaben** des Trivialnamens als **Abkürzung** verwendet, etwa „Gly“ für Glycin und „Ala“ für Alanin.

1. Neutral reagierende Aminosäuren mit **unpolaren** Resten (* = essenzielle Aminosäuren):

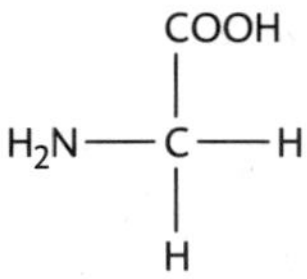

Glycin (Gly)
IEP = 5,97

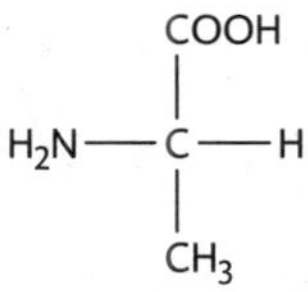

Alanin (Ala)
IEP = 6,01

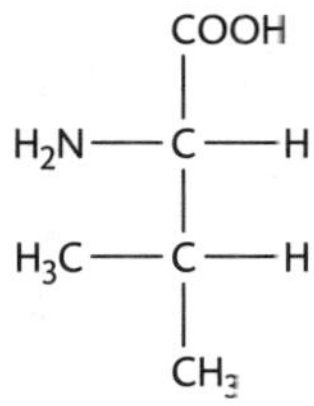

Valin (Val)*
IEP = 5,97

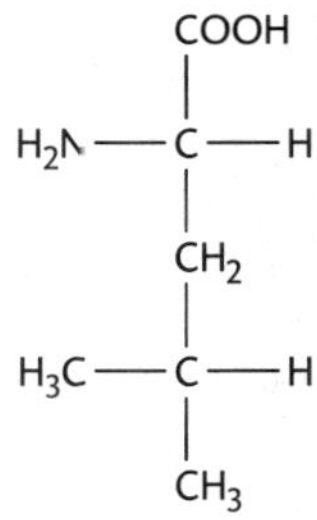

Leucin (Leu)*
IEP = 5,98

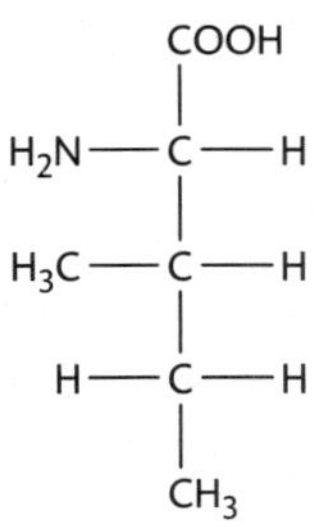

Isoleucin (Ile)*
IEP = 6,02

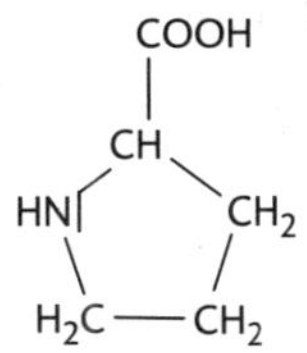

Prolin (Pro)
IEP = 6,48

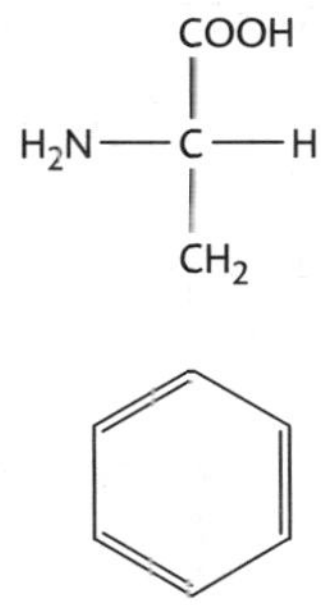

Phenylalanin (Phe)*
IEP = 5,48

2. **Neutral** reagierende Aminosäuren mit **polaren** Seitenketten:

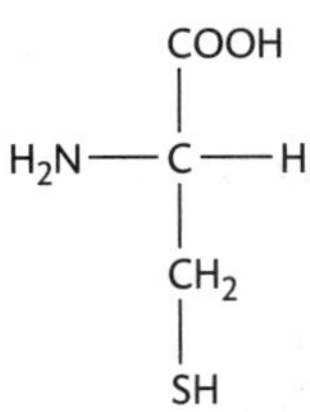

Cystein (Cys)
IEP = 5,07

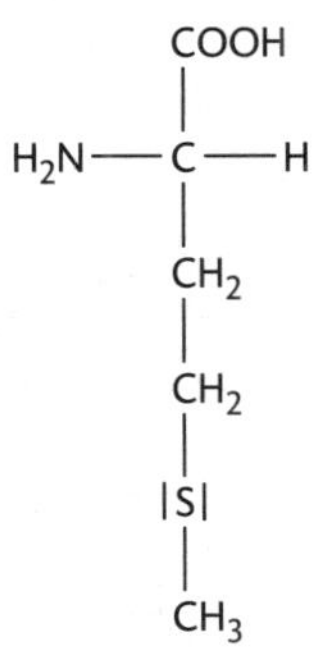

Methionin (Met)*
IEP = 5,74

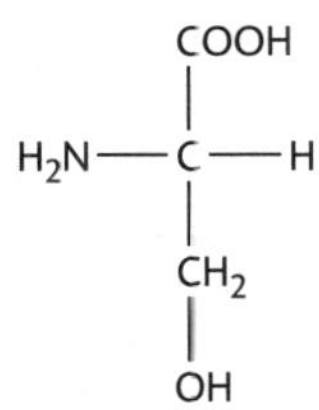

Serin (Ser)
IEP = 5,68

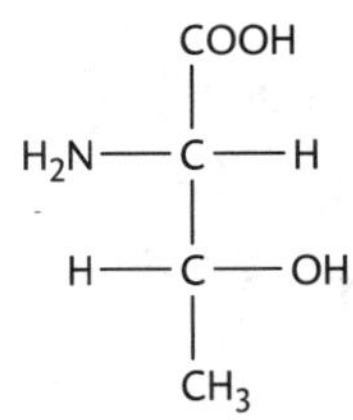

Threonin (Thr)*
IEP = 5,87

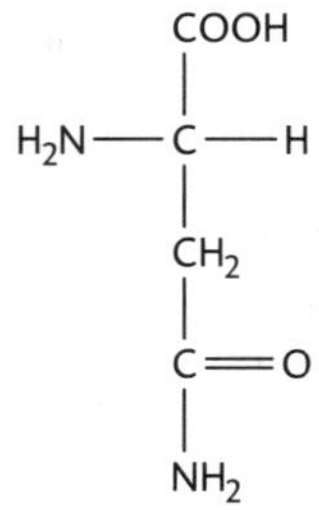

Asparagin (Asn)
IEP = 5,41

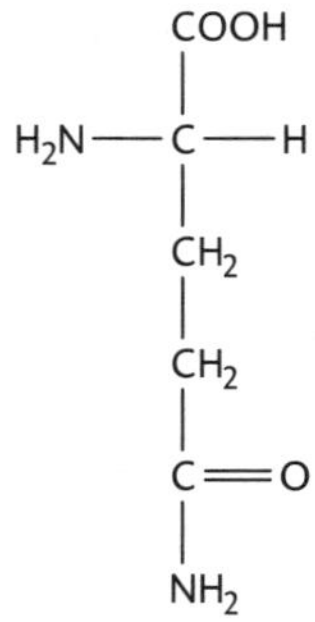

Glutamin (Gln)
IEP = 5,65

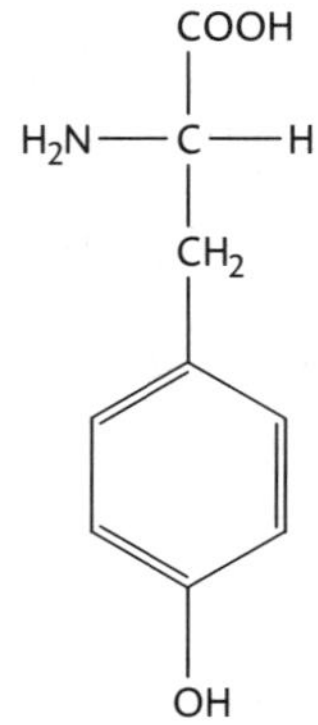

Tyrosin (Tyr)
IEP = 5,66

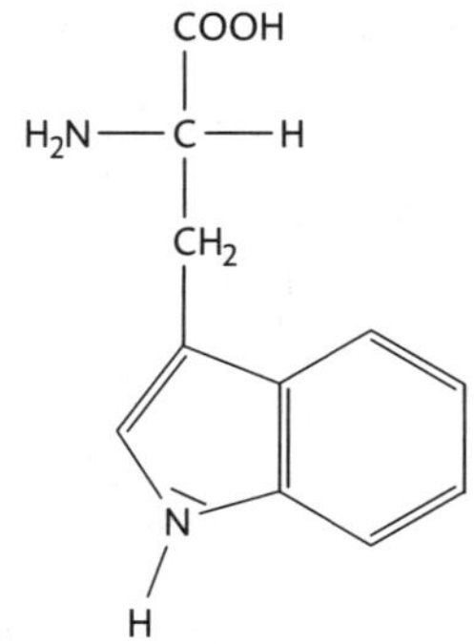

Tryptophan (Try)*
IEP = 5,89

3. **Saure** Aminosäuren:

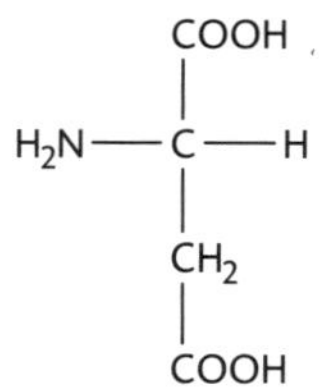

Asparaginsäure (Asp)
IEP = 2,77

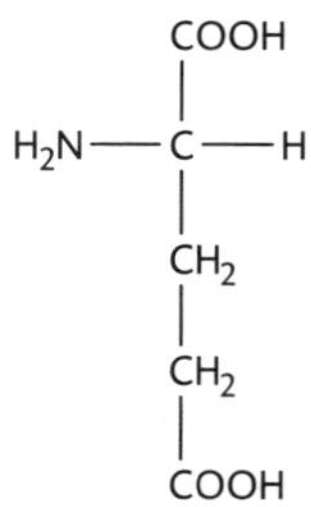

Glutaminsäure (Glu)
IEP = 3,22

4. **Basische** Aminosäuren:

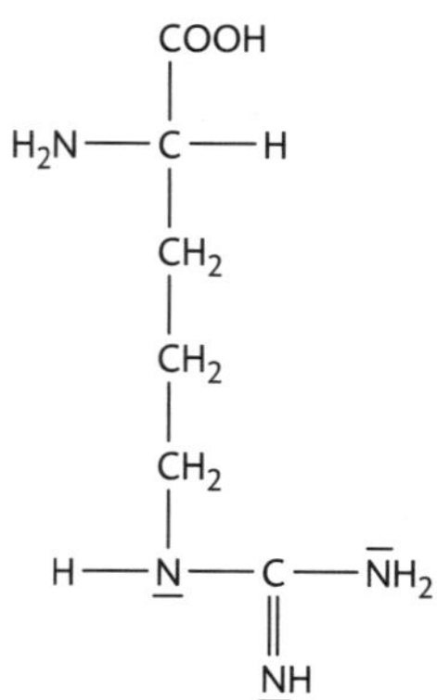

Arginin (Arg)
IEP = 10,76

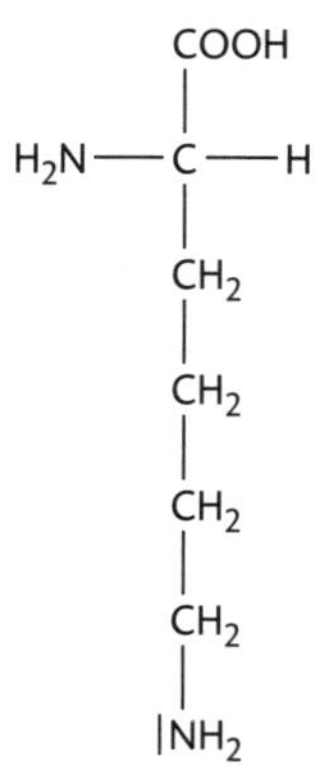

Lysin (Lys)*
IEP = 9,74

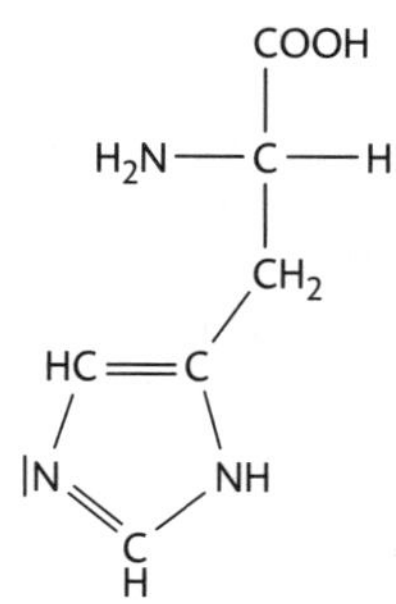

Histidin (His)
IEP = 7,59

Einteilung

L-α-Aminosäuren lassen sich je nach den Eigenschaften ihrer Reste R in die zuvor genannten Gruppen einteilen. Insbesondere ihre **Polarität** bzw. ihr **Protolyseverhalten** spielen hierbei eine Rolle.

Die Gruppe **neutral** reagierender Aminorsäuren mit **unpolaren** Resten umfasst die Aminosäuren Glycin, Alanin, Valin, Leucin, Isoleucin, Prolin und Phenylalanin. Sie weisen aliphatische oder aromatische Seitenketten auf.

Zu den **neutralen,** aber mit **polaren** Resten versehenen Aminosäuren gehören Cystein, Methionin, Serin, Threonin, Asparagin, Glutamin, Tyrosin und Tryptophan. Sie enthalten O-, S- oder N-Atome in ihren Resten.

Weist eine Aminosäure eine zusätzliche **Carboxylgruppe** in ihrer Seitenkette auf, so spricht man von einer **sauren** Aminosäure. Zu dieser Gruppe, deren wässrige Lösungen sauer reagieren, gehören die Asparagin- und die Glutaminsäure. Die Aminosäuren Arginin, Lysin und Histidin – mit einer weiteren **Aminogruppe** – werden als **basische** Aminosäuren bezeichnet. Ihre wässrigen Lösungen reagieren alkalisch.

Für die menschliche Ernährung spielt ein anderes Kriterium eine bedeutende Rolle. Die meisten Aminosäuren können vom menschlichen Stoffwechsel selbst hergestellt werden, acht Aminosäuren aber kann unser Organismus nicht synthetisieren. Die folgenden, lebenswichtigen, **essenziellen Aminosäuren** müssen deshalb ständig über die Nahrung zugeführt werden:

- Valin
- Leucin
- Isoleucin
- Phenylalanin
- Methionin
- Threonin
- Tryptophan
- Lysin

Histidin ist nur im Säuglingsalter essenziell. **Tyrosin** und **Cystein** gelten als bedingt essenziell („semiessenziell"), da Tyrosin aus Phenylalanin und Cystein aus Methionin auch im menschlichen Stoffwechsel gebildet werden können. Bedingung für eine eigenständige Biosynthese dieser beiden Aminosäuren ist allerdings eine ausreichende Zufuhr von Phenylalanin und Methionin.

Der **Mangel an Synthesefähigkeit** betrifft auch viele Tiere. In den verschiedenen Gruppen der Lebewesen zeigen sich große Unterschiede in der Fähigkeit, bestimmte Aminosäuren zu bilden. Die meisten Pflanzen und viele Bakterien können allerdings alle 20 Aminosäuren synthetisieren.

Ausblick: Die erbliche Stoffwechselerkrankung Phenylketonurie

Die essenzielle Aminosäure Phenylalanin wird normalerweise durch das Enzym Phenylalanin-Hydroxylase der Leber in die Aminosäure Tyrosin umgewandelt. Dieses Enzym ist beim Krankheitsbild der **Phenylketonurie** „ausgefallen", sodass es zu einer Anreicherung von Phenylalanin und dessen Abbauprodukten (über andere Stoffwechselwege) in Körperflüssigkeiten und Geweben kommt. Die Folge ist, dass sich bei Neugeborenen, bei denen Phenylketonurie nicht rechtzeitig festgestellt wird, eine schwere geistige Behinderung entwickelt. Betroffene Säuglinge werden deshalb zunächst mit einer genau überwachten, phenylalaninarmen und tyrosinreichen Diät ernährt. Diese spezielle Diät muss mindestens das erste Lebensjahrzehnt hindurch genau eingehalten werden. Danach ist das Zentralnervensystem soweit entwickelt, dass auch ohne Diät keine Schädigungen mehr auftreten sollten. Dennoch wird heute empfohlen, die Diät weiterzuführen, da insbesondere bei Schwangeren, die diese erbliche Stoffwechselerkrankung tragen, die Gehirnentwicklung des im Mutterleib heranwachsenden Kindes beeinträchtigt werden könnte.

2.3 Physikalisch-chemische Eigenschaften von Aminosäuren

Betrachtet man die physikalisch-chemischen Eigenschaften der α-Aminosäuren, so fällt auf, dass diese mit der bereits besprochenen Struktur (siehe S. 71) **nicht** zu erklären sind. Dies soll an einigen Punkten verdeutlicht werden.

Aminosäuren sind bei Zimmertemperatur **kristalline Feststoffe**, die einen relativ hohen Schmelzpunkt besitzen. Besonders auffällig ist, dass sie sich beim Schmelzvorgang zersetzen. Dies ist nur dadurch zu erklären, dass zur Überwindung der **inter**molekularen Kräfte zwischen den einzelnen Aminosäuremolekülen eine größere Energie aufgewendet werden muss als zur Aufhebung der **intra**molekularen Kräfte, d. h. der Atombindungen. Dies bedeutet also, dass zwischen den einzelnen Aminosäuremolekülen noch stärkere Bindungskräfte als einfache Atombindungen wirken. **Carbonsäuren** und **Amine**[5] sind dagegen leichtflüchtige Substanzen mit relativ niedrigen Schmelzpunkten. Bei den zwischenmolekularen Kräften, die bei diesen beiden Stoffgruppen vorliegen, handelt es sich um Wasserstoffbrückenbindungen und van-der-Waals-Kräfte, die beide wesentlich schwächer als Atombindungen sind. Auch zwischen Aminosäuremolekülen beschriebener Struktur dürften nur Wasserstoffbrücken und van-der-Waals-Kräfte als **intermolekulare Kräfte** wirken.

5 **Amine** sind organische Moleküle, die eine Aminogruppe $-NH_2$ tragen.

Beispiele

Verbindungsklasse	Beispiel	Summenformel	Schmelzpunkt in °C
Aminosäure	Glycin	$CH_2(COOH)NH_2$	**232**
Carbonsäuren	Essigsäure	CH_3COOH	16,6
	Buttersäure	$CH_3CH_2CH_2COOH$	–6
Hydroxycarbonsäuren	Hydroxyethansäure	$CH_2(OH)COOH$	80
	(+)-Milchsäure	$CH_3CH(OH)COOH$	53
Amine	Propanamin	$CH_3CH_2CH_2NH_2$	–83
	Butanamin	$CH_3CH_2CH_2CH_2NH_2$	–50

Tab. 2: Schmelzpunkte von Vertretern verschiedener Stoffklassen im Vergleich.

Aminosäuren sind unlöslich in unpolaren **Lösungsmitteln**, in Wasser aber merklich löslich. Bei saurem oder alkalischem pH-Wert sind sie besser löslich als in neutralem Wasser. Amine und Carbonsäuren niederer Kettenlänge sind ebenfalls wasserlöslich, mit zunehmender Anzahl an Kohlenstoffatomen nimmt ihre Wasserlöslichkeit jedoch stark ab.
Die **Säure- und Basekonstanten** (bzw. pK_S und pK_B-Werte) sind bei den Aminosäuren im Vergleich zu aliphatischen Carbonsäuren bzw. Aminen meist auffällig **niedrig** (bzw. hoch), d. h. sie protolysieren in wässriger Lösung viel **schwächer** als es aufgrund der Anwesenheit einer COOH- bzw. NH_2-Gruppe zu erwarten wäre.

Beispiele

Verbindungsklasse	Beispiel	Summenformel	pK_S-Wert	pK_B-Wert
Aminosäure	Glycin	$CH_2(COOH)NH_2$	9,6	11,6
Carbonsäuren	Essigsäure	CH_3COOH	4,8	
	Propionsäure	CH_3CH_2COOH	4,9	
Amine	Propanamin	$CH_3CH_2CH_2NH_2$		3,4
	Butanamin	$CH_3CH_2CH_2NH_2$		3,4

Tab. 3: Säure- und Basekonstanten im Vergleich.

Das Verhalten beim Schmelzen, die Löslichkeit und das Protolyseverhalten der Aminosäuren lassen sich nicht mit der gezeigten, **ladungsfreien** Strukturformel in Einklang bringen. Die Eigenschaften freier Aminosäuren können dagegen gut mit einer **zwitterionischen Form** („dipolares Ion") erklärt werden:

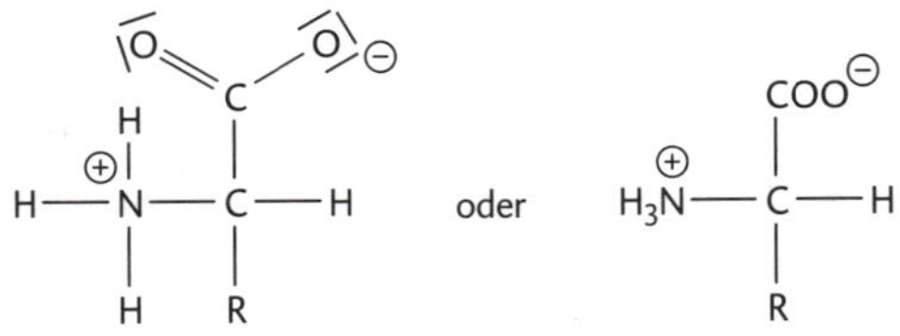

Zwitterionische Formen einer Aminosäure

Im Folgenden sollen die nachweisbaren Eigenschaften der Aminosäuren anhand obiger Strukturformeln noch einmal erklärt werden.

Schmelzvorgang und Löslichkeit

Zwischen den einzelnen Aminosäuremolekülen wirken **Ionenkräfte**. Im festen Zustand kristallisieren die Aminosäuren in einem **Ionengitter**, wobei die positiven Ladungen von den Ammoniumgruppen $-NH_3^+$, die negativen von den Carboxylatgruppen $-COO^-$ stammen. Die Ionenkräfte zwischen den Zwitterionen sind wesentlich stärker als Atombindungen, sodass es bei Energiezufuhr teilweise zu einer Spaltung der **kovalenten Bindungen** innerhalb eines Aminosäuremoleküls kommt, bevor sich die zwitterionischen Aminosäuren **voneinander** trennen.
Das Löslichkeitsverhalten entspricht dem einer Verbindung mit **salzartigem Charakter**.

Protolyseverhalten

Die hohen Säure- bzw. Basenkonstanten werden verständlich, wenn man annimmt, dass die in wässriger Lösung **sauer** wirkende Gruppe tatsächlich die **Ammoniumgruppe** $-NH_3^+$, nicht aber die COOH-Gruppe ist:

$$^{+}H_3N{-}CHR{-}COO^- + H_2O \longrightarrow H_2N{-}CHR{-}COO^- + H_3O^+ \quad \Rightarrow \text{hoher } pK_S\text{-Wert}$$

Allgemein gibt eine Carboxylgruppe $-COOH$ leichter ein Proton ab als eine Ammoniumgruppe $-NH_3^+$, weshalb im Zwitterion eine COO^-- und eine NH_3^+-Gruppe nebeneinander existieren.
Die **basisch** wirkende Gruppe ist die **Carboxylatgruppe** $-COO^-$, nicht die Aminogruppe $-NH_2$:

$$^{+}H_3N{-}CHR{-}COO^- + H_2O \longrightarrow {}^{+}H_3N{-}CHR{-}COOH + OH^- \quad \Rightarrow \text{hoher } pK_B\text{-Wert}$$

Die NH_2-Gruppe nimmt leichter ein Proton auf als die COO^--Gruppe, im Zwitterion liegen deshalb NH_3^+- und COO^--Gruppe nebeneinander vor.

Für die einfachste natürliche Aminosäure **Glycin** etwa gilt, dass sie in wässriger Lösung **schwach sauer** reagiert, da die Säurestärke ihrer NH_3^+-Gruppe mit einem pK_S-Wert von 9,6 größer ist als die Basenstärke der COO^--Gruppe (pK_B = 11,6). Die NH_3^+-Gruppe gibt also etwas leichter ein Proton ab, als es die COO^--Gruppe aufnehmen „möchte“:

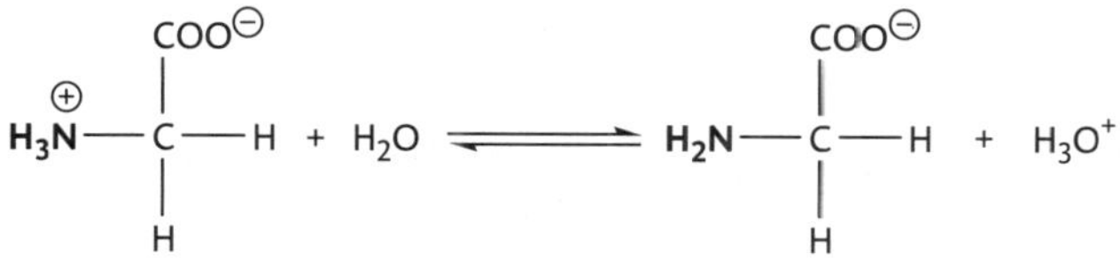

Aminosäuren wie Glycin ($^+H_3N-CH_2-COO^-$) oder Alanin ($^+H_3N-CH(CH_3)-COO^-$) können also gleichzeitig als **Säure und Basen** wirken. Solche Substanzen bezeichnet man als **Ampholyte**.

Erhöht man den pH-Wert einer wässrigen Lösung einer solchen Aminosäure, die in der Lösung zunächst als Zwitterion vorliegt, etwa durch Zugabe von Natronlauge, so geben die sauer wirkenden NH_3^+-Gruppen Protonen an die OH^--Ionen der Base ab. Das Zwitterion wird dadurch zu einem **Anion**. Bei einer Erniedrigung des pH-Werts der Aminosäurelösung durch Zugabe von Salzsäure nehmen die basisch wirkenden COO^--Gruppen Protonen auf. Es bilden sich Aminosäure-**Kationen**.

Beispiel

Im **alkalischen** Milieu:

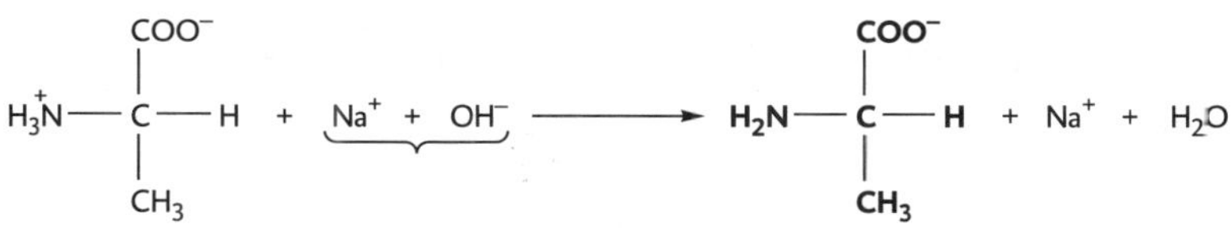

Zwitterion Natronlauge Anionform

Im **sauren** Milieu:

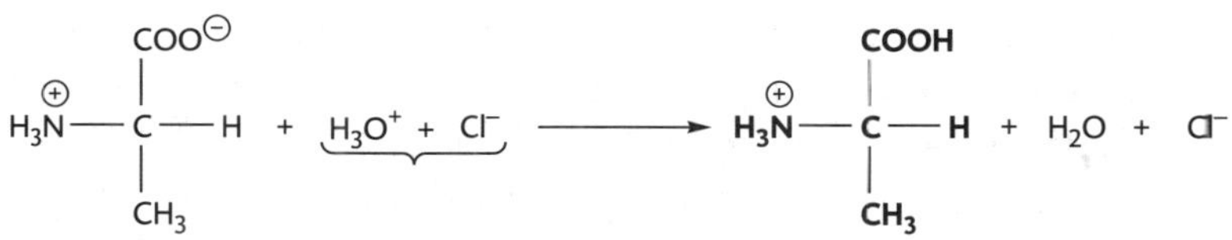

Zwitterion Salzsäure Kationform

In stark alkalischer Lösung überwiegt die **Anionform** einer Aminosäure, in stark saurem Milieu liegt sie vorwiegend als Kation vor. In der **Kationform**, also in der **vollständig protonierten** Form, können Aminosäuren wie Glycin und Alanin zwei Protonen abgeben. Sie reagieren demzufolge wie eine zweiprotonige Säure H_2A^+:

1. Protolyseschritt: $H_2A^+ + H_2O \longrightarrow HA + H_3O^+$

2. Protolyseschritt: $HA + H_2O \longrightarrow A^- + H_3O^+$

Beispiel

Welche der zwei sauren Gruppen $-NH_3^+$ oder $-COOH$ der **Kationform** des **Alanins** gibt bei Zugabe einer Base zuerst sein Proton ab?
Da die Carboxylgruppe die stärker sauer wirkende funktionelle Gruppe als die Ammoniumgruppe darstellt, bildet sich bei Zugabe einer Base zuerst das Zwitterion $^+H_3N-CH(CH_3)-COO^-$:

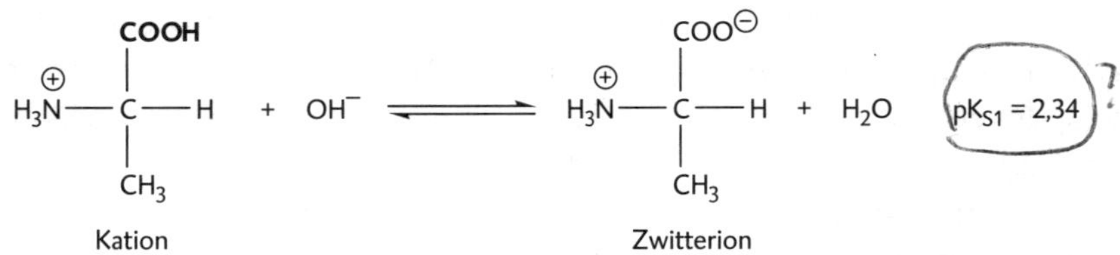

In einem zweiten Schritt spaltet dann die NH_3^+-Gruppe ein Proton ab und es entsteht die **Anionform** $H_2N-CH(CH_3)-COO^-$:

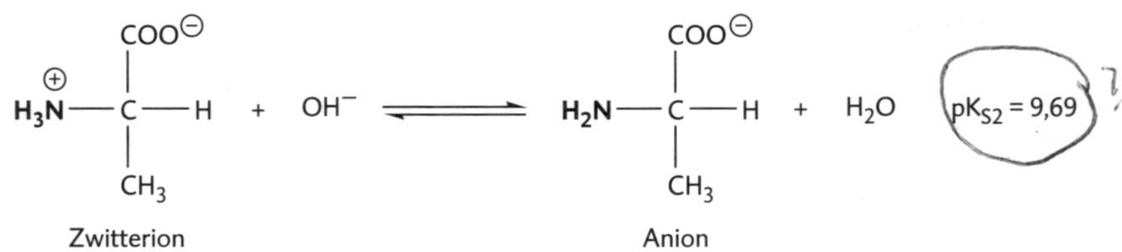

Das Alanin-**Kation** besitzt für den ersten Protolyseschritt einen kleineren pK_S-Wert ($pK_{S(1)} = 2{,}34$) als z. B. die Essigsäure CH_3COOH ($pK_S = 4{,}75$), obwohl in beiden Molekülen die COOH-Gruppe die sauer wirkende Gruppe ist. Dies erklärt sich aus der stark **elektronenziehenden** Ammoniumgruppe (–I-Effekt), die sich beim Alanin-Kation am α-C-Atom befindet. Diese **induktive** Wirkung der NH_3^+-Gruppe hat eine starke Polarisierung der O–H-Bindung der COOH-Gruppe zur Folge, wodurch die Abspaltung des Protons von der Carboxylgruppe **erleichtert** wird.

2.4 Isolelektrischer Punkt

Ob eine freie Aminosäure in einer Lösung hauptsächlich als Anion, als Kation oder in ihrer zwitterionischen Form vorliegt, hängt vom pH-Wert der betreffenden Lösung ab. Legt man ein **elektrisches Feld** an eine Aminosäurelösung, so erhält man eine vom pH-Wert der Lösung abhängige, unterschiedliche **Wanderungsrichtung** der Aminosäure-Ionen. Im alkalischen Milieu ist die Konzentration der Anionform relativ groß. Folglich kann man eine Ionenwanderung zum **positiven** Pol, der Anode feststellen. In saurer Lösung wandern die Ionen zur **negativen** Elektrode (Kathode), da die Konzentration der Aminosäure-Kationen unter diesen Bedingungen ihren größten Wert aufweist.
Erhöht man den pH-Wert einer sauren Lösung durch **Zugabe** einer **Lauge**, so verringern sich zunächst die Konzentrationen der Aminosäure-Kationen und die der Zwitterionen, schließlich nimmt die Konzentration der Anionform zu:

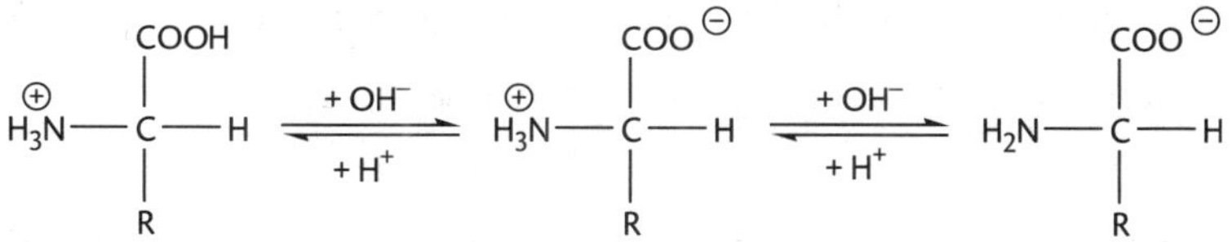

Kationform | Zwitterion | Anionform

Bei einem für jede Aminosäure typischen pH-Wert sind die Konzentrationen der Anion- und Kationform **genau gleich** (gering). Gleichzeitig ist hier auch die Konzentration des Zwitterions am **größten**.
Dieser pH-Wert, bei dem die untersuchte Aminosäurelösung ihre minimalste elektrische Leitfähigkeit zeigt, wird als der **isoelektrische Punkt (IEP)** bezeichnet. Hier sind genau gleich viele Teilchen vorhanden, die zur Anode bzw. Kathode wandern.

Das Zwitterion trägt bei diesem pH-Wert eine positiv geladene Ammoniumgruppe und eine negativ geladene Carboxylatgruppe. Das Teilchen ist zwar voll ionisiert, trägt aber **keine elektrische Nettoladung**, d. h. es ist insgesamt ungeladen und zeigt **keine Ionenwanderung** in einem elektrischen Feld.
Am isoelektrischen Punkt besitzt eine Aminosäure auch ihre geringste Wasserlöslichkeit, da sich die nach außen ungeladenen Zwitterionen wesentlich schlechter hydratisieren lassen als positiv geladene Kationen oder negativ geladene Anionen, die bei diesem pH-Wert nur in sehr geringen Konzentrationen vorkommen.

Beispiel

> Die Aminosäure **Tyrosin** ist in wässriger Lösung bei pH = 5,66 nahezu unlöslich und fällt als Zwitterion aus. Dieser pH-Wert entspricht dem IEP des Tyrosins. Bei Zugabe von Salzsäure oder Natronlauge reagiert es zur Kation- bzw. Anionform und ist dann wesentlich besser wasserlöslich.

Zunächst mag die Tatsache erstaunen, dass der IEP einer Aminosäure nicht bei exakt pH = 7 liegt. Bei Aminosäuren, die wie Glycin oder Alanin nur **eine** Ammoniumgruppe und **eine** Carboxylatgruppe tragen – so genannte **Monoaminomonocarbonsäuren** – deren Reste also keine basischen oder sauren Gruppen aufweisen – liegt der IEP im **schwach sauren** Bereich, der von Alanin etwa bei pH = 6,01.
Wie bereits beschrieben, ist die Säurestärke der Ammoniumgruppe $-NH_3^+$ größer als die Basenstärke der Carboxylatgruppe $-COO^-$, sodass Alanin in einer wässrigen Lösung nach folgender Gleichung protolysiert:

$$\underset{\text{Zwitterion}}{{}^{+}H_3N-CH(CH_3)-COO^-} + H_2O \longrightarrow \underset{\text{Anion}}{H_2N-CH(CH_3)-COO^-} + H_3O^+$$

In der entstehenden Lösung ist also die Konzentration des Anions größer als die des Kations. Am isoelektrischen Punkt sind aber die Konzentrationen der beiden Ionenformen **definitionsgemäß** genau gleich groß. Um den IEP genau einzustellen, muss die **Protonenabgabe** des Zwitterions durch vorsichtige Säurezugabe zurückgedrängt werden. Bei pH = 6,01 ist genau das **Maximum** der Konzentration der Alanin-Zwitterionen erreicht, die Kation- und Anionformen haben **geringe und identische** Konzentrationen.
Der IEP einer Aminosäure lässt sich auch rechnerisch ermitteln. Da bei Alanin der $pK_{S(1)}$-Wert der Carboxylgruppe –COOH bei 2,34 und der $pK_{S(2)}$-Wert der Ammoniumgruppe $-NH_3^+$ bei 9,69 liegt, gilt:

$$\text{IEP} = \frac{pK_S\,(\text{Carboxylgruppe}) + pK_S\,(\text{Ammoniumgruppe})}{2} = \frac{2{,}34 + 9{,}69}{2} = 6{,}01$$

Wo aber liegt der IEP einer Aminosäure, die eine **saure Gruppe** im Rest aufweist? Diese Frage soll am Beipiel der **Asparaginsäure** geklärt werden.

Beispiel

Für die Asparaginsäure lassen sich folgende Protolyseschritte formulieren:

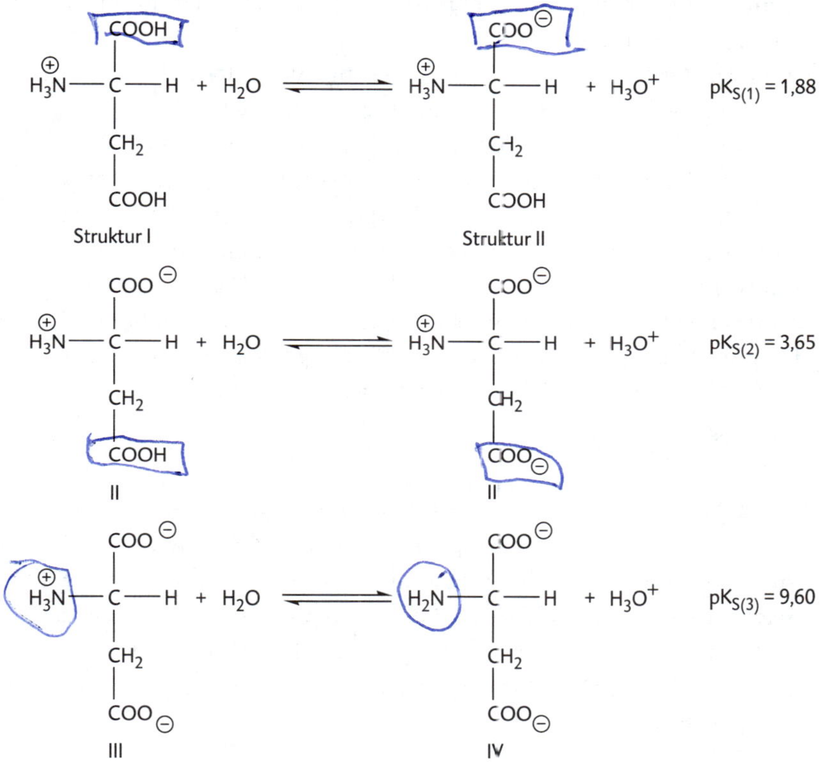

Je nach pH-Wert kann man für das Asparaginsäure-Molekül also vier verschiedene Formen angeben:

- I: **Kation**
- II: **Zwitterion**
- III und IV: **Anionformen**

Allgemein gilt, dass in der Lösung einer Säure, die einen pH-Wert aufweist, der genau dem pK_S-Wert der betreffenden Säure entspricht, **gleiche Mengen** der Säure und ihrer korrespondierenden Base vorliegen:

$$pH = pK_S + \lg \frac{c(A^-)}{c(HA)}$$ Henderson-Hasselbalch-Gleichung

Folglich sind in einer Asparaginsäure-Lösung bei pH = 1,88 gleiche Mengen der **Formen I und II** vorhanden, bei pH = 3,65 gleiche Mengen an **II und III**. Bei noch höheren pH-Werten sind keine Zwitterionen mehr in der Lösung zu finden.

Da aber der IEP – laut Definition – der pH-Wert der Lösung ist, bei dem diese die **größtmögliche** Konzentration an Zwitterionen (II) aufweist, muss der **IEP** der Asparaginsäure **zwischen** den Werten 1,88 und 3,65 liegen. Welchen genauen Wert aber hat der IEP von Asparaginsäure?

Die Protonenabgabe der **COOH-Gruppe des Restes**, die zur Entstehung von Form III, und damit zur Verringerung der Konzentration von Form II führt, muss durch eine ausreichend hohe Oxonium-Ionenkonzentration unterdrückt werden. Diese H_3O^+-Konzentration darf andererseits nicht zu groß sein, weil sonst die Protolyse der Carboxylgruppe am **α-C-Atom** verhindert wird. Der IEP der Asparaginsäure berechnet sich wie folgt:

$$\mathrm{IEP} = \frac{1{,}88 + 3{,}65}{2} = 2{,}77$$

Bei pH = 2,77 also sind die **beiden** zuvor genannten Bedingungen erfüllt. Der im Vergleich zu Glycin (5,97) oder Alanin (6,01) **niedrige IEP-Wert** der Asparginsäure beruht also letztlich auf dem Vorliegen von **zwei** Carboxylgruppen. Die COOH-Gruppe am α-C-Atom ist infolge der stark elektronenziehenden Ammoniumgruppe (–I-Effekt) aber deutlich stärker sauer als die COOH-Gruppe des Restes und gibt ihr Proton daher viel leichter ab als diese.

2.5 Titrationskurve einer Aminosäure

Wird Glycin in Wasser gelöst und die entstandene Lösung mit Salzsäure versetzt, so erhält man die **Kationform** dieser Aminosäure. Beim Eindampfen der Lösung kristallisiert ein **Salz**, Glycinhydrochlorid ($Cl^{-}\,{}^{+}H_3N{-}CH_2{-}COOH$) aus, das aus den Kationen des Glycins und Chloridionen besteht. Die Titration einer wässrigen Lösung des Glycinhydrochlorids mit Natronlauge ergibt eine **stufenförmig** verlaufende Titrationskurve, wie sie für zweiprotonige Säuren charakteristisch ist.

Die Kurve zeigt, dass der pH-Wert zu Beginn verhältnismäßig wenig, dann bei einem Wert von ca. pH = 6 sprunghaft und anschließend wieder weniger stark ansteigt. Nach einer weiteren kleinen, sprunghaften Änderung des pH bei Werten über 10,5 erreicht die Kurve bei noch höheren pH-Werten schließlich einen flacheren Verlauf.

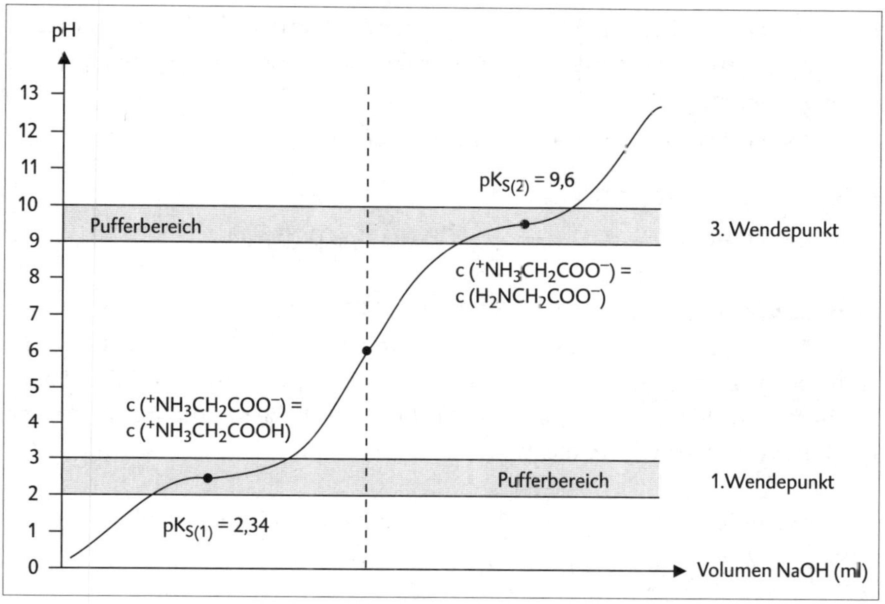

Abb. 16: Titrationskurve des Glycinhydrochlorids ($Cl^{-}\,{}^{+}NH_3CH_2COOH$) mit NaOH, ermittelt durch Messung der pH-Werte bei Zugabe von NaOH.

Bei pH-Werten **unter 2,34** liegt Glycin überwiegend in seiner Kationform, bei pH-Werten **über 9,6** hauptsächlich in der Anionform vor. Von besonderer Bedeutung sind die **drei** Wendepunkte, die sich aus der Kurve ermitteln lassen. Beim **1. Wendepunkt** (pH = 2,34) gilt:

$$c({}^{+}H_3N{-}CH_2{-}COOH) = c({}^{+}H_3N{-}CH_2{-}COO^{-})$$

Kationform Zwitterionenform

Eingesetzt in die Henderson-Hasselbalch-Gleichung

$$pH = pK_S + \lg\frac{c({}^{+}H_3N{-}CH_2{-}COO^{-})}{c({}^{+}H_3N{-}CH_2{-}COOH)}$$

ist also **pH = pK$_S$** für folgende Protolyse:

$${}^{+}H_3N{-}CH_2{-}COOH \;+\; H_2O \longrightarrow {}^{+}H_3N{-}CH_2{-}COO^{-} \;+\; H_3O^{+}$$

$pH = pK_S = 2,34$

Da in diesem pH-Bereich ein relativ **flacher Kurvenabschnitt** vorliegt, zeigt Glycin hier **Pufferwirkung**. Mögliche Reaktionen dieses Puffersystems sind:

- bei **Laugen**zugabe:

$$^{+}H_3N{-}CH_2{-}COOH + OH^- \longrightarrow {}^{+}H_3N{-}CH_2{-}COO^- + H_2O$$

- bei **Säure**zugabe:

$$^{+}H_3N{-}CH_2{-}COO^- + H_3O^+ \longrightarrow {}^{+}H_3N{-}CH_2{-}COOH + H_2O$$

Beim **2. Wendepunkt** bei pH = 5,97 ist die Konzentration der Zwitterionen am größten. Folglich ist hier die minimalste elektrische Leitfähigkeit und die geringste Wasserlöslichkeit des Glycins festzustellen. Dieser pH-Wert kennzeichnet also den **isoelektrischen Punkt** (IEP) der Aminosäure. In diesem pH-Bereich puffert Glycin nicht.

Am **3. Wendepunkt** bei pH = 9,6 gilt analog zum 1. Wendepunkt:

$$c(^{+}H_3N{-}CH_2{-}COO^-) = c(H_2N{-}CH_2{-}COO^-)$$

Zwitterionenform Anionform

Der pK_S-Wert für die nachfolgende Reaktion lässt sich wieder aus dem Kurvenverlauf ermitteln:

$$^{+}H_3N{-}CH_2{-}COO^- + H_2O \longrightarrow H_2N{-}CH_2{-}COO^- + H_3O^+$$

$$pH = pK_S = 9{,}6$$

Auch hier liegt ein **Puffersystem** vor, das folgende Reaktionen eingehen kann:

- bei Laugenzugabe:

$$^{+}H_3N{-}CH_2{-}COO^- + OH^- \longrightarrow H_2N{-}CH_2{-}COO^- + H_2O$$

- bei Säurezugabe:

$$H_2N{-}CH_2{-}COO^- + H_3O^+ \longrightarrow {}^{+}H_3N{-}CH_2{-}COO^- + H_2O$$

Auch die übrigen **proteinogenen Aminosäuren** zeigen ähnliche Titrationskurven. Sie alle stellen deshalb bei pH-Werten, die ihren pK_S-Werten entsprechen, **gute Puffersysteme** dar.

2.6 Nachweis von Aminosäuren

α-Aminosäuren in kristalliner Form sind farblose Substanzen. Für ihren Nachweis nutzt man eine **charakteristische Farbreaktion**, die bei allen Vertretern dieser Stoffklasse funktioniert und die besonders häufig zum Sichtbarmachen einzelner Aminosäuren bei der Entwicklung von Dünnschicht- oder Papierchromatogrammen angewendet wird. Das Nachweisreagenz ist **Ninhydrin**, das mit Aminosäuren zu einer **blauvioletten** Verbindung reagiert.
Bei der Dünnschichtchromatografie wird die DC-Platte nach ihrer Entwicklung in der Kammer kurz getrocknet, anschließend mit der Ninhydrin-Reagenz besprüht und einige Minuten bei ca. 100 °C in den Trockenschrank gelegt. Enthält die DC-Platte Aminosäuren, so werden an den entsprechenden Stellen der Platte blauviolette Flecken sichtbar. Mit diesem Nachweis kann allerdings **nicht** zwischen einzelnen Aminosäuren **unterschieden** werden, da alle α-Aminosäuren diese Farbreaktion zeigen.
Zur **Einzelidentifikation** müssen bei der Dünnschichtchromatografie Vergleichssubstanzen auf der DC-Platte aufgetragen bzw. die R_f-Werte der einzelnen Aminosäuren ermittelt werden.

Die Ninhydrin-Reaktion

Der Mechanismus der Nachweisreaktion mit Ninhydrin lässt sich in folgenden Einzelschritten formulieren:

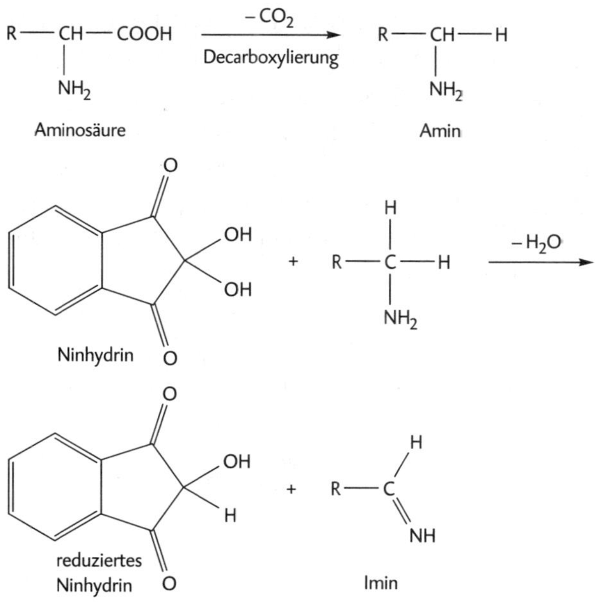

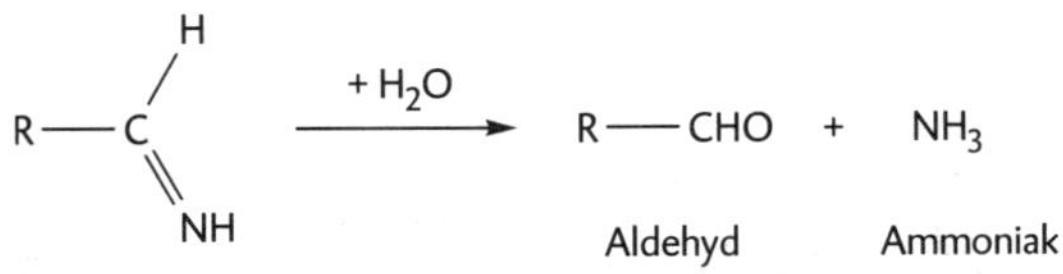

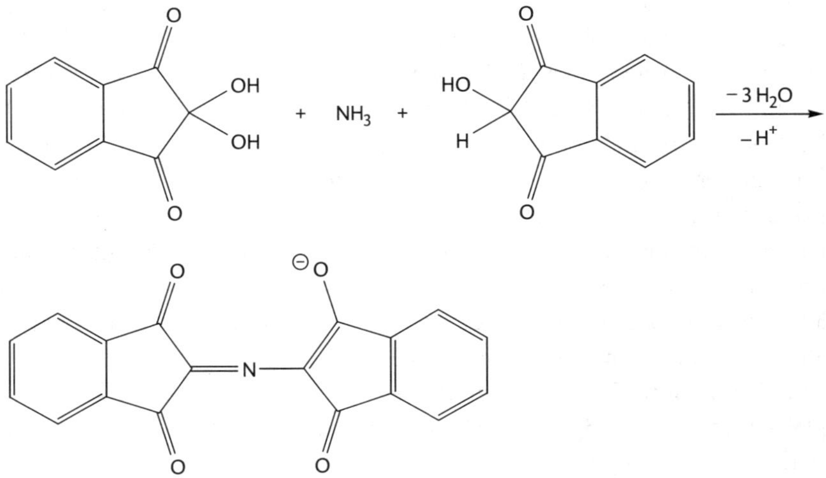

blauvioletter Farbstoff

Gaschromatografische Untersuchungen bzw. Identifikationen können mit den reinen, freien Aminosäuren nicht durchgeführt werden, da eine Voraussetzung für eine GC-Untersuchung einer Substanz ihre Überführung in den **gasförmigen** Aggregatzustand ist. Dies ist aber bei den zwitterionischen Aminosäuren, die ein Kristallgitter ausbilden, ohne deren Zersetzung gar nicht möglich. Allerdings können **Derivate** der freien Aminosäuren durchaus gaschromatografisch untersucht werden. Ein Beispiel dafür sind die **Methylester** der Aminosäuren. Dies sind flüchtige Substanzen, die in einer Kondensationsreaktion – unter Abspaltung eines Wassermoleküls – durch Umsetzung der Aminosäuren mit Methanol hergestellt werden:

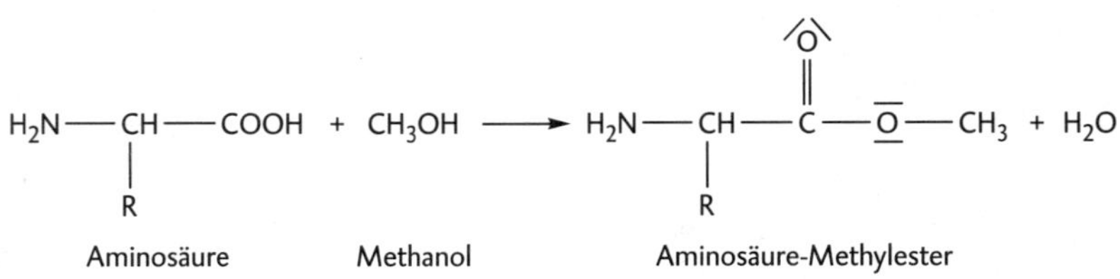

3 Proteine als Bau- und Betriebsstoffe

Nachdem in den vorangegangenen Abschnitten die Aminosäuren charakerisiert wurden, sollen im Folgenden die aus ihnen aufgebauten (Makro-)Moleküle, die **Peptide** betrachtet werden, zu denen die eigentlichen **Proteine** und die ihnen nah verwandten Proteide zählen.

3.1 Einteilung der Peptide

Oligopetide

Die aus höchstens 10 Aminosäuren (kurz: AS) aufgebauten **Oligopeptide** unterscheidet man je nach Anzahl der Monomere in Di- (zwei AS), Tri- (drei AS), Tetra- (vier AS), oder Pentapeptide (fünf AS), usw.

Beispiele

- **Glutathion** (siehe S. 92) ist ein **Tripeptid** aus den Aminosäuren Glycin, Glutaminsäure und Cystein. Es kommt in praktisch allen lebenden Zellen in oft hohen Konzentrationen vor und ist an verschiedenen Redoxreaktionen beteiligt. Glutathion wird dabei selbst oxidiert, wodurch zwei Moleküle (durch Reaktion der SH-Gruppen der Seitenketten) über eine **Disulfidbrücke** miteinander verbunden werden.
- **Oxytocin** ist ein Peptid**hormon** aus **neun** Aminosäuren, das die Kontraktion der Gebärmutter („Wehen“) auslöst.

Polypeptide

Aus 10 bis 100 Aminosäure-Einheiten sind die **Polypeptide** zusammengesetzt.

Beispiel

Das **Insulin** ist ein Peptidhormon, das aus **zwei** über Disulfidbrücken miteinander verbundenen **Peptidketten** besteht, wobei die eine 30, die andere 21 Aminosäureeinheiten besitzt. Insulin ist ein sehr wichtiges **Hormon** des Glucosestoffwechsels. Ein Mangel oder ein vollständiges Fehlen dieses Polypeptids führt zu *Diabetes mellitus* (Zuckerkrankheit).

Proteine

Moleküle, die aus mehr als 100 Aminosäuren aufgebaut sind, werden als **Proteine** oder Eiweiße bezeichnet. Besteht ein Eiweißmolekül aus mehreren Polypeptid**ketten**, so nennt man es ein **multimeres** Protein. Sind einige dieser Polypeptidketten identisch, spricht man von einem **oligomeren** Protein und bezeichnet die Polypeptid-Untereinheiten als **Protomere**.

Proteide (oder „konjugierte Proteine")

Dies sind Moleküle, die aus einem Eiweiß- und einem **Nichteiweiß**anteil, der so genannten **prosthetischen Gruppe**, aufgebaut sind.

Beispiel

In den roten Blutkörperchen der Säugetiere findet sich in großen Mengen ein sehr bekanntes Proteid, das **Hämoglobin**. Ein Hämoglobinmolekül enthält **vier** Polypeptidketten, zwei mit je 141 Aminosäuren, zwei mit je 146 Aminosäuren, von denen jede eine gebundene, nichteiweißartige Komplexverbindung – das Häm – mit einem Fe^{2+}-Ion im Zentrum enthält. Diese Gruppe ist für die Bindung und den Transport von Sauerstoff verantwortlich:

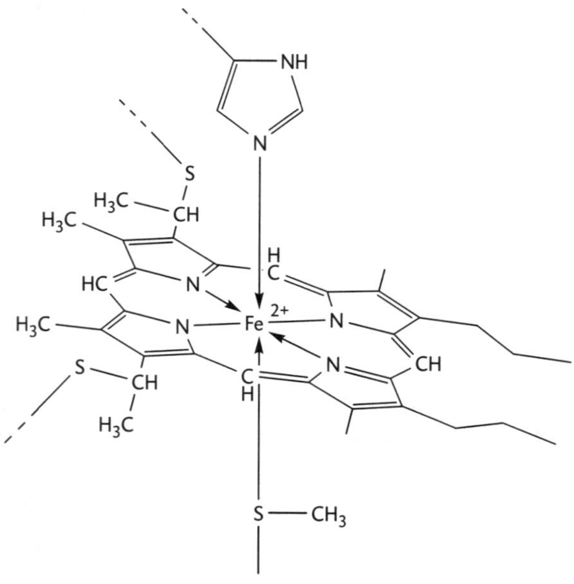

Das **Porphyrinsystem** der Hämgruppe (die angedeuteten Aminosäurereste gehören zum gebundenen Proteinanteil).

Konjugierte Proteine, unter denen sich auch viele **Enzyme** finden, werden gemäß der chemischen Natur ihrer prosthetischen Gruppe unterteilt:

- Chromoproteid: Die prosthetische Gruppe besitzt **Farbstoff**charakter (von gr. *chroma*: „Farbe“), z. B. Hämoglobin.
- Lipoproteid: Die prosthetische Gruppe ist ein **Fettmolekül** (Lipid).
- Glycoproteid: Die prosthetische Gruppe ist ein **Kohlenstoffhydrat**.
- Phosphoproteid: Die prosthetische Gruppe ist ein **Phosphorsäurerest**.
- Nukleoproteid: Die prosthetische Gruppe ist eine **Nukleinsäure**.

3.2 Zeichnerische Darstellung und Benennung

Vereinbarungsgemäß werden Peptide und Proteine so dargestellt, dass das Ende einer Peptidkette mit der freien Aminogruppe **links** steht (**N-terminales Ende**) und die weiteren Aminosäuren ihrer Reihenfolge entsprechend rechts angefügt werden, sodass schließlich die letzte Aminosäure dieser Kette mit der freien Carboxylgruppe nach **rechts** zeigt (**C-terminales Ende**).

Beispiel

Ein Oligopeptid aus fünf Aminosäuren (Pentapeptid) wird wie folgt dargestellt:

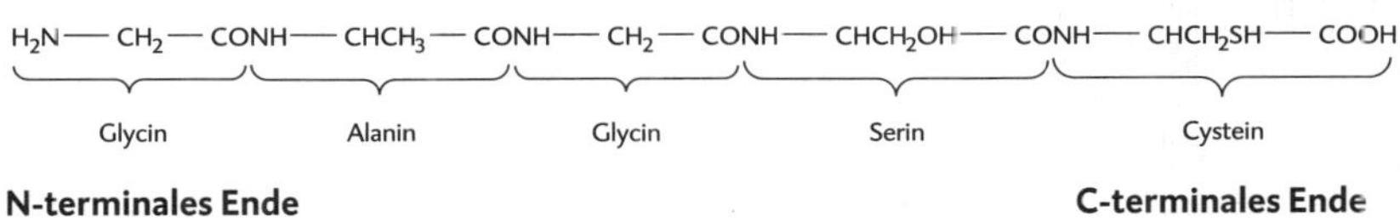

Der **Name** eines Peptids wird gebildet, indem jeweils diejenigen Aminosäuren, deren Carboxylgruppe an der Ausbildung der Peptidbindung beteiligt ist, die Endung *-yl* erhalten. So lautet der Name für das zuvor besprochene Pentapeptid **Glycyl-alanyl-glycyl-seryl-cystein**. Üblicherweise werden jedoch bei der Benennung nur die Kürzel der einzelnen Aminosäuren verwendet. So wird aus der Bezeichnung für das Pentapeptid die Abkürzung Gly-Ala-Gly-Ser-Cys. Bei **sauren** oder **basischen** Aminosäuren muss berücksichtigt werden, ob die am **α-C-Atom** sitzende Carboxyl- oder Aminogruppe oder die Carboxyl- bzw. Aminogruppe des **Restes** an der Bildung der Peptidkette beteiligt ist.

Beispiel

Beim Tripeptid Glutathion (γ-**Glu**-Cys-Gly) ist die COOH-Gruppe des **Restes** am γ-C-Atom der Glutaminsäure an der Bildung des Oligopeptids beteiligt:

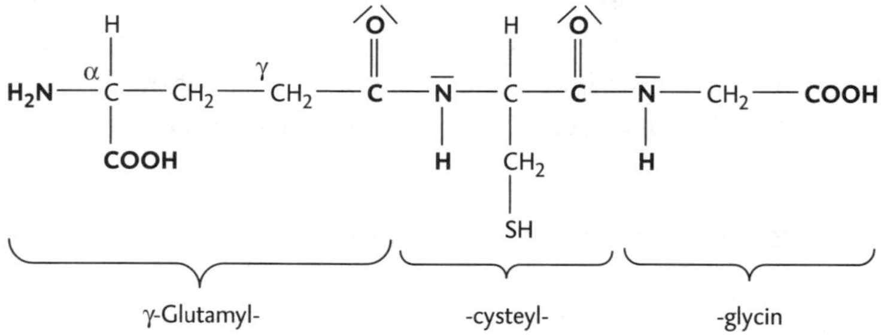

Ausblick: Der Zuckeraustauschstoff Aspartam

Das künstlich hergestellte Dipeptid Aspartylphenylalanyl-methylester, das den Trivialnamen **Aspartam** und den Handelsnamen NutraSweet® trägt, zeigt große biologische Wirkung: Aspartam weist eine Süßkraft auf, die ca. 200-mal höher ist als die der Saccharose.

Der **Süßstoff** ist ein Dipeptid aus den Aminosäuren Asparaginsäure und Phenylalanin, wobei die COOH-Gruppe des Phenylalanins mit dem Alkohol Methanol verestert ist:

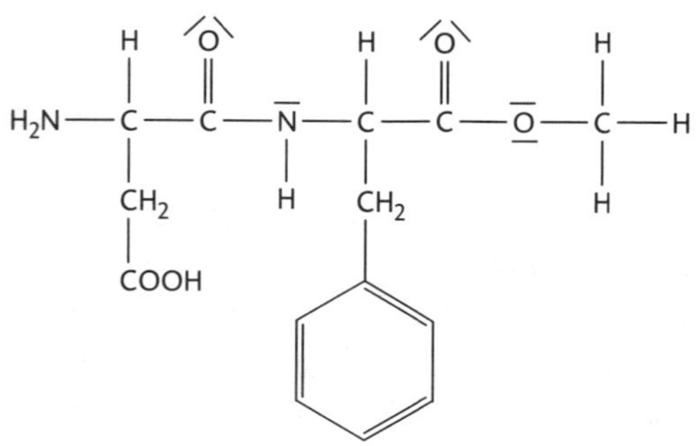

Aspartylphenylalanyl-methylester (Aspartam)

Phenylketonurie-Patienten (siehe S. 76) müssen bei ihrer Ernährung darauf achten, dass in aspartamhaltigen Lebensmitteln auch die Aminosäure Phenylalanin vorliegt, da die vollständige Hydrolyse des Süßstoffes im **salzsauren Milieu** des menschlichen Magens die beiden Aminosäuren Asparaginsäure und Phenylalanin und den Alkohol Methanol liefert:

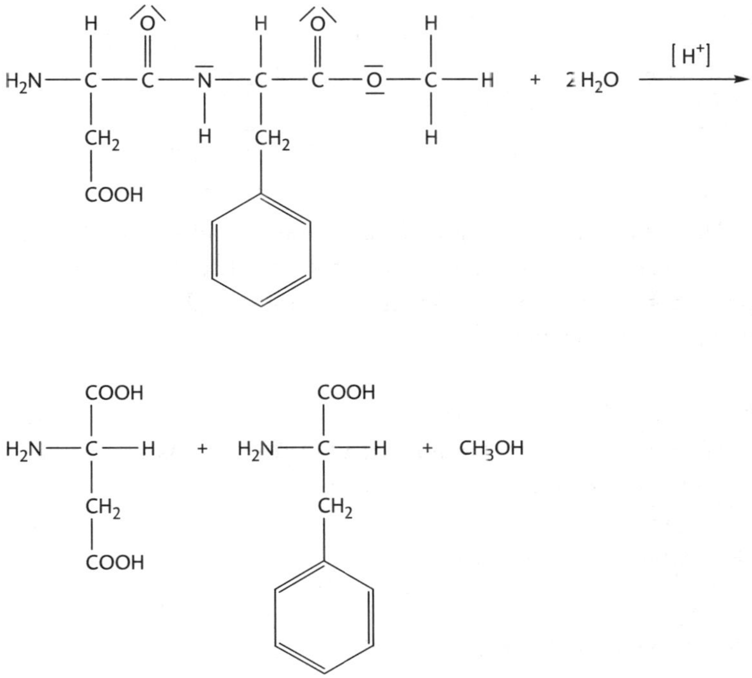

Asparaginsäure Phenylalanin Methanol

3.3 Die Peptidbindung

L-α-Aminosäuren stellen die Bausteine der natürlichen Proteine dar. Die Verknüpfung dieser Bausteine erfolgt über die so genannte **Peptidbindung**. Die **Peptidgruppe –CO–NH–** entsteht formal durch eine Kondensation, die eine sehr häufige Reaktion in biochemischen Stoffwechselprozessen ist. Bei einer Kondensationsreaktion werden allgemein zwei Moleküle unter Abspaltung eines kleinen Moleküls, hier Wasser, miteinander verbunden.

Zwischen zwei Aminosäuren entsteht eine **Bindung**, indem die Carboxylgruppe der einen Aminosäure mit der Aminogruppe der anderen Aminosäure reagiert.

Eine Verbindung, die aus der Kondensationsreaktion **zweier** Aminosäuren hervorgeht, wird als **Dipeptid** bezeichnet. Sind drei Aminosäuren miteinander verknüpft, erhält man ein Tripeptid, sind es vier, ein Tetrapeptid, usw.

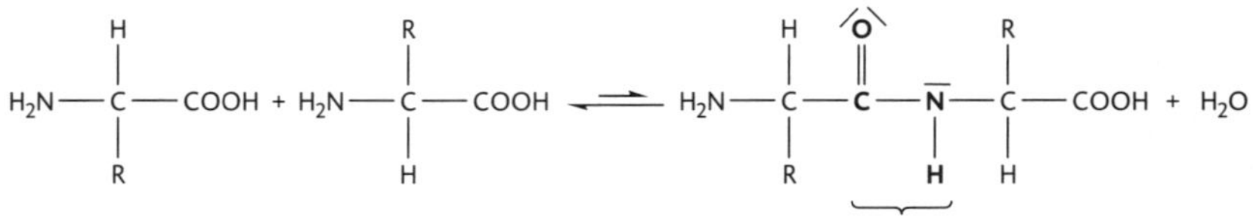

Da jede Aminosäure über mindestens eine Amino- und eine Carboxylgruppe verfügt, sind stets **mehrere Kondensationsprodukte** denkbar. Selbst beim Vorliegen von nur zwei verschiedenen Aminosäuren gibt es bereits mehrere Kombinationsmöglichkeiten.

Beispiele

Enthält ein Gemisch die Aminosäuren **Glycin** und **Alanin**, sind folgende **Dipeptide** denkbar:

1. Gly-gly:
   $H_2N-CH_2-CO-NH-CH_2-COOH$
2. Ala-ala:
   $H_2N-CH(CH_3)-CO-NH-CH(CH_3)-COOH$
3. Ala-gly:
   $H_2N-CH(CH_3)-CO-NH-CH_2-COOH$
4. Gly-ala:
   $H_2N-CH_2-CO-NH-CH(CH_3)-COOH$

Aus dem Gemisch Alanin und Glycin können auch **Tripeptide** hergestellt werden. Folgende Syntheseprodukte sind denkbar:

1. Ala-ala-ala
2. Ala-gly-gly
3. Ala-ala-gly
4. Gly-ala-gly
5. Ala-gly-ala
6. Gly-gly-ala
7. Gly-ala-ala
8. Gly-gly-gly

Es lässt sich also feststellen, dass die Zahl der möglichen Kombinationsprodukte umso größer wird, je länger die Peptidkette bei einer Synthese sein soll, und je größer die Anzahl der zur Verfügung stehenden, verschiedenen Aminosäuren ist.

- Bei Herstellung eines **Dipeptis** mit zwei verschiedenen Aminosäuren ergeben sich $2^2 = 4$ Kombinationsmöglichkeiten.
- Die Synthese eines **Tripeptids** aus zwei verschiedenen Aminosäuren ermöglicht $2^3 = 8$ Variationen.
- Die Bildung eines **Tetrapeptids** mit drei verschiedenen Aminosäuren ergibt bereits $3^4 = 81$ Möglichkeiten.

Weiterhin gilt:

- Bei zwei verschiedenen Aminosäuren beträgt die Anzahl an möglichen Kombinationen 2^x, wobei x die Zahl der verknüpften Aminosäuren (Monomerenanzahl = „Kettenlänge") darstellt.
- Stehen bei einer **Dipeptidsynthese** alle 20 proteinogenen L-α-Aminosäuren zur Verfügung, können $20^2 = 400$ verschiedene Kondensationsprodukte erhalten werden.
- Soll schließlich ein Peptid mit einer „Kettenlänge" von **x** Aminosäure-Bausteinen gebildet werden, und setzt man hierfür **a** verschiedene Aminosäuren ein, so gibt es insgesamt **a^x Kombinationsmöglichkeiten**.

Da Eiweißmoleküle aus **Hunderten oder Tausenden** von Aminosäuren bestehen können, wird bei **20^x** Kombinationsmöglichkeiten klar, dass die Anzahl verschiedener Proteine ausreichend ist, um die ungeheure Vielfalt an Proteinstrukturen und -funktionen in den verschiedensten Lebewesen zu gewährleisten.

Die gezielte Synthese von Peptiden **im Labor** ist sehr kompliziert. So muss darauf geachtet werden, dass alle außer den erwünschten Kombinationsmöglichkeiten ausgeschlossen werden. Dies kann z. B. dadurch geschehen, dass die Aminogruppe der einen und die Carboxylgruppe der anderen Aminosäure vor chemischen Reaktionen „geschützt" werden, sodass **nur eine** Richtung der Kondensation möglich ist. Zusätzlich muss bei Laborsynthesen die Carboxylgruppe durch Überführung in eine **reaktivere** funktionelle Gruppe „aktiviert" werden, um die Bildung der Peptidbindung einzuleiten.
Trotz der genannten Probleme gibt es heute eine Reihe verschiedener Methoden, um auch längere Peptide im Labor gezielt synthetisieren zu können.

Eigenschaften der Peptidbindung

Die Peptidbindung besitzt einige besondere, charakteristische Merkmale, auf die im Folgenden näher eingegangen werden soll:

- Obwohl die Hydrolyse einer Peptidbindung exergonisch verläuft, benötigt die Reaktion eine **hohe Aktivierungsenergie**, sodass die Peptidspaltung nur sehr langsam verläuft. Die **Peptidbindung** ist – etwa im Vergleich zu einer Esterbindung, die ja ebenfalls ein Kondensationsprodukt darstellt – **außerordentlich stabil**.
- Alle an der Peptidbindung beteiligten Atome (C, N, C, und O) liegen in einer Ebene, die Peptidgruppe ist **planar** gebaut.
- Der C–N-Abstand[6] in der Peptidgruppe beträgt 133 pm, der C–N-Abstand in Aminen dagegen 147 pm. Die Bindungslänge einer „normalen" C=O-Doppelbindung liegt bei 121 pm, der der C=O-Bindung in der Peptidgruppe mit 124 pm etwas darüber.

Diese besonderen Eigenschaften lassen sich mithilfe des **Orbitalmodells** erklären, wonach die an der Peptidbindung beteiligten C-, N- und O-Atome alle **sp^2-hybridisiert** sind. Demzufolge betragen alle Bindungswinkel etwa 120°, die Atome liegen in einer Ebene und die π-Elektronen sind über die C-, N- und O-Atome delokalisiert. Die Peptidgruppe ist also **mesomeriestabilisiert**, was als Erklärung für die besondere Stabilität der Bindung herangezogen wird. Der Bindungszustand lässt sich durch **Grenzformeln** wiedergeben, wobei man sich allerdings immer bewusst sein muss, dass den Grenzformeln keine reale Existenz zukommt und die tatsächliche Ladungsverteilung zwischen den – so nicht existierenden – Darstellungen liegt:

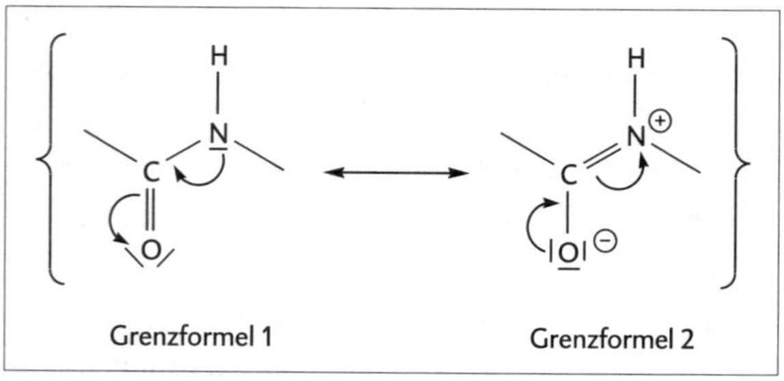

Abb. 17: Bindungsverhältnisse innerhalb der Peptidgruppe.

6 Einheit: 1 pm = 1 Pikometer = 10^{-12} m

Während die C=O-Bindung in Grenzen den Charakter einer Einfachbindung aufweist, besitzt die **C–N-Bindung** den gezeigten Strukturen zufolge einen gewissen **Doppelbindungscharakter** und ist daher **nicht frei drehbar**. Die Peptidgruppe bildet eine **planare, starre** Struktureinheit, sodass Drehungen nur an den beiden benachbarten, sp^3-hybridisierten α-C-Atomen möglich sind. Dies hat großen Einfluss auf die Struktur von Peptiden und Proteinen. Die α-C-Atome auf beiden Seiten der C–N-Bindung können in **cis-** oder **trans-Stellung** zueinander stehen (man vergleiche die cis-trans-Isomerie bei Alkenen). In Proteinen findet sich nur die trans-Stellung, da die α-C-Atome mit ihren weiteren Bindungspartnern einen hohen Raumbedarf haben und diese Anordnung somit die sterisch günstigere ist.

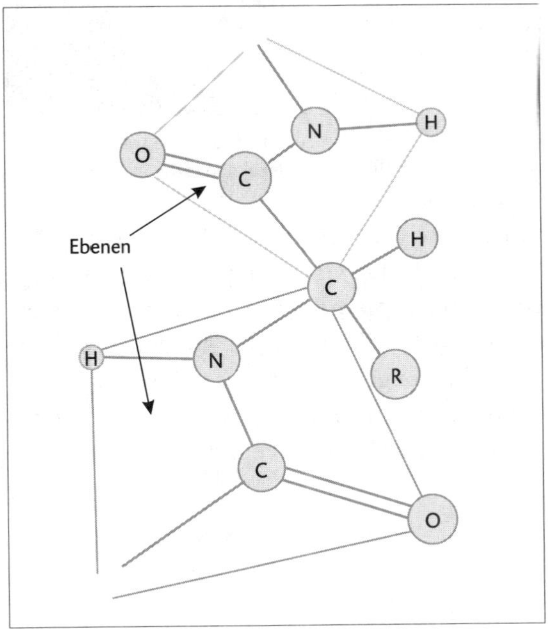

Abb. 18: „Ball-and-stick"-Modell zweier Peptidgruppen mit den planaren Molekülbereichen.

3.4 Primärstruktur: Aminosäuresequenz

Die **Reihenfolge** oder **Sequenz** der einzelnen Aminosäuren in den Polypeptidketten eines Proteins wird als seine **Primärstruktur** bezeichnet. Die Primärstruktur beschreibt die **Art und Weise**, in der Aminosäuren in Eiweißmolekülen über Peptidbindungen zu Ketten miteinander verbunden sind. Die erste Aufklärung einer Primärstruktur gelang Frederick SANGER 1953. Er bestimmte die Aminosäuresequenz des Peptidhormons **Insulin**.
Die Primärstruktur macht aber keine Aussagen über die relative räumliche Lage der in ihr verbundenen Aminosäuren.

Abb. 19: Frederick SANGER mit einem Molekülmodell des Insulins, 1958.

Eine wichtige **kovalente** Bindungsart zwischen Aminosäuren in Peptiden und Proteinen stellen die **Disulfidbindungen** dar. Diese können zwischen zwei Cysteinseitenketten verschiedener Polypeptidketten ausgebildet werden. Die Cysteinreste enthalten die den OH-Gruppen (Hydroxylgruppen) analogen SH-Gruppen (**Mercaptogruppen**) von denen je zwei miteinander zu einer **Disulfidbrücke** (–S–S–) dehydriert werden können. Durch die auf diese Weise entstehenden Atombindungen können zwei Polypeptide kovalent miteinander verbunden sein, es kann aber auch eine **intramolekulare** Brücke gebildet werden, die verschiedene Teile **einer** Peptidkette miteinander verknüpft.

Beispiel

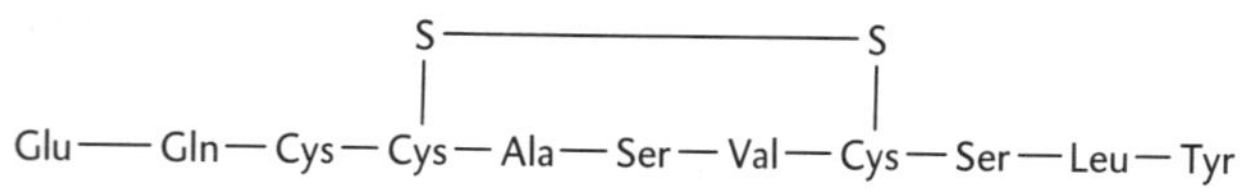

Die chemischen Eigenschaften eines Proteins hängen zu einem großen Teil von den verschiedenen Seitenketten ab. Da diese Seitenketten teilweise auch basische (–NH_2) oder saure Gruppen (–COOH) enthalten, können Proteine **amphoter** reagieren. Am isoelektrischen Punkt ist die Nettoladung der positiv und negativ geladenen Gruppen gleich null. Wie bei den Aminosäuren ist auch hier die Wasserlöslichkeit der Eiweiße am geringsten, im elektrischen Feld zeigt das Protein bei diesem pH-Wert keine Wanderung.

Verschiedene Eiweiße besitzen ein unterschiedliches **Verhältnis** ihrer sauren und basischen Seitenketten. Folglich haben verschiedene Proteine auch verschiedene isoelektrische Punkte. In einer Lösung mit einem bestimmten pH-Wert kann man deshalb ein unterschiedliches „Wanderungsverhalten“ der Bestandteile eines Proteingemisches in einem elektrischen Feld beobachten. Dies nützt man bei der **Elektrophorese**, einer Methode zur Trennung und Analyse von Proteinen.

3.5 Sekundärstruktur

Polypeptidketten können nicht jede beliebige **räumliche Struktur** einnehmen. Sterische Gründe und Wechselwirkungen zwischen den Aminosäure-Seitenketten bewirken, dass manche Konformationen – d. h. relative räumliche Anordnungen der Atome – stabiler sind als andere. Viele Polypeptide ordnen sich, zumindest abschnittsweise, in regelmäßigen räumlichen Strukturen an.

Die **Sekundärstruktur** beschreibt sich **regelmäßig** wiederholende **räumliche Anordnungen** benachbarter Aminosäuren in einer Polypeptidkette.

Einige dieser Sekundärstrukturen gelten als besonders **stabil** und kommen häufig in der Natur vor, wobei es meist **Wasserstoffbrückenbindungen** sind, die die verschiedenen Ketten (**inter**molekular) oder verschiedene Teile derselben Kette (**intra**molekular) zusammenhalten. Die H-Brücken bilden sich v. a. zwischen dem Sauerstoffatom der C=O-Gruppe einer Peptidbindung und dem Wasserstoffatom einer N–H-Gruppe einer anderen Peptidgruppe aus.
Die beiden wichtigsten Sekundärstrukturen, die in verschiedenen natürlichen Proteinen immer wieder vorgefunden werden können, sind die **β-Faltblattstruktur** und die **α-Helix**.

β-Faltblattstruktur

In dieser Konformation liegen die Polypeptidketten **nebeneinander**. Die planaren und recht starren Peptidgruppen –CONH– (siehe S. 96) der Kettenmoleküle liegen dabei wie in den ebenen Flächen eines **mehrfach gefalteten Blattes Papier**. Die α-C-Atome, die die Seitenketten tragen und die Peptidgruppen miteinander kovalent verbinden, liegen in dieser räumlichen Anordnung wie auf den „Knickkanten“ des gefalteten Blattes. Die Seitenketten benachbarter Aminosäuren einer Polypeptidkette ragen dabei jeweils in **entgegengesetzter Richtung** aus der β-Faltblattstruktur heraus.

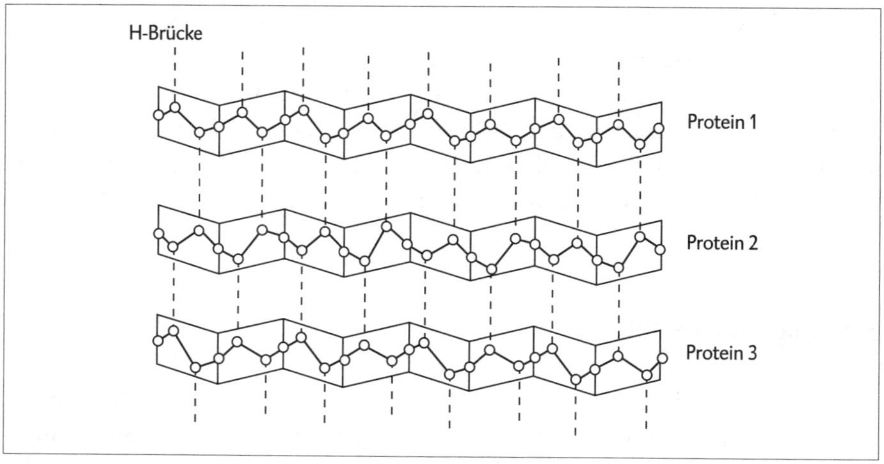

Abb. 20: Schematische Darstellung der antiparallelen β-Faltblattstruktur, H-Brücken gestrichelt.

Nebeneinanderliegende Ketten werden durch Wasserstoffbrückenbindungen zusammengehalten, die sich zwischen den C=O-Gruppen der Peptidbindung der einen Kette und den N–H-Gruppen der Peptidbindungen eines gegenüberliegenden Polypeptids ausbilden. Die Wasserstoffbrücken können bei der β-Faltblattstruktur sowohl innerhalb einer Kette wie auch zwischen Ketten benachbarter Polypeptidketten zustande kommen. Die einzelnen Ketten können in dieser Sekundärstruktur sowohl **parallel** verlaufen – d. h. die N-terminalen Enden beider Ketten weisen in dieselbe Richtung – als auch **antiparallel** liegen, wenn die N-terminalen Enden in entgegengesetzte Richtungen zeigen.
Da die Seitenketten in der β-Faltblattstruktur **dicht** nebeneinander zu liegen kommen, müssen diese **relativ klein** sein. So weisen z. B. die Fasern der Seide, die aus Proteinketten mit **antiparalleler β-Faltblattstruktur** aufgebaut sind, einen hohen Anteil an Alanin und Glycin auf.

α-Helix

Wenn die Seitenketten der Aminosäureeinheiten **sehr groß** sind, dann wird von den Proteinketten die räumliche Anordnung der so genannten **α-Helix** bevorzugt. Bei dieser Proteinstruktur ist das Polypeptid **schraubenförmig** um die Längsachse des Moleküls gewunden, wobei die Seitenketten nach **außen** gerichtet sind. Jede vollständige „Schraubendrehung" (Windung) umfasst ca. 3,6 Aminosäuremoleküle.
Die den Zusammenhalt gewährleistenden Wasserstoffbrückenbindungen bilden sich zwischen der C=O-Gruppe **jeder** und der N–H-Gruppe der **viertnächsten** Peptidbindung in der linearen Anordnung der Kette. Auf diese

Weise sind **alle Peptidgruppen** an der Ausbildung von Wasserstoffbrücken-bindungen beteiligt. Jede Windung ist **mehrfach** über H-Brücken mit den benachbarten Windungen verbunden. Dies führt zu einer **großen Stabilität** der α-Helix. Die häufigste Form der α-Helix ist die **rechtsgängige**, es gibt jedoch in manchen Proteinen einige wenige linksgängige Formen.

Beispiele

- Das Protein **α-Keratin**, das in Haaren, Wolle, Federn, Nägeln, Krallen, Schuppen, Hörnern, Hufen usw. zu finden ist, enthält eine **rechts-gängige** Helix.

Abb. 21: REM-Aufnahme einer Kolibri-Feder (1 cm ≙ 0,1 mm).

- Das **Kollagen**, das Bestandteil z. B. der Sehnen, Knorpel und der Hornhaut des Auges ist, weist eine **links**gängige Helix auf. (Kollagen besteht hauptsächlich aus den Aminosäuren Glycin, Alanin und Prolin sowie Hydroxyprolin. Die essbare **Gelatine**, die aus Kollagen hergestellt wird, hat wegen dieser Aminosäurezusammensetzung nur einen niedrigen Nährwert, da sie die für den Menschen essenziellen Aminosäuren in nur geringen Mengen enthält.)

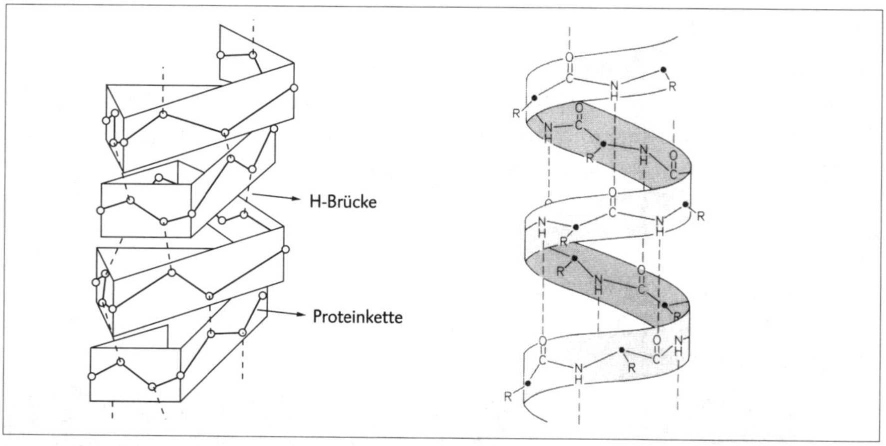

Abb. 22: Schematischer Bau und Windungen einer α-Helix.

Die Stabilität einer α-Helix wird durch die **Seitenketten** wesentlich beeinflußt.

Beispiele

- Enthält eine Polypeptidkette mehrere benachbarte **basische** Aminosäuren wie Lysin und/oder Arginin, so liegen bei pH = 7 in diesen Seitenketten NH_3^+-Gruppen vor. Diese positiv geladenen Ammoniumgruppen stoßen sich gegenseitig so stark ab, dass es in diesem Polypeptidabschnitt nicht zur Bildung einer α-Helix kommt.
- Seitenketten benachbarter Aminosäuren mit **großem Raumbedarf** (wie Tyrosin) führen auch zur Unterbrechung der Schraubenstruktur.

Innerhalb eines Proteinmoleküls können in verschiedenen Abschnitten sowohl α-Helix und β-Faltblattstruktur, als auch unregelmäßig gewundene Bereiche vorhanden sein:

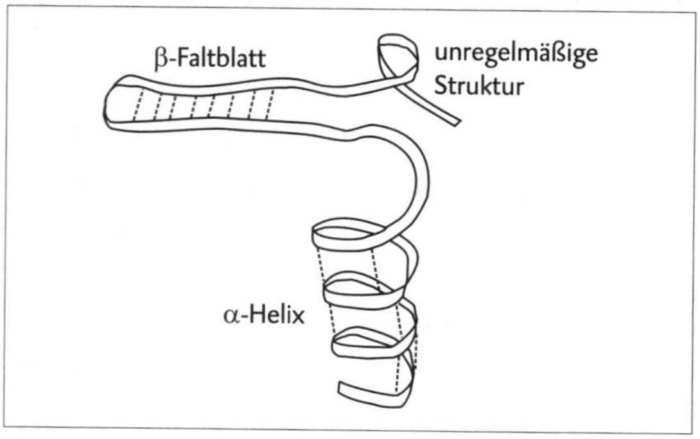

Abb. 23: Schematische Darstellung verschieden strukturierter Bereiche innerhalb einer Peptidkette.

3.6 Tertiärstruktur

Als Tertiärstruktur wird die **vollständige dreidimensionale Struktur** eines Polypeptids bezeichnet. Die Sekundärstruktur beschreibt die räumlichen Beziehungen **nahe** beieinander liegender Aminosäuren. Dagegen bezieht sich die Tertiärstruktur auf Wechselwirkungen zwischen Aminosäuren, die in der Aminosäuresequenz **weiter** auseinanderliegen und damit Teil **verschiedener Sekundär**strukturen sind. Die in Proteinen recht häufig vorkommende α-Helix kann nur einen **Teilabschnitt** der Tertiärstruktur eines vielfach gefalteten Polypeptids bilden. Die Proteine besitzen sehr unterschiedliche Tertiärstrukturen, die jeweils ihrer besonderen **biologischen Funktion** entsprechen.

Beispiele

- Das Eiweißmolekül **Myoglobin** ist ein kleines Chromoproteid, das nur aus einer Polypeptidkette mit 153 AS und einer sauerstoffbindenden prosthetischen Gruppe, der **Hämgruppe**, besteht. In Muskelzellen hat es die Aufgabe, Sauerstoff zu transportieren und zu speichern. Die Myoglobin-Polypeptidkette weist zu 78 % die α-Helixstruktur auf.
- **Lysozym**, ebenfalls ein einkettiges Protein mit 129 AS, hat im Eiklar und in der Tränenflüssigkeit antibakterielle Wirkung. Es liegt zu 40 % in der α-Helix- und zu 12 % in der β-Faltblattstruktur vor.
- Die Untersuchung der aus 124 Aminosäuren aufgebauten, einkettigen **Ribonuclease** ergab, dass ca. 26 % dieses Polypeptids in helicaler Konformation und 35 % in β-Faltblattstruktur angeordnet sind.

Die übrigen Teile dieser Polypeptidketten, die nicht die α-Helix- oder die β-Faltblattstruktur aufweisen, enthalten Schleifen und **unregelmäßig** gewundene oder gestreckte Abschnitte.

Die Tertiärstruktur wirkt sich auch auf die physikalischen Eigenschaften wie die Löslichkeiten des betreffenden Proteins aus. Bei den drei zuvor genannten Proteinen ragen die **hydrophoben** Molekülteile der Aminosäuren ins Molekülinnere, während die **hydrophilen Seitenketten** sich auf der Oberfläche des Polypeptids befinden. Diese hydrophilen Gruppen können mit Wassermolekülen Wasserstoffbrückenbindungen ausbilden. Aufgeklärt wurden die Tertiärstrukturen vieler Proteine erst mithilfe der **Röntgenstrukturanalyse**.

Die folgenden Bindungstypen stabilisieren die Tertiärstruktur eines Proteins:

- **van-der-Waals-Wechselwirkungen** zwischen unpolaren Seitenketten der Aminosäuren.
- **Wasserstoffbrückenbindungen** zwischen polaren Seitenketten.
- **Disulfidbrücken** (–S–S–), also kovalente Atombindungen, die durch Redoxreaktion zwischen den SH-Gruppen zweier Cysteinseitenketten entstehen. Das Disulfid **Cystin** ist das Oxidationsprodukt (Dimer) von Cystein. Im Labor kann z. B. ein Fe(III)-Salz als Oxidationsmittel eingesetzt werden:

$$\text{Oxidation:}\quad \underset{\text{Cystein}}{R{-}CH_2{-}\overset{-2}{\mathbf{SH}}} + \underset{\text{Cystein}}{\overset{-2}{\mathbf{HS}}{-}CH_2{-}R} \longrightarrow \underset{\text{Cystin}}{R{-}CH_2{-}\overset{-1}{\mathbf{S}}{-}\overset{-1}{\mathbf{S}}{-}CH_2{-}R} + 2\,H^+ + 2\,e^-$$

$$\text{Reduktion:}\quad 2\,Fe^{3+}(aq) + 2\,e^- \longrightarrow 2\,Fe^{2+}(aq)$$

- **Ionenbindungen** zwischen den **positiv** geladenen Ammoniumgruppen basischer Aminosäuren und den **negativ** geladenen Carboxylatgruppen saurer Aminosäuren.

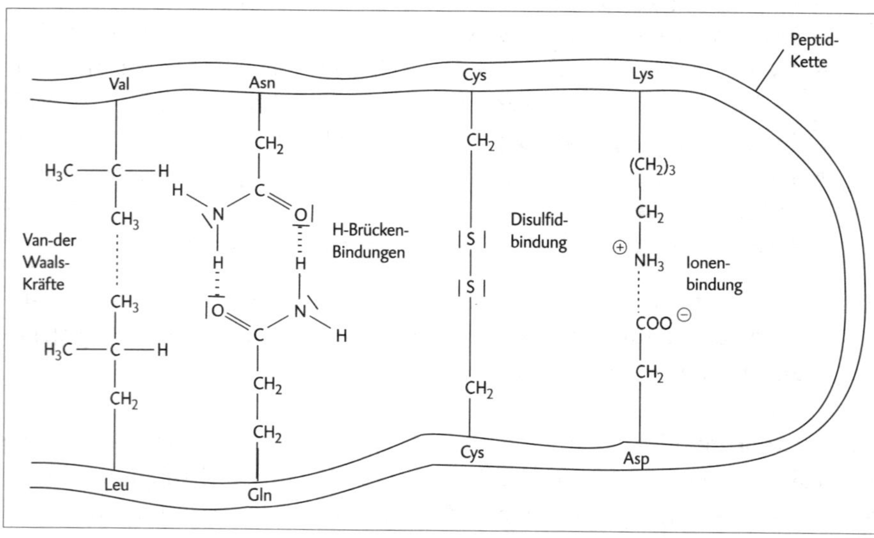

Abb. 24: Schematische Darstellung der Bindungsarten, die Tertiärstrukturen stabilisieren.

Die Wirkung der Kräfte, die für die Aufrechterhaltung von Sekundär- und Tertiärstruktur verantwortlich sind, lässt sich an einem aus dem Alltag bekannten Phänomen verdeutlichen. Föhnt man sich nach dem Haarewaschen Locken ins Haar, so verschwinden diese, sobald das Haar wieder feucht oder nass wird. Dagegen sind die Locken einer **Dauerwelle** nässebeständig.

Ausblick: Aufbau und Formbarkeit der Haare

Haare bestehen aus dem Protein **α-Keratin**, dessen Polypeptidketten die α-Helixstruktur besitzen. Wie die folgende Abbildung zeigt, winden sich zwei α-Helices zu einer so genannten Superhelix umeinander, zwei Superhelices sind zu einer **Protofibrille** verdrillt. Elf Protofibrillen bilden ihrerseits eine **Mikrofibrille**. Eine **Makrofibrille** besteht aus einem Bündel von Mikrofibrillen. Mehrere Makrofibrillen finden sich in jeder Zelle eines Haares. Die Helices einer Protofibrille sind durch eine Vielzahl von Disulfidbrücken miteinander verbunden, was zu zu einer gewissen Festigkeit dieser Strukturen führt.

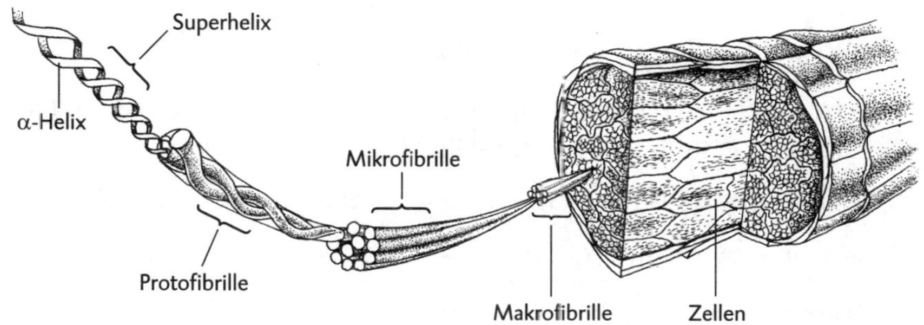

Abb. 25: Aufbau eines Haares, Darstellung der Strukturelemente.

Die α-Keratin-Moleküle sind sehr **elastisch** und dehnen sich besonders in feuchter Wärme, z. B. beim Haarewaschen. Dabei bleiben die Disulfidbindungen bestehen. Allerdings werden bei der Dehnung H-Brückenbindungen zwischen den Helices gelöst und die α-Keratine gehen von der α-Helixstruktur in die **gestrecktere** β-Faltblattstruktur über. Diese β-Faltblattanordnung ist aber nicht sehr stabil, da die Seitenketten der verschiedenen Aminosäuren recht groß sind. Beim Abkühlen bildet sich deshalb die α-Helixstruktur wieder zurück. Bleiben jedoch die feuchten Haare beim Trocknen, d. h. beim Verdampfen des Wassers durch eine Zugbelastung, z. B. durch eine Bürste in einer gestreckten Form, so bilden sich neue H-Brückenbindungen aus, die diese Anordnung als „geföhnte Locke“ stabilisieren. Bei einem erneuten Kontakt mit Wasser durch Regen oder erneutes Haarewaschen bildet sich die **ursprüngliche** α-helicale Struktur allerdings wieder zurück.

Die Herstellung einer **Dauerwelle**, d. h. die **beständige** Formveränderung des Haares kommt dadurch zustande, dass nicht nur die vergleichsweise schwachen H-Brückenbindungen, sondern auch die Disulfidbindungen, also „echte“ Atombindungen verändert werden. Die **Disulfidbindungen**, die zwischen Cystein-Seitenketten benachbarter Polypeptidketten bestehen, werden zu-

nächst **gespalten**. Sind die Haare in der gewünschte Form angeordnet, werden **neue** Disulfidbindungen zwischen Cystein-Seitenketten geschlossen, die sich in ihrer Lage von den ursprünglichen unterscheiden. Diese Formveränderung ist **dauerhaft**. Erst das nachwachsende, unbehandelte Haar besitzt wieder die ursprüngliche Form.
Die Dauerwellenbildung beruht auf **Redoxreaktionen**:

1. Zunächst werden die bestehenden Disulfidbindungen im alkalischen Milieu durch das Reduktionsmittel **Thioglycolat** gespalten:

$$R{-}CH_2{-}\mathbf{S{-}S}{-}CH_2{-}R \;+\; 2\,\mathbf{HS}{-}CH_2{-}COO^- \longrightarrow$$

Thioglycolat („Wellmittel“)

$$2\,R{-}CH_2{-}\mathbf{SH} \;+\; {}^-OOC{-}CH_2{-}\mathbf{S{-}S}{-}CH_2{-}COO^-$$

2. Durch Anwendung des Oxidationsmittels **Wasserstoffperoxid** (H_2O_2) werden neue Disulfidbindungen gebildet:

Oxidation: $R{-}CH_2{-}SH \;+\; HS{-}CH_2{-}R \longrightarrow R{-}CH_2{-}S{-}S{-}CH_2{-}R \;+\; 2\,H^+ \;+\; 2\,e^-$

Reduktion: $H_2O_2 \;+\; 2\,H^+ \;+\; 2\,e^- \longrightarrow 2\,H_2O$

Bilanzgleichnug: $2\,R{-}CH_2{-}SH \;+\; H_2O_2 \longrightarrow R{-}CH_2{-}S{-}S{-}CH_2{-}R \;+\; 2\,H_2O$

3.7 Quartärstruktur

Ist ein Protein aus **zwei oder mehreren** Polypeptidketten aufgebaut, so spricht man schließlich von seiner Quartärstruktur. Diese beschreibt die charakteristische **Anordnung** der Peptidketten in **komplexen Proteineinheiten**.

Beispiele

- Das Enzym **Aspartat-Transcarbamoylase** besteht aus 12 Polypeptidketten, die eine typische räumliche Anordnung besitzen.
- Der **Pyruvat-Dehydrogenase-Komplex** weist 102 Proteinketten auf.
- Das den Sauerstoff transportierende Protein **Hämoglobin**, das in den roten Blutkörperchen (Erythrozyten) vorkommt, ist aus vier Polypeptidketten, zwei α- und zwei β-Ketten, mit insgesamt vier prosthetischen Gruppen, den Häm-Gruppen aufgebaut. Jede dieser Kette ist mit einer Häm-Gruppe verbunden. Zwischen den α- und β-Ketten gibt es eine Vielzahl intermolekulare Wechselwirkungen wie van-der-Waals-Kräfte, H-Brücken und Ionenbindungen. (Die Bezeichnungen α und β beziehen sich **nicht** auf die Sekundärstrukturen der Polypeptide.)

Die **intermolekularen Wechselwirkungen** zwischen den einzelnen Protein-Untereinheiten einer Quartärstruktur werden durch die gleichen Bindungstypen bewirkt, die auch für die Stabilisierung der Tertiärstruktur sorgen: dies sind van-der-Waals-Kräfte, H-Brücken und Atom- und Ionenbindungen.

Die folgende Übersicht vergleicht die für den Aufbau der Proteine charakteristischen **Strukturhierarchien** von der Primär- bis zur Quartärstruktur:

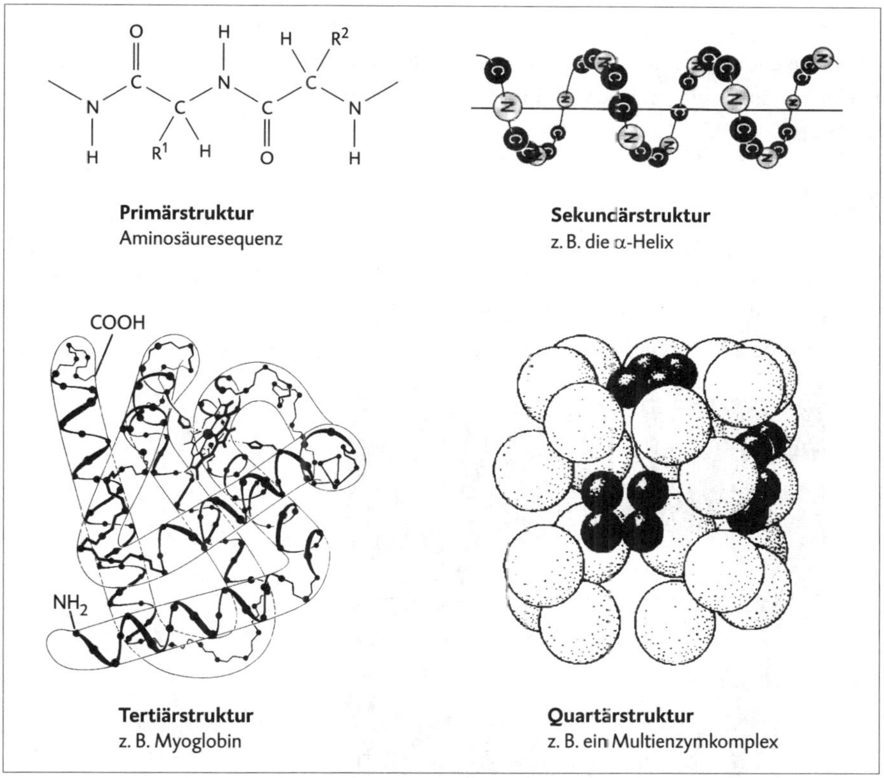

Abb. 26: Hierarchien der Strukturmerkmale von Proteinen.

3.8 Denaturierung von Proteinen

Die **Veränderung oder Zerstörung** der Tertiär- und Quartärstruktur eines Proteins, die durch Erhitzen, durch Einwirkung starker Säuren und Basen, durch organische Lösungsmittel und auch durch Schwermetallsalz-Lösungen hervorgerufen werden kann, bezeichnet man als **Denaturierung**. Diese Konformationsänderungen führen meist zu einem **Verlust der biologischen Aktivität** des Eiweißmoleküls, da die charakteristischen dreidimensionalen Strukturen für die Funktion oft entscheidend sind. Denaturierte Eiweiße sind in der Regel schlecht wasserlöslich, sie bilden oft Niederschläge. Die Denaturierung ist – wie im nachfolgenden Fall beschrieben – meist ein **irreversibler Vorgang**.

Beispiel

Ein alltägliches Beispiel für einen Denaturierungsprozess ist das Kochen oder Braten von **Hühnereiern**. Das lösliche Eiweiß Albumin im Eiklar gerinnt – man sagt auch **koaguliert** – beim Erhitzen und kehrt beim Abkühlen nicht wieder in seinen ursprünglich zähflüssigen Zustand zurück:

Abb. 27: Beim Anbraten von Eiern kann man die Denaturierung beobachten.

Die **bindenden** Kräfte, die für die Aufrechterhaltung von Tertiär- und Quartärstruktur sorgen, werden bei einer **Denaturierung** aufgebrochen, die **Primär- und Sekundärstruktur** des Proteins bleibt dagegen erhalten.

Was genau passiert beim Prozess der Denaturierung?

- Bei Erwärmung auf Temperaturen > 60 °C werden **Wasserstoffbrückenbindungen** gelöst. Diese **Hitzelabilität** tritt bei nahezu allen globulären Proteinen auf, wobei die Temperatur, bei der die Denaturierung eintritt, bei verschiedenen Proteinen unterschiedlich ist.
- Bei pH-Änderung wird die Nettoladung eines Proteins verändert. So können etwa die Ammoniumgruppen in den Seitenketten von Lysinmolekülen im alkalischen Milieu **deprotoniert** werden:

  $$R{-}NH_3^+ + OH^- \longrightarrow R{-}NH_2 + H_2O$$

  Die Zugabe von Salzsäure lässt negativ geladene Carboxylatgruppen in den Seitenketten saurer Aminosäuren – wie Glutaminsäure – zu **ungeladenen** Carboxylgruppen reagieren:

  $$R{-}COO^- + H_3O^+ + Cl^- \longrightarrow R{-}COOH - Cl^- + H_2O$$

  Die Veränderungen in den ionischen Bindungen einer Tertiärstruktur führen zu elektrostatischer Abstoßung und zur Lösung von Wasserstoffbrücken. So lässt sich die starke **pH-Abhängigkeit vieler Enzymreaktionen** erklären.
- Durch Einwirkung von Reduktionsmitteln können Disulfidbindungen **gespalten** werden:

  $$R{-}S{-}S{-}R + 2\,H^+ + 2\,e^- \longrightarrow R{-}SH + HS{-}R$$

- Die Zugabe etwa von Harnstoff führt zur Bildung von H-Brückenbindungen zwischen den Harnstoffmolekülen und den Proteinen und verändert so die Tertiärstruktur.
- Bei Zugabe von **Schwermetallsalz-Lösungen** werden die positiv geladenen Ionen an anionische Gruppen der Aminosäure-Seitenketten **gebunden**, was ebenfalls zu einer Konformationsänderung führt. Die Bindung der Schwermetallionen Pb^{2+}, Ag^+ und Hg^{2+} an Enzymproteine führt zu deren irreversibler Inaktivierung durch **nichtkompetitive Hemmung**. Die Stoffwechselreaktionen, die von diesen Enzymen katalysiert werden, können nicht mehr ablaufen, womit sich die physiologische Giftigkeit der Schwermetalle erklärt.

Einige globuläre Proteinen können ihre natürliche Konformation und ihre biologische Aktivität wieder **zurückgewinnen** (**Renaturierung**), wenn das Milieu, etwa mit dem pH-Wert, wieder die Bedingungen aufweist, die denjenigen ihrer normalen physiologischen Umgebung entsprechen.

3.9 Proteinhydrolyse

Die Zerstörung der Primärstruktur, d. h. die hydrolytische **Spaltung** der besonders stabilen **Peptidgruppen** eines Proteins unter Anlagerung von Wasser kann durch mehrstündiges Erhitzen in halbkonzentrierter Salzsäure im Trockenschrank bei ca. 100 °C erreicht werden. Die **saure Hydrolyse** eines Dipeptids lässt sich allgemein formulieren:

$$H_2N{-}CHR{-}\mathbf{COHN}{-}CHR{-}COOH + H_2O \xrightarrow{H^+}$$

$$\underset{\text{freie Aminosäure}}{H_2N{-}CHR{-}COOH} + \underset{\text{freie Aminosäure}}{H_2N{-}CHR{-}COOH}$$

Die Hydrolyse liefert ein Gemisch der Aminosäuren, die am Aufbau des untersuchten Proteins beteiligt sind. Das Hydrolysat enthält die freien Aminosäuren aber nicht als Zwitterionen, sondern als **Kationen** ($^+H_3N{-}CHR{-}COOH$), da in saurer Lösung Aminosäuren vorwiegend in ihrer Kationform vorliegen. Das Aminosäurengemisch kann anschließend **dünnschichtchromatografisch** aufgetrennt werden, die einzelnen Aminosäuren auf der DC-Platte werden durch das Ninhydrin-Reagenz als blauviolette Farbflecken sichtbar gemacht.

3.10 Nachweisreaktionen auf Proteine

Proteine werden häufig mithilfe zweier **Farbreaktionen** nachgewiesen.

Biuret-Reaktion

Die Probelösung wird mit verdünnter Natronlauge und einigen Tropfen Kupfer(II)-sulfatlösung ($CuSO_4$) versetzt. Es bildet sich eine wasserlösliche, **rotviolette Komplexverbindung** aus Cu^{2+}-Ionen und Proteinmolekülen:

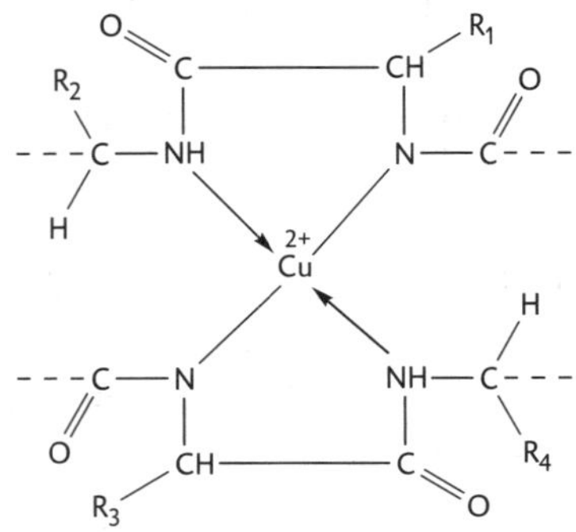

Xanthoproteinreaktion

Zu einer Probe gibt man einige Tropfen konzentrierter Salpetersäure (HNO_3) und erwärmt vorsichtig. (Bei unvorsichtiger und unsachgemäßer Handhabung von Salpetersäure kann man diese Reaktion auch auf der Haut beobachten.) Die Anwesenheit von Eiweißmolekülen wird durch eine charakteristische **Gelbfärbung** angezeigt. Ursache ist eine Reaktion von Aminosäuren mit **aromatischen Resten** wie Phenylalanin, Tyrosin oder Tryptophan, deren aromatische Ringe in den Seitenketten in einer elektrophilen Substitution **nitriert** werden.
Proteine zeigen diese Farbreaktion demzufolge nur, wenn ihre Aminosäuresequenz überhaupt Aminosäuren mit aromatischen Seitenketten aufweist.

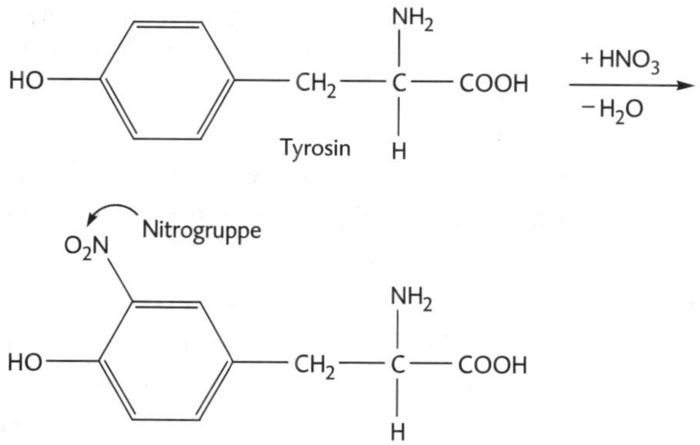

3.11 Bedeutung der Proteine

Die Proteine können aufgrund ihrer **Form** bzw. Molekülgestalt in zwei Klassen eingeteilt werden: Die **Skleroproteine** sind Gerüst- oder Faserproteine, die **Sphäroproteine** sind die so genannten globulären Proteine.

Faser- oder Skleroproteine

Die Polypeptidketten dieser Proteine sind **langgestreckt** und **fadenförmig**. Sie liegen oft nebeneinander angeordnet und haben z. T. einen hohen Gehalt an hydrophoben Aminosäuren. Einige Faserproteine sind über viele Wasserstoffbrückenbindungen miteinander verbunden, der intermolekulare Zusammenhalt ist hier sehr stark. Diese Kräfte müssten beim Lösen der Proteine in Wasser überwunden werden, weshalb sie überwiegend **wasserunlöslich** sind.

Zu den Skleroproteinen zählt man
- das **Keratin** der Haare, Nägel, von Wolle, Horn und Federn,
- das **Kollagen** der Sehnen, Knorpel und der Hornhaut des Auges,
- das Muskeleiweiß **Myosin** und
- das Protein **Fibroin**, aus dem die Seidenfasern aufgebaut sind.

In größeren Lebewesen kann **mehr als die Hälfte** des körpereigenen Proteins auf die Faserproteine entfallen.

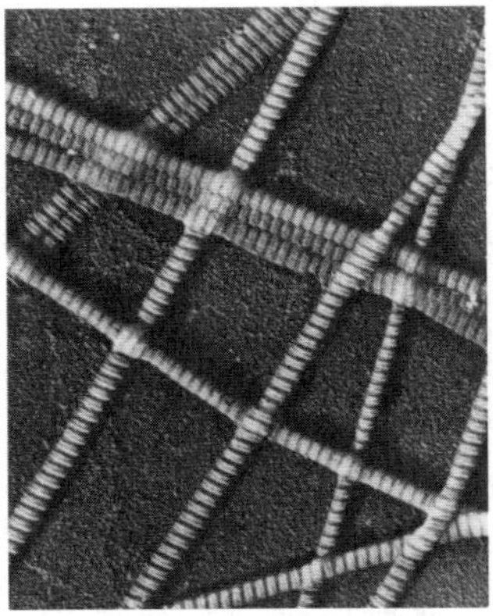

Abb. 28: Elektronenmikroskopische Aufnahme von Kollagenfibrillen.

Globuläre Proteine oder Sphäroproteine

Hier bilden die Polypeptidketten dicht zusammengefaltete, häufig **kugelförmige Strukturen**. Die hydrophoben Aminosäure-Seitenketten sind ins Molekülinnere gerichtet, während die hydrophilen Seitenketten (OH-, SH-, NH_2- bzw. NH_3^+-, COOH- bzw. COO^--Gruppen) sich auf der **Oberfläche** des kugelförmigen Moleküls befinden. Die polaren und/oder ionischen Seitenketten können mit umgebenden Wassermolekülen H-Brücken ausbilden. Die Berührungsflächen zwischen einzelnen Proteinmolekülen sind klein, die intermolekularen Kräfte deshalb **gering**.
Zu den globulären Proteinen gehören die gut in Wasser **löslichen Albumine** und die in Wasser schlecht, in Salzlösungen dagegen gut löslichen **Globuline**.
Zu den Sphäroproteinen rechnet man:
- **Enzyme**, die den Stoffwechsel katalysieren,
- viele **Hormone** wie etwa das Insulin,
- **Antikörper**, die an den Immunreaktionen des Körpers beteiligt sind, und
- das schon vorgestellte **Hämoglobin** der Erythrocyten.

Proteine können auch nach ihrer **biologischen Funktion** eingeteilt werden, denn sie erfüllen in lebenden Organismen wichtige Aufgaben als
- **Biokatalysatoren** (Enzyme),
- **Transportproteine** wie Hämoglobin (Sauerstofftransport),
- **Nährstoffproteine** wie das Ovalbumin, das Protein des Hühnereiweißes, oder Casein, das Milchprotein,

- **kontraktile Proteine** wie das Myosin in den Muskelzellen,
- **Strukturelemente** wie das Keratin der Haare, Nägel und Federn,
- **Antikörper** zur Abwehr gegen Bakterien, Viren, artfremde Proteine usw.,
- **Hormone** wie etwa Insulin (Regulation des Zuckerhaushaltes).

Proteinqualität – biologische Wertigkeit der Eiweiße

Die Proteine des menschlichen Körpers werden im Stoffwechsel ständig auf- und abgebaut. Da täglich Proteine durch den Stuhl, Urin, Darm- und Hautabschilferungen sowie Haarverlust verloren gehen, müssen sie regelmäßig ersetzt werden. Schätzungsweise **300 g Protein** muss ein erwachsener Mensch in seinem Körper täglich neu synthetisieren (nicht durch Nahrung aufnehmen). Der Proteinbedarf ist eigentlich ein **Bedarf an Aminosäuren**, da alle Proteinstoffwechsel-Vorgänge stets mit einzelnen, freien Aminosäuren beginnen. Besonders wichtig ist es dabei zu berücksichtigen, dass einige Aminosäuren **essenziell** sind (siehe S. 75). Der Bedarf kann durch tierische wie pflanzliche Lebensmittel gedeckt werden.

Bei der **Bewertung** der Nahrungsmittel ist u. a. Folgendes zu beachten:

1. Verschiedene Nahrungsmittel haben einen unterschiedlichen **Gehalt an Proteinen.**
2. Proteine unterscheiden sich in der Zusammensetzung ihrer Aminosäuren. Dies ist besonders im Hinblick auf eine **ausreichende Versorgung** mit essenziellen Aminosäuren von Bedeutung. Der Körper kann alle nichtessenziellen Aminosäuren aus Vorstufen herstellen, essenzielle Aminosäuren kann er jedoch selbst nicht synthetisieren.

Beispiele

Lebensmittel	durchschnittlicher Proteingehalt in g/100 g
Rindfleisch	95
Eiprotein	87
Milch	38
Erbsen	27
Haferflocken	18

Lebensmittel	durchschnittlicher Proteingehalt in g/100 g
Weizenbrot	16
Roggen	10
Kartoffeln	9
Reis	8
Bananen	4

Tab. 4: Eiweißgehalte ausgewählter Lebensmittel.

essenzielle AS	Hühnerei	Milch	Rindfleisch
	in mg Aminosäure/g Protein		
Isoleucin	54	47	53
Leucin	86	95	82
Lysin	70	78	87
Methionin u. Cystin	57	33	38
Phenylalanin u. Tyrosin	93	102	75
Threonin	47	44	43
Tryptophan	17	14	12
Valin	66	64	55

Tab. 5: Vergleich des Gehalts an essenziellen Aminosäuren in verschiedenen Proteinen.

Als **biologische Wertigkeit** wird diejenige Menge an **körpereigenem** Eiweiß bezeichnet, die durch **100 g Nahrungseiweiß** ersetzt werden kann.

Tierische Eiweiße weisen i. d. R. eine biologische Wertigkeit von 80–100 auf, d. h. aus 100 g aufgenommenem tierischen Eiweiß können 80–100 g menschliches Protein gebildet werden. Die biologische Wertigkeit pflanzlicher Proteine beträgt nur 60–70, da sie die für den Menschen essenziellen Aminosäuren nicht im „richtigen" Mengenverhältnis enthalten. Die **prozentuale Aminosäure-Zusammensetzung** im **Vollei** kommt dem menschlichen Aminosäuremuster am nächsten und weist deshalb eine hohe biologische Wertigkeit von 100 auf.

Je **ähnlicher** die Aminosäure-Zusammensetzung eines Nahrungsmittels der des menschlichen Körperproteins ist, desto **höher** ist seine biologische Wertigkeit.

Die Qualität eines mit der Nahrung aufgenommenen Proteins wird also dadurch bestimmt, inwieweit aus diesem Protein **körpereigenes** Eiweiß hergestellt werden kann. Wichtig ist in diesem Zusammenhang, dass der Organismus immer nur soviel neue Proteine bilden kann, wie es die Konzentration der in geringster Menge vorkommenden Aminosäure zulässt (**Prinzip des limitierenden Faktors**).

Rechnerisch kann man die biologischen Wertigkeiten aus **Stickstoffbilanzen** ableiten, da alle Eiweiße aus Aminosäuren aufgebaut sind und in ihren Molekülstrukturen Aminogruppen $-NH_2$ mit Stickstoffatomen aufweisen. Der minimale Tagesbedarf an Eiweiß und die daraus sich ergebende biologische Wertigkeit wird durch Bilanzversuche an Menschen gemessen. Dabei wird die **verzehrte Stickstoffmenge** mit der **ausgeschiedenen** verglichen:

- Die N-Bilanz ist **negativ**, wenn die N-Ausscheidung größer ist als die N-Aufnahme.
- Die N-Bilanz ist **positiv**, wenn die N-Ausscheidung kleiner ist als die N-Aufnahme.
- Die N-Bilanz ist **ausgeglichen**, wenn N-Aufnahme und N-Ausscheidung gleich sind.

Die kleinste Menge an Eiweiß, mit der sich der Organismus über längere Zeit in ausgeglichener Stickstoffbilanz halten lässt, ist sein **Bilanzminimum**. Die folgende Tabelle zeigt den mittels dieser Methode ermittelten Minimalbedarf an Eiweißen aus verschiedenen Nahrungsmitteln bezogen auf das Körpergewicht eines durchschnittlichen Erwachsenen. Je biologisch hochwertiger ein Nahrungsprotein ist, desto kleinere Eiweißmengen sind nötig, um den täglichen Minimalbedarf zu decken, umso kleiner ist also das Bilanzminimum:

Nahrungsmittel	**Bilanzminimum beim Erwachsenen** in g Protein/kg Körpermasse
36 % Vollei + 64 % Kartoffel	0,37
Vollei	0,50
Milch	0,55
Kartoffel	0,56
Rindfleisch	0,60
Mais	0,65
Weizen	0,85

Tab. 6: Bilanzminima verschiedener Nahrungsmittel im Vergleich.

Da bei einer Mahlzeit normalerweise nicht nur eine einzige Proteinart, sondern ein Gemisch verschiedener Eiweiße verzehrt wird, können sich diese hinsichtlich der Aminosäuren-Zusammensetzung derart ergänzen, dass diese Mischung von Proteinen eine höhere biologische Wertigkeit erreicht als die einzelne Proteinart.

Beispiel

Die Berechnung der biologischen Wertigkeit ergibt sich, wie an einem gedachten Nahrungsmittel aus 36 % Vollei und 64 % Kartoffel dargestellt:

$$\text{Biologische Wertigkeit} = \frac{\text{Minimalbedarf Volleiprotein (g/kg Körpergewicht)}}{\text{Minimalbedarf Volleiprotein} + \text{Kartoffelprotein (g/kg Körpergewicht)}} \cdot 100$$

$$= \frac{0{,}50}{0{,}37} \cdot 100 = 135{,}13$$

Folgende Tabelle zeigt die **biologische Wertigkeit** einiger Proteine in verschiedenen Lebensmitteln:

Lebensmittel	Biologische Wertigkeit
36 % Vollei + 64 % Kartoffeln	136
75 % Milch + 25 % Weizenmehl	125
68 % Vollei + 32 % Weizen	123
51 % Milch + 49 % Kartoffeln	114
Hühnerei	100
52 % Bohnen + 48 % Mais	99
Schweinefleisch	85
Soja	81
Rindfleisch	80
Kartoffeln	76
Milch	72
Bohnen	72
Mais	72
Reis	66
Weizenmehl	47

Tab. 7: Biologische Wertigkeiten im Vergleich.

Für eine ausgeglichene Eiweißbilanz (Bilanzminium) muss die tägliche Ernährung 30–40 g Eiweiß aufweisen. Mit dem Bilanzminimum kann aber nur das **Überleben**, jedoch keine normale körperliche Leistungfähigkeit gewährleistet werden. Für eine optimale Versorgung des menschlichen Körpers wird eine tägliche Zufuhr von **0,8 g Eiweiß pro kg Körpergewicht** empfohlen. Eine nur aus pflanzlichen Produkten bestehende Ernährung, also rein vegetarische Kost bedarf aus o. g. Gründen einer besonders sorgfältigen Zusammenstellung.

Kenntnisse über die Proteinqualität sind v. a. in den **Entwicklungsländern** von großer Bedeutung, denn durch geeignete Kombinationen pflanzlicher Proteinquellen kann eine höhere biologische Wertigkeit als durch **Fleisch** erzielt werden, welches in diesen Ländern häufig in zu geringen Mengen zur Verfügung steht.

Ausblick: Der Backvorgang

Der **Teig**, der für die Herstellung von Brot verwendet wird, besteht hauptsächlich aus Mehl (= Stärke), Wasser, Salz (NaCl) und Lockerungsmitteln wie Hefe, Sauerteig oder Backpulver. Bei der Herstellung eines Brotteiges nimmt das so genannte **Klebereiweiß** (Gluten) aus den äußeren Randschichten des Getreidekorns Wasser auf, sodass das Mehl quillt. Gleichzeitig läuft die **alkoholischen Gärung** ab. Die Hefepilze bilden dabei Kohlenstoffdioxid-Gasblasen, die den Teig „auftreiben". Beim Backvorgang selbst herrschen im Inneren des Backgutes, bei Temperaturen < 100 °C, andere Bedingungen als an seiner Oberfläche (Kruste), wo Temperaturen von 120–250 °C gemessen werden können. Im **Inneren** des Backgutes **denaturiert** das Klebereiweiß, verliert an Elastizität und bildet ein festes **Eiweißgerüst**. Das beim Quellvorgang aufgenommene Wasser wird wieder abgegeben, die Stärke aber nimmt Wasser auf. Es kommt zur Auflösung der kristallinen Anordnung der Amylose, was zu einer irreversiblen Zerstörung der Stärkekorn-Struktur führt. Dieser Prozess wird **Stärkeverkleisterung** genannt. Der Verkleisterungsgrad der Stärke ist abhängig vom Wassergehalt des Teigs und der Temperatur. Der Alkohol (Ethanol) verdampft aus dem Teig.

An der **Oberfäche** wird Stärke durch die Hitzeeinwirkung z. T. hydrolysiert und zu Dextrinen abgebaut. Zuckerstoffe, d. h. die Stärke und ihre Hydrolyseprodukte karamelisieren ab Temperaturen von 140–150 °C. Durch die so genannte **Maillard-Reaktion**, bei der reduzierende Zucker mit den Aminogruppe von Aminosäuren reagieren, bilden sich Röst- und Aromastoffe und die typische Braunfärbung der Kruste entsteht. Essenzielle Aminosäuren werden irreversibel verändert und die biologische Wertigkeit dadurch vermindert.

Zusammenfassung

1. Aminosäuren können in α-, β-, γ-Formen etc. unterteilt werden. Die natürlich vorkommenden Aminosäuren – die Bausteine der Proteine – sind **L-α-Aminosäuren**, bei denen sich eine Amino- **und** eine Carboxylgruppe am **α-C-Atom** befinden. Die Aminogruppe steht in der Fischer-Projektionsformel **links**. Die 20 in der Natur vorkommenden L-α-Aminosäuren unterscheiden sich nur in ihrem Rest R. Im Glycinmolekül ist der Rest R ein Wasserstoffatom, in allen anderen 19 Fällen finden sich am α-C-Atom vier verschiedene Substituenten. Diese Aminosäuren weisen also ein **asymmetrisches** C-Atom auf, d. h. sie sind **chiral** und zeigen optische Aktivität.

2. Die chemischen und physikalischen Eigenschaften der Aminosäuren lassen sich gut mit einer **zwitterionischen** Struktur erklären. Zwischen den Zwitterionen wirken elektrostatische Anziehungskräfte, weshalb sie im festen Zustand in einem **Ionengitter** kristallisieren. Beim Schmelzen zersetzen sich die Aminosäuren.

3. Aminosäuren können **gleichzeitig als Säure und Base** wirken. In alkalischer Lösung liegt eine Aminosäure überwiegend als Anion, in saurer Lösung überwiegend als Kation vor. Der pH-Wert, bei dem die größtmögliche Zahl der Aminosäure-Moleküle als Zwitterion auftritt, wird als ihr **isoelektrischer Punkt (IEP)** bezeichnet.

4. Zwischen Aminosäuren entsteht durch Kondensationsreaktion zwischen der Carboxylgruppe der einen Aminosäure und der Aminogruppe der anderen Aminosäure die **Peptidbindung**. Die Peptidgruppen bilden planare Molekülbereiche.

5. Die **Primärstruktur** eines Proteins gibt die Reihenfolge oder **Sequenz** der in einem Protein miteinander verknüpften Aminosäuren wieder. Die **Sekundärstruktur** bezeichnet sich regelmäßig wiederholende räumliche Anordnungen benachbarter Aminosäuren in einer Polypetidkette. Die Anordnungen in einer α-Helix oder als β-Faltblattstruktur werden durch H-Brückenbindungen stabilisiert. Die **Tertiärstruktur** zeigt die vollständige dreidimensionale Struktur eines Polypeptids, die durch Wechselwirkungen verschiedener Aminosäuren desselben Polypeptids zustande kommt. Die Tertiärstruktur wird durch van-der-Waals-Kräfte, H-Brücken, Atombindungen wie Disulfidbrücken und Ionenbindungen stabilisiert. Die **Quartärstruktur** beschreibt charakteristische Anordnungen von zwei oder mehr Polypetidketten zu komplexen, biologisch aktiven Proteineinheiten. Die Quartärstruktur wird durch die gleichen Bindungstypen stabilisiert, die auch bei der Tertiärstruktur wirken.

6. Unter **Denaturierung** versteht man die irreversible oder reversible **Veränderung der Tertiär- und Quartärstruktur** eines Proteins durch Temperaturerhöhung, pH-Wert-Änderung, durch bestimmte organische Lösungsmittel oder Schwermetallsalzlösungen. Diese Konformationsänderungen führen i. d. R. zu einem **Verlust der biologischen Aktivität**. Die Primärstruktur des Proteins bleibt dabei erhalten.

7. Proteine lassen sich durch verschiedene **Farbreaktionen** wie die **Biuret-Reaktion** und die **Xanthoproteinreaktion** (nur bei Proteinen mit aromatischen Aminosäuren) nachweisen.

8. Proteine werden aufgrund ihrer Molekülgestalt in zwei Klassen eingeteilt: Gestreckte, fadenförmige Faser- oder **Skleroproteine** und kugelförmige **globuläre Proteine**.

9. Als **biologische Wertigkeit** wird diejenige Menge an körpereigenem Eiweiß bezeichnet, die durch 100 g Nahrungseiweiß ersetzt werden kann. Tierische Eiweiße besitzen in der Regel eine biologische Wertigkeit von 80–100, d. h. aus 100 g aufgenommenem tierischen Eiweiß können 80–100 g menschliches Körperprotein gebildet werden. Die biologische Wertigkeit pflanzlicher Proteine beträgt nur etwa 60–70.

Nukleinsäuren

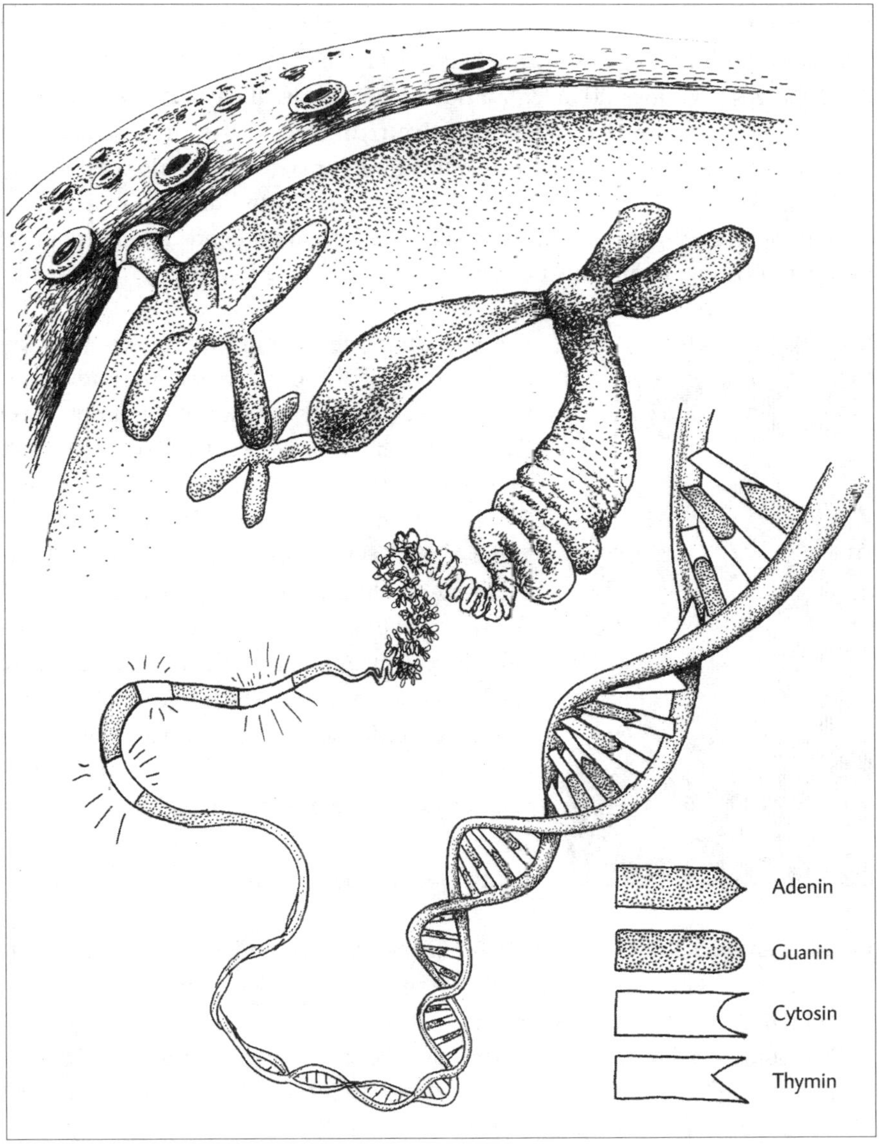

Auf einem Code mit nur vier verschiedenen Zeichen beruht die sichere Speicherung genauso wie die Möglichkeit der Veränderung und Anpassung aller genetischer Infomaticnen.

1 Von der klassischen zur molekularen Genetik

1.1 Die Anfänge

Erste bedeutende Erkenntnisse über die Vererbung lieferte 1865/66 der Augustinermönch Johann Gregor MENDEL (1822–1884) in Brünn mit seiner Arbeit „Versuche über Pflanzenhybriden". Er beschrieb darin die quantitative Auswertung und Interpretation seiner **Kreuzungsversuche** an verschiedenen Erbsensorten, die sich nur in sehr wenigen Merkmalen unterschieden. Die Gesetzmäßigkeiten, die er im Garten seines Klosters feststellte, beruhten auf der Verteilung des Erbguts auf einzelne Faktoren – die man heute „Gene" nennt – und deren **freier Kombinierbarkeit** beim Vorgang der Vererbung.

Die Bedeutung der Mendel'schen Gesetze wurde seinerzeit allerdings nicht erkannt und sie gerieten in Vergessenheit. Erst 1900 wurden diese Gesetze durch die Botaniker DE VRIES, CORRENS und TSCHERMAK weiter entwickelt. Alle drei Forscher führten ähnlich wie Mendel Kreuzungsversuche mit Sorten verschiedener Pflanzenarten durch und kamen unabhängig voneinander und ohne vorherige Kenntnis der Mendel'schen Arbeiten zu ähnlichen Ergebnissen. Auch eine andere biologische Forschungsrichtung, die **Zellforschung** (Zytologie), lieferte in der zweiten Hälfte des 19. Jahrhunderts grundlegende neue Erkenntnisse:

Abb. 29: Gregor MENDEL (1822–1884).

- 1839 entwickelten die Mikroskopiker SCHLEIDEN und SCHWANN die **Zelltheorie**. Sie besagt, dass alle Pflanzen und Tiere aus kleinen Grundbausteinen, den Zellen, aufgebaut sind.
- Der Botaniker NAEGELI entdeckte 1842 bei der Untersuchung von Zellteilungen Strukturen, für die 1888 WALDEYER den Begriff „**Chromosomen**" einführte (gr. *chroma*: „Farbe", *soma*: „Körper").
- 1855 formulierte Rudolf VIRCHOW die bis heutige gültige Aussage *„omnis cellula e cellula"* (lat.: „Jede Zelle stammt von einer Zelle ab").

- HAECKEL vermutete 1868, dass der **Zellkern** für die Vererbung maßgeblich sei. Er hatte beobachtet, dass Spermien hauptsächlich aus „Kernmaterial“ bestehen.
- HERTWIG beobachtete 1875 die **Verschmelzung der Zellkerne** bei der Befruchtung von Seeigeleiern. Dies führte zu der Vorstellung, dass die „Erbfaktoren“ im Zellkern vorhanden sein müssen.
- 1879 beobachtete FLEMMING, dass sich Chromosomen vor jeder Zellteilung selbst **auch teilen**.

Die Bedeutung der Mendel’schen Arbeiten wurde nicht erkannt, weil wichtige Kenntnisse aus der Zellforschung um die Vorgänge der **Mitose und Meiose** zur damaligen Zeit noch nicht vorlagen. Bei der Neuformulierung der Mendel’schen Gesetzmäßigkeiten zu Beginn des 20. Jahrhunderts wusste man dann, dass jeder Organismus in seinen Zellen eine charakteristische, artspezische und konstante Zahl von Chromosomen aufweist und dass diese Konstanz durch die Abläufe während der Mitose gewährleistet wird. Auch konnte durch Beobachtungen festgestellt werden, dass Körperzellen von Menschen, Tieren und vielen Blütenpflanzen einen **doppelten** Chromosomensatz besitzen. Dies bedeutet, dass von jedem Chromosom ein zweites, **homologes** Exemplar existiert, wobei die beiden Chromosomen sich in Form, Größe, Gestalt usw. gleichen. Einen solchen Chromosomensatz bezeichnete man als **diploid**. Ebenfalls bekannt war, dass alle homologen Chromosomenpaare eines Zellkerns während der Meiose **paarweise getrennt** werden, sodass die gebildeten Keimzellen nur mit einem einfachen (**haploiden**) Chromosomensatz versehen sind.
Beim Vergleich der Ergebnisse der beiden verschiedenen biologischen Fachrichtungen Kreuzungsforschung und Zellforschung fiel auf, dass die auf unterschiedliche Weise gewonnenen Erkenntnisse sich widerspruchslos ergänzten und sich miteinander verknüpfen ließen. 1903 formulierten BOVERI und SUTTON aufgrund dieser offensichtlichen Übereinstimmungen ihre **Chromosomentheorie der Vererbung**. Diese besagt, dass die Chromosomen die Träger der Erbanlagen sind. Die Weitergabe dieser Erbanlagen von einer Generation auf die nächste ist an die Verteilung der Chromosomen bei Meiose und Befruchtung gebunden.

1.2 Die Chromosomen

Organisation bei Eukaryoten

Vielzeller entstehen durch eine Abfolge von **Zellteilungen**. Diese Zellteilungen laufen bei allen **Eukaryoten** – Organismen, die in ihren Zellen einen von einer Hülle umschlossenen Zellkern besitzen – auf die gleiche Weise ab. Der Zellteilung geht die Teilung des Zellkerns, die **Mitose**, voraus. Im Zeitraum kurz vor und während der Kernteilung lassen sich mit dem Lichtmikroskop anfärbare Körperchen erkennen. Diese Strukturen nennt man Chromosomen. Jedes Chromosom besteht aus **zwei identischen Strängen**, den **Chromatiden**, die im Laufe der Mitose voneinander **getrennt** und auf die beiden entstehenden Tochterzellen verteilt werden. In eukaryotischen Zellen, die sich nicht in einer Teilungsphase befinden, kann man die Chromosomen nicht erkennen. In solchen Zellkernen ist nur das **Chromatin**, ein Netzwerk dünner Fäden, anfärbbar. Chromatin besteht zu etwa gleichen Teilen aus Desoxyribonukleinsäure (**DNA**) und Proteinen (Histon- und Nichthistonproteine). Zu Beginn der Mitose bilden sich aus diesen Chromatinfäden durch komplexe Spiralisierungen die kompakteren und dadurch sichtbaren Strukturen der Chromosomen. Die **Histone** bilden eine besondere Gruppe von Proteinen, die sich durch einen hohen Gehalt an den basischen Aminosäuren Arginin und Lysin auszeichnen und in den Zellkernen aller Eukaryoten vorkommen.
DNA und Histone bilden zusammen Komplexe, in denen die DNA-Stränge in kurzen, regelmäßigen Abständen um Histonprotein-„Kügelchen“ gewickelt sind, sodass eine Struktur entsteht, die derjenigen einer **Perlenkette** ähnelt. Die einzelnen „Perlen“ aus einem Histonkern und einem etwa zweifach umwickelten DNA-Strang werden als **Nukleosomen** bezeichnet. Auch die die einzelnen Nukleosomen verkettenden DNA-Stücke sind mit Histonen verbunden. Der Aufbau aus Nukleosomen führt dazu, dass ein DNA-Molekül, das in einer Chromatide eine Länge von mehreren cm annehmen kann, **stark verkürzt** wird. In einem im Lichtmikroskop sichtbaren Chromosom ist der DNA-Strang in einer noch weitaus kompakteren, hochorganisierten Struktur angeordnet. Die Nukleosomen sind dabei zu einer dichtgepackten Anordnung zusammengelagert, die **30 nm-Filament** genannt wird. Diese sind wiederum gefaltet und bilden schleifenartige Strukturen. Durch weitere Faltungsvorgänge entsteht schließlich eine **10 000-fache Kompaktierung** der DNA. Das Ergebnis dieser Verpackungsvorgänge stellen letzlich die **Chromosomen** dar.

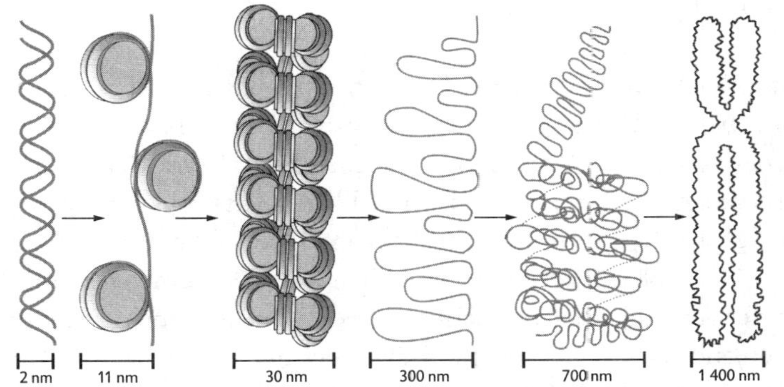

Abb. 30: Organisationsstufen in einem eukaryotischen Chromosom.

Die Chromosomen bestehen in Phasen außerhalb von Zellteilungen nur aus einer Chromatide. Vor Eintritt in eine Zellteilungsphase erfolgt in der Zelle die Neubildung von DNA und Proteinen des Chromatins. Zu Beginn der Mitosevorgänge besteht ein Chromosom dann aus **zwei identischen** (Schwester-) **Chromatiden**, die jeweils ein gleiches DNA-Molekül enthalten.

Organisation bei Prokaryoten

Die **Prokaryoten**, zu denen die Bakterien, aber auch Blaualgen und die den Bakterien ähnlichen Archaebakterien gehören, besitzen **keinen Zellkern**. Die Prokaryotenzelle enthält ein ringförmiges, stark spiralisiertes DNA-Molekül, das Nukleoid, Kernäquivalent oder auch **Bakterienchromosom** genannt wird. Da es keine den Nukleosomen vergleichbare Struktur gibt, wird das Bakterienchromsom als „nackt" bezeichnet. Neben dem Nukleoid weisen viele Bakterien noch ein oder mehrere ringförmige DNA-Moleküle auf, die allerdings sehr klein sind. Sie werden als **Plasmide** bezeichnet. Manche dieser Moleküle enthalten Gene für Antibiotikaresistenzen. Solche Plasmide können auf andere Bakterien **übertragen** werden, wodurch diese ebenfalls Antibiotikaresitenz erlangen. Plasmide spielen in der Gentechnik eine wichtige Rolle (siehe S. 167).

Der **Begriff Chromosom** wurde ursprünglich nur für die im Lichtmikroskop sichtbaren Körper während der Mitosevorgänge gebraucht. Heute verwendet man den Ausdruck aber allgemein für die Nukleinsäuren, die die **Träger der Erbinformationen** in Viren, Bakterien und Eukaryoten sind.

1.3 DNA – Träger der Erbinformation

Die **Desoxyribonukleinsäure** (DNA) wurde bereits 1868 von Friedrich MIESCHER bei der Untersuchung von menschlichen Leukozyten (weiße Blutkörperchen) entdeckt. Weiße Blutkörperchen besitzen im Gegensatz zu roten Blutkörperchen (Erythrozyten) einen Zellkern. Miescher konnte zeigen, das die Kernsubstanz – heute Chromatin genannt – aus einem sauren, phosphorhaltigen Teil (**DNA**) und einem basischen Teil (**Protein**) besteht. Mit dem Wissen des Aufbaus des Chromatins bzw. der Chromosomen aus Protein und DNA verband sich aber nun die Frage, welcher dieser beiden Anteile der eigentliche **Träger der Erbinformationen** ist.
Eine chemische Verbindung, die die Informationen für die Ausbildung von vererbbaren Eigenschaften eines Organismus enthalten soll, muss folgende allgemeine Kennzeichen aufweisen:

- Sie muss so gebaut sein, dass sie große Informationsmengen dauerhaft und **sicher speichern** kann.
- Sie muss sich **identisch verdoppeln** können, sodass bei einer Mitose die entstehenden Tochterzellen dieselben Informationen erhalten.
- Sie muss Möglichkeiten zu **Veränderungen** bieten.

Erst 1944 konnten Oswald T. AVERY und seine Mitarbeiter zeigen, dass die **DNA** für die **Vermittlung erblicher Eigenschaften** verantwortlich ist. Sie bauten ihre Versuche auf den Erfahrungen des englischen Bakteriologen GRIFFITH auf. Dieser hatte mit zwei verschiedenen Stämmen des Bakteriums *Streptococcus pneumoniae* experimentiert. Die beiden Pneumokokken-Varianten unterscheiden sich in der Fähigkeit ihrer Zellen, **Schleimkapseln** zu bilden. Die Bakterienkolonien des kapselbildenden Stammes erscheinen glatt (engl. *smooth*), man bezeichnet deshalb als **S-Stamm**. Die Zellen des anderen Stammes haben die Fähigkeit verloren, Kapseln zu bilden. Da seine Kolonien rauh (engl. *rough*) erscheinen, nennt man ihn **R-Stamm**. Der S-Stamm wirkt bei Mäusen als Auslöser einer tödlichen **Lungenentzündung**, während der R-Stamm sich als **nicht pathogen** erweist. Werden die S-Pneumokokken durch Hitze abgetötet, so verursachen sie keine Lungenentzündung mehr. Griffith verabreichte Mäusen Injektionen, in denen er **abgetötete S- und lebende R-Zellen** gemischt hatte. Entgegen den Erwartungen brach die tödlich verlaufende Lungenentzündung bei dieser Mäusegruppe aus. Überraschend war auch das Ergebnis der Untersuchung des Blutes der gestorbenen Mäuse. Man fand lebende S-Zellen. Die Fähigkeit zur Kapselbildung war offenbar von den abgetöteten S-Zellen auf die lebenden R-Zellen übertragen worden.

Die „Umwandlung“ von Zellen durch Übertragung einer vererblichen Eigenschaft nennt man **Transformation**.

Avery isolierte DNA bzw. Proteine aus dem S-Stamm und übertrug diese in Kulturen des kapsellosen, harmlosen R-Stammes. Zu den verschiedenen Ansätzen wurde je ein spezielles Enzym zugegeben: a) **Protease** zum Abbau von Protein und b) **Desoxyribonuklease** zum Abbau von DNA.
Das Ergebnis der Versuche lässt sich wie folgt zusammenfassen:

- Nur beim Versuchsansatz a bildeten sich Erreger der tödlichen Lungenentzündung bei Mäusen. Die Protease beeinträchtigte die Transformation nicht.
- Bei Zugabe von Desoxyribonuklease ließ sich **keine** transformierende Wirkung feststellen. Die Mäuse überlebten.

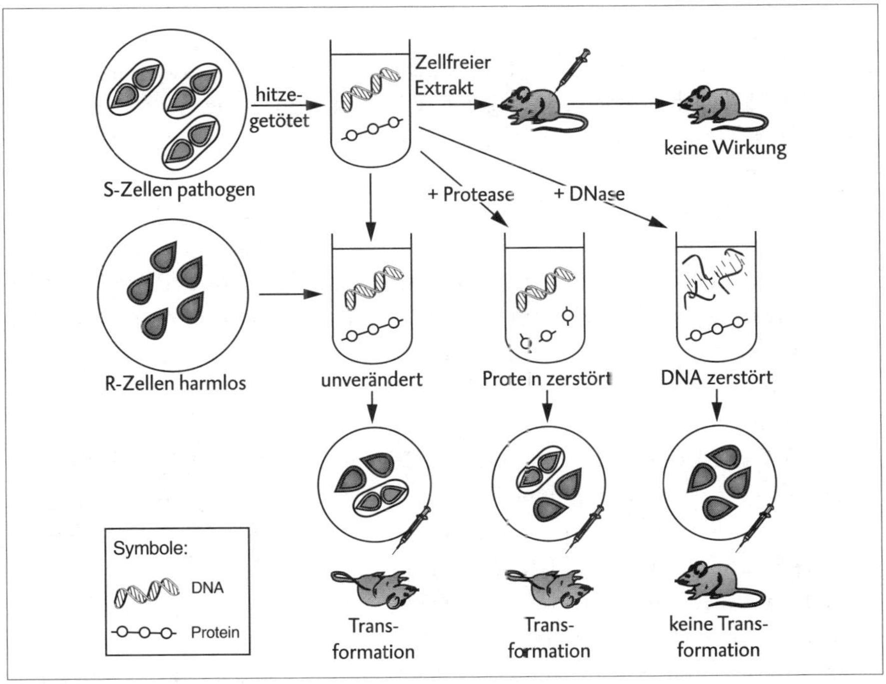

Abb. 31: Transformationsexperimente nach Avery.

Mit den Transformationsexperimenten von Avery war nachgewiesen, dass die **DNA** der **stoffliche Träger der Erbinformation** ist.

2 Vorkommen und Bedeutung der Nukleinsäuren

In Viren, Pro- und Eukaryoten finden sich zwei Arten von Nukleinsäuren:
- Ribonukleinsäure (RN**A**; engl.: *Ribonucleic**acid***) und
- Desoxyribonukleinsäure (DN**A**; engl.: *Desoxyribonucleic**acid***).

Die genetische Information der **Viren** kann aus DNA oder RNA bestehen. Beinahe alle Pflanzenviren, einige Tierviren und einige Viren von Bakterien (Bakteriophagen) besitzen RNA. Das beim Menschen Herpes erzeugende Virus enthält beispielsweise DNA, das menschliche Immunschwäche-Virus (HIV), das die Erkrankung AIDS verursacht, weist RNA auf. Die virale DNA kann **doppelsträngig oder einzelsträngig** sein. Die Enden vieler viraler DNA-Moleküle sind miteinander verbunden, haben also ringförmige Struktur.

Verschiedene Klassen von RNA-Molekülen

Die Zellen von **Prokaryoten und Eukaryoten** enthalten sowohl DNA als auch RNA. Es gibt verschiedene **RNA-Klassen**, von denen jede eine andere Funktion hat. Die wichtigsten Vertreter der RNA sind an der Realisierung der genetischen Informationen einer Zelle beteiligt:
- **Ribosomale RNA (rRNA)**: Dieser Ribonukleinsäure-Typ ist zusammen mit über 50 verschiedenen Proteinen die wichtigste Bau- und Strukturkomponente der **Ribosomen**. Die Ribosomen sind die Orte der **Protein-Biosynthese** der Zelle. Die Komplexe, die durch Anlagerung mehrerer Ribosomen an einem mRNA-Strang gebildet werden, nennt man Polyribosomen oder Polysomen. Die Ribosomen der **Prokaryoten** bestehen zu 65 % aus rRNA und zu 35 % aus Protein. Sie sind aus zwei Untereinheiten aufgebaut. In einer Ultrazentrifuge setzt sich die größere Untereinheit bei einer Sedimentationsgeschwindigkeit[7] von 50 S ab. Die kleinere Untereinheit weist eine Sedimentationsgeschwindigkeit von 30 S auf, das ganze Ribosom eine von 70 S. Man beachte, dass sich die S-Werte nicht addieren. Die Ribosomen der **Eukaryoten** sind größer und komplexer aufgebaut als die der Prokaryoten. Sie bestehen ebenfalls aus zwei Unterheiten, eine kleinere mit 40 S und eine größere mit 60 S. Die Sedimentation des kompletten eukaryotischen Ribosoms verläuft mit 80 S.

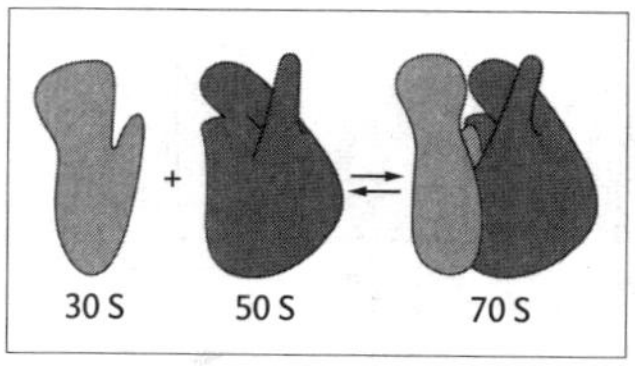

Abb. 32: Prokaryoten-Ribosom.

7 Die Sedimentationsgeschwindigkeit wird in Svedberg-Einheiten (S) angegeben.

- **Messenger RNA (mRNA)**: Ribonukleinsäure, die die für die Synthese der Proteine notwendige Information von einem oder mehreren Genen zu einem Ribosom **transportiert**. Die mRNA trägt die Information, die für die Aminosäureabfolge eines oder mehrer Polypeptide codiert und die von einem Gen oder mehreren Genen der DNA im Zellkern oder – bei Prokaryoten – im Nukleoid bestimmt wird.
- **Transfer RNA (tRNA)**: Ribonukleinsäure-Moleküle, die die in der mRNA enthaltene Information an den Ribosomen in die spezifische Aminosäuresequenz eines Polypeptids **übersetzen**. Die tRNA-Moleküle übertragen dabei die „passenden" Aminosäuren in die wachsende Polypeptidkette.

Je nach Funktion finden sich RNA-Moleküle wie mRNA im Zellkern und außerhalb davon, in den Ribosomen (rRNA), in den Mitochondrien und in den Plastiden. Neben diesen RNA-Klassen gibt es noch andere RNA-Typen in einer Zelle, die bestimmte Funktionen, etwa als Katalysatoren, übernehmen.

Verschiedene Klassen von DNA-Molekülen

Die **Desoxyribonukleinsäure DNA** kommt im ringförmigen Nukleoid bei Prokaryoten und bei Eukaryoten im Zellkern als **linearer** Bestandteil der Chromosomen vor. Eukaryotische Zellen enthalten mehr DNA als prokaryotische Zellen. So weist eine menschliche Zelle ca. 600-mal mehr DNA als eine Zelle der Bakterienart *Escherichia coli* auf.

> Die DNA stellt den **Speicher der genetischen Informationen** einer Zelle dar. In ihr ist die Aminosäuresequenz jedes Polypeptids bzw. Proteins und der Bauplan jedes RNA-Moleküls festgelegt.

Die Gesamtheit der genetischen Informationen einer Zelle bezeichnet man als ihr **Genom**. Zellkern bzw. Nukleoid enthalten den überwiegenden Teil der genetischen Informationen der betreffenden Zelle, allerdings enthalten auch die Zellorganellen der Eukaryoten, die Mitochondrien und Chloroplasten, DNA. Mitochondriale DNA-Moleküle und die DNA der Chloroplasten sind allerdings im Vergleich mit der chromosomalen DNA der Eukaryoten **sehr klein**. Außerdem bildet die DNA dieser Zellorganellen einen **ringförmigen** Doppelstrang. Die DNA-Moleküle im Zellkern sind in den Chromosomen linear angeordnet (siehe oben).

Größenverhältnisse

Die DNA-Moleküle in einer Zelle sind sehr **viel größer** als die Zelle selbst. Verstehen lässt sich dies, wenn man sich die sehr dichten, hoch organisierten **Faltungs- und Verpackungsmuster** der DNA-Moleküle bewusst macht (siehe S. 124 f.). Zwei Beispiele sollen diese Größenverhältnisse verdeutlichen:

Beispiele

- Die Länge des DNA-Moleküls des Bakteriums E. coli beträgt 1,7 mm bei einer Größe des Bakteriums von ca. 2 µm ($2 \cdot 10^{-6}$ m). Der DNA-Faden ist also **850-mal länger** als das Bakterium selbst.
- Eine menschliche Hautzelle besitzt eine Größe von 50 µm ($5 \cdot 10^{-5}$ m), die DNA hat eine Länge von etwa 2 m. Dies bedeutet, dass die DNA ungefähr **40 000-mal länger** ist als die Zelle selbst. Ein Vergleich aus dem Alltag: Hätte die Hautzelle die Größe eines Tischtennisballes mit einem Durchmesser von 4 cm, so wäre die DNA 160 km lang.

3 Struktur und Chemie der Nukleinsäuren

3.1 Bausteine der Nukleinsäuren

Nukleinsäuren sind unverzweigte, lineare Makromoleküle. Ihre Bausteine sind die **Nukleotide**. Nukleinsäuren sind also Nukleotid**polymere** bzw. Polynukleotide. Die Nukleotide von RNA und DNA weisen **drei charakteristische Bestandteile** auf:

- Ein Zuckermolekül,
- eine stickstoffhaltige Base und
- einen Phosphorsäure-Rest.

Die Zuckerbausteine der Nukleotide

In den Nukleinsäuren kommen zwei verschiedene **Einfachzucker** (Monosaccharide; siehe S. 21) vor. Es handelt sich dabei um **Aldopentosen**, Einfachzucker aus fünf C-Atomen also, die in ihren offenkettigen Formen jeweils eine Aldehydgruppe aufweisen. Bei beiden Pentosen verlaufen deshalb sowohl Tollens- wie auch Fehling-Probe positiv. In den Fischer'schen Projektionsformeln steht das unterste asymmetrische C-Atom bei beiden Pentosen rechts, sie gehören also zur **D-Reihe**. Die offenkettigen Formen stehen mit ihren cyclischen Halbacetalformen, den α- und β-Furanoseformen im Gleichgewicht.

In den Ringformen ist das C-1'-Atom[8], das anomere C-Atom, mit dem C-4'-Atom über eine Sauerstoffbrücke verbunden:

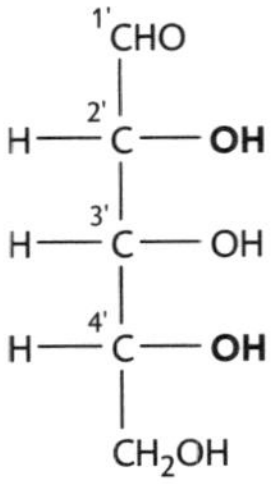

D-Ribose

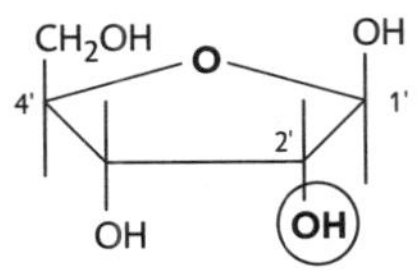

β-D-Ribose

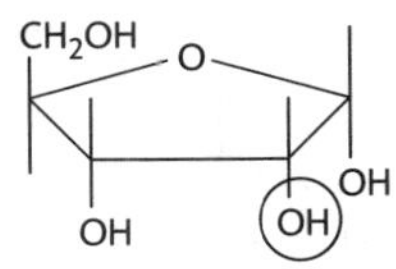

α-D-Ribose

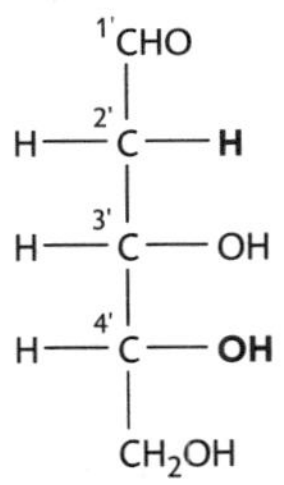

D-Desoxyribose

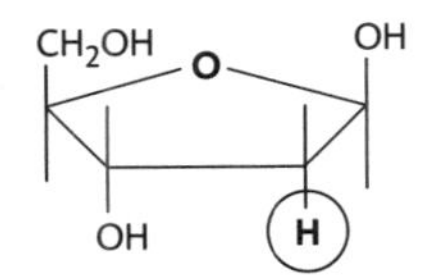

β-D-Desoxyribose

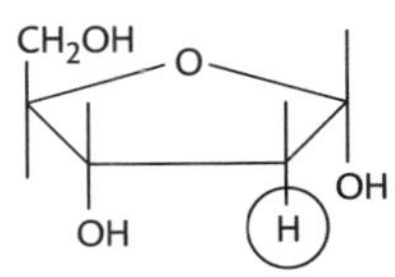

α-D-Desoxyribose

In den Nukleinsäuren liegen die beiden Pentosen als β-D-Furanosen, d. h. als **geschlossene fünfgliedrige Ringe** vor. Bei einer β-D-Furanose steht die halbacetalische OH-Gruppe am anomeren C-1'-Atom immer **oberhalb** der Ringebene (siehe S. 32).
Die beiden Pentosen **unterscheiden** sich an ihren C-2'-Atomen. Bei Desoxyribose ist die OH-Gruppe durch ein H-Atom ersetzt, d. h. Desoxyribose besitzt im Gegensatz zur D-Ribose an diesem C-Atom **kein** asymmetrisches C-Atom (siehe S. 4). Die **Bezeichnungen** RNA und DNA für die beiden Klassen der Nukleinsäuren leiten sich von diesem Unterscheidungsmerkmal ab:

> In **R**NA-Molekülen findet man β-D-**R**ibose, in der **DNA** bildet die β-D-2'-**D**esoxyribose den Zuckerbestandteil.

Ein **Nukleotid** entsteht schließlich, wenn eine **Stickstoffbase** β-glycosidisch an das C-1'-Atom der Pentose gebunden und ein **Phosphorsäure-Rest** über die Hydroxylgruppe am C-5'-Atom mit der jeweiligen Pentose verestert wird. Bei beiden Verknüpfungen handelt es sich um Kondensationsreaktionen.

8 Die C-Atome der Pentosen werden mit einem Strich (') versehen, um sie von den Atomen der Stickstoffbasen unterscheiden zu können.

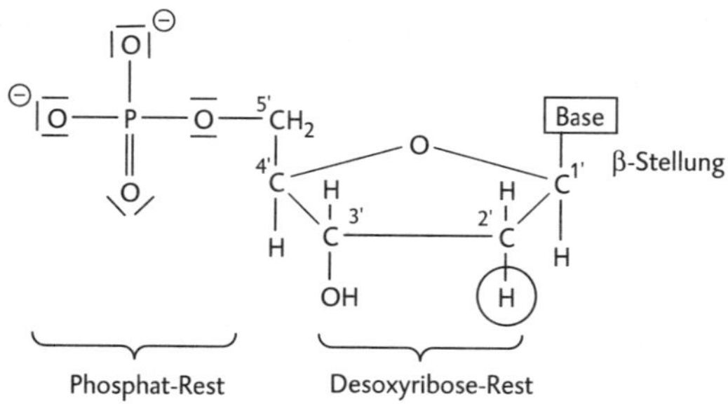

Allgemeine Struktur eines Desoyxribonukleotids

Die Stickstoffbasen

Fünf verschiedene Heterocyclen finden sich als Bestandteile von Nukleotiden:

- Adenin
- Cytosin
- Guanin
- Thymin
- Uracil

„Heterocyclisch" nennt man sie deshalb, weil in den fünf organischen Ringsystemen neben Kohlenstoff- auch Stickstoffatome als Ringglieder auftreten. Alle fünf Heterocyclen sind außerdem **aromatische** Verbindungen:

- Alle C- und N-Atome im Ringssystem steuern unter Annäherung an eine **sp^2-Hybridisierung** Elektronen zur Bildung des aromatischen π-Elektronensytems bei. Die fünfgliedrigen Ringsysteme sind demnach fast **planar**.
- Die verbleibenden p-Orbitale der C- und N-Atome stehen **senkrecht** zur Ringebene und bilden ein ringförmig geschlossenes π-Elektronensytem ober- und unterhalb der Molekülebene. Die π-Elektronen sind über den ganzen Ring verteilt, man spricht von einem **delokalisierten π-Elektronensystem**.
- Nach HÜCKEL gelten solche Verbindungen als aromatisch, die ebene Ringsysteme mit geschlossenen Elektronenwolken aufweisen und $(4n+2)$ Ring- oder π-Elektronen besitzen. **Adenin** und **Guanin** haben **10** $(4 \cdot 2+2)$, **Thymin, Cytosin** und **Uracil 6** $(4 \cdot 1+2)$ π-Elektronen. Sie sind also gemäß der Regel von Hückel alle aromatisch.

Die nahezu ebenen Ringsysteme der Heteroaromaten liegen in den Nukleinsäuren z. T. parallel nebeneinander. Zwischen den Ringebenen kommt es zur Bildung von van-der-Waals- und Dipol-Dipol-Wechselwirkungen. Die intermolekularen Kräfte werden **Basenstapel-Wechselwirkungen** genannt, die Anordnung der Basen in diesen Strukturen gleicht einem Stapel von Münzen.

Basenstapel-Wechselwirkungen sind wichtige zwischenmolekulare Kräfte, die zur Stabilität der Nukleinsäure-Struktur beitragen.
Aufgrund ihrer basischen Eigenschaft werden die fünf Heterocyclen als **Basen** bezeichnet. Eine Protonenaufnahme ist durch das freie Elektronenpaar an einem Ring-Stickstoffatom möglich. Die fünf Heterocyclen lassen sich außerdem zwei Klassen organischer Verbindungen, den **Pyrimidinen** und **Purinen** zuorden: **Pyrimidine** sind **sechsgliedrige** Heteroaromaten mit **zwei** Stickstoffatomen. **Purine** bestehen aus einem sechsgliedrigen **und einem fünfgliedrigen** Ringsystem mit **jeweils zwei** Stickstoffatomen als Ringglieder:

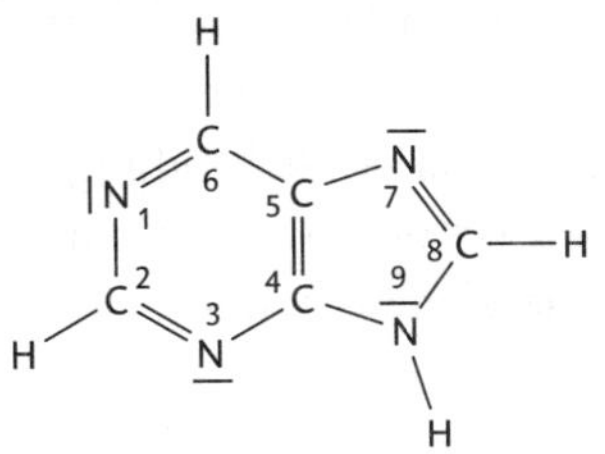

Purin

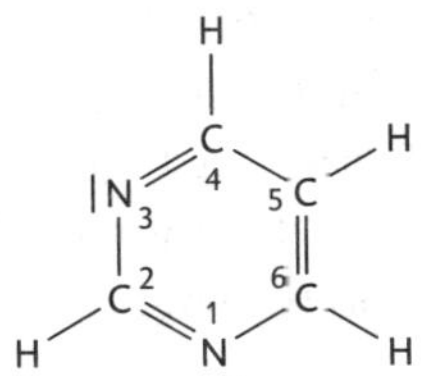

Pyrimidin

- Die Basen **Adenin** und **Guanin** sind ihrer Struktur entsprechend also Purinbasen und kommen sowohl in der DNA als auch in der RNA vor:

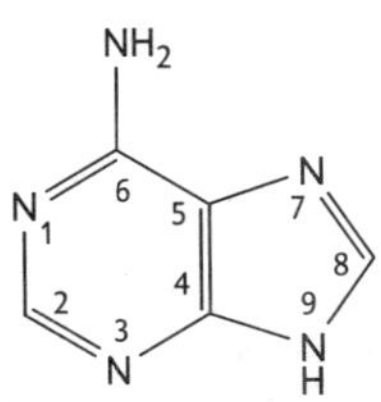

Adenin

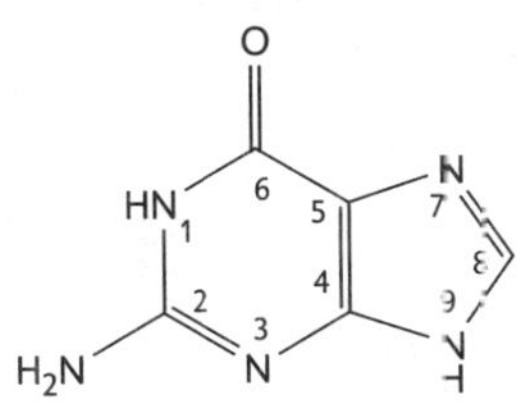

Guanin

- **Thymin**, **Cytosin** und **Uracil** leiten sich von Pyrimidin ab. Von diesen Pyrimidinbasen kommt nur **Cytosin** in DNA **und** RNA vor. DNA- und RNA-Moleküle unterscheiden sich außer in den besprochenen Zuckerbausteinen auch in den Stickstoffbasen: Thymin findet sich in der DNA, Uracil ist ein Baustein der RNA:

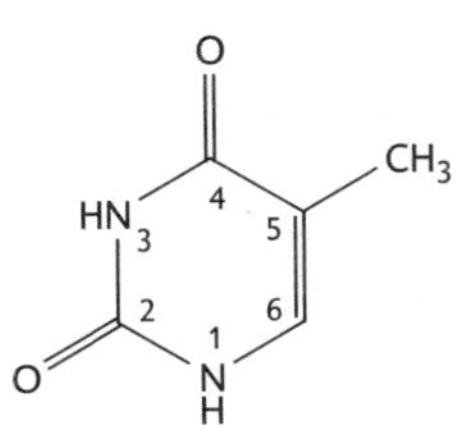

Thymin

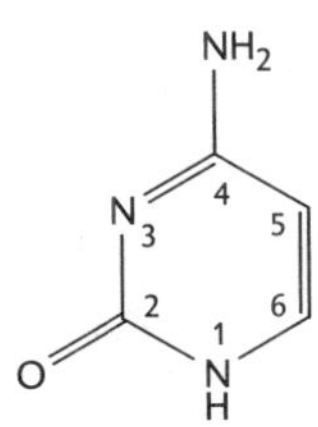

Cytosin

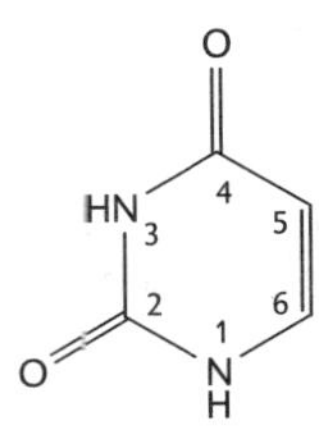

Uracil

Nukleoside

Nukleoside sind Verbindungen, die durch Reaktion einer **heterocyclischen Base** wie Adenin, Guanin, Thymin, Cytosin oder Uracil mit einer **Pentose** wie Ribose oder Desoxyribose entstehen. Die kovalente Bindung zwischen Base und Zucker, die durch eine Kondensationsreaktion gebildet wird, nennt man **N-glycosidisch**. Ähnlich wie bei der Bildung einer glycosidischen Bindung zwischen zwei Monosacchariden zu einem Disaccharid (siehe S. 44) reagiert bei der Nukleosid-Bildung das anomere C-1'-Atom der Pentose mit der NH-Gruppierung der Base. Bei den **Pyrimidin**basen nimmt das **N-1-Atom**, bei den **Purin**derivaten das **N-9-Atom** an der Reaktion teil. Unter Abspaltung eines Wassermoleküls – gebildet aus der Hydroxylgruppe der Pentose und dem Wasserstoffatom der Base – entsteht die N-glycosidische Bindung. Da die halbacetalischen OH-Gruppen der anomeren C-1'-Atome sowohl bei Ribose als auch bei Desoxyribose oberhalb der Ringebene stehen, handelt es sich um um β-Formen:

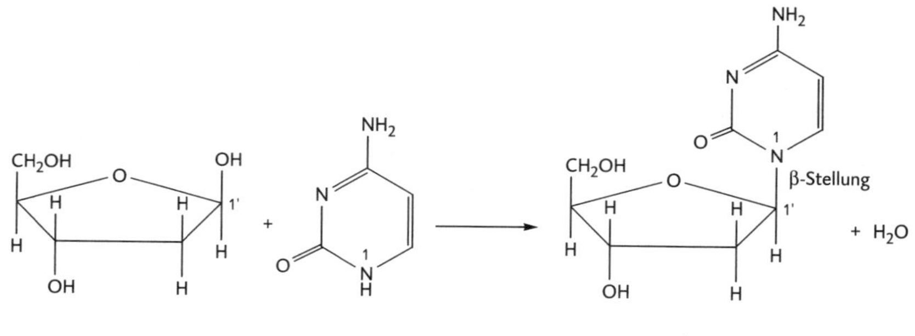

Die **Nukleoside** mit den Pyrimidinbasen werden durch die Endung *-idin*, die mit den Purinbasen durch die Endung *-osin* gekennzeichnet:

Zucker		Base	Nukleosid
Desoxyribose	*Purine*	Adenin	Desoxyadenosin
Desoxyribose		Guanin	Desoxyguanosin
Ribose		Adenin	Adenosin
Ribose		Guanin	Guanosin
Desoxribose	*Pyrimidine*	Cytosin	Desoxycytidin
Desoxribose		Thymin	Desoxythymidin
Ribose		Cytosin	Cytidin
Ribose		Uracil	Uridin

Tab. 8: Die Nomenklatur der Nukleoside.

Die Zuckermoleküle weisen in den Nukleosiden keine halbcetalischen OH-Gruppen an ihren anomeren C-1'-Atomen mehr auf, da sich an dieser Stelle die N-glycosidische Bindung zwischen dem Zucker und der Base findet. Infolgedessen ist bei den Pentosezuckern **keine Ringöffnung** zur offenkettigen Aldehydform möglich.

Nukleotide

Die Nukleotide sind die schon vorgestellten **Bausteine der Nukleinsäuren**, in denen die OH-Gruppe des C-5'-Atoms des Zuckermoleküls eines Nukleosids mit einem Molekül **Phosphorsäure** verestert ist.

Nukleotide bestehen also aus einer **Pentose**, einer heterocyclischen **Base** und einem **Phosphorsäure**-Molekül.

Die Nukleotide werden auch als Nukleosid-5'-monophosphate oder 5'-Monophosphorsäureester bezeichnet. Die Schreibweise 5' kennzeichnet das C-Atom der Pentose, über welches die Esterbindung mit der Phosphorsäure erfolgt. Da Nukleosid-5'-monophosphate die eigentlichen Bausteine der Nukleinsäuren darstellen, kann man eine Nukleinsäure auch als **Polynukleotid** bezeichnen (siehe S. 130).

Nukleotide sind **starke zweiprotonige Säuren** mit pK_S-Werten von etwa 1 und 6 für die beiden Protolysereaktionen mit Wasser. Sie liegen daher unter physiologischen Bedingungen bei pH 7 vollständig protolysiert als **Dianionen** vor:

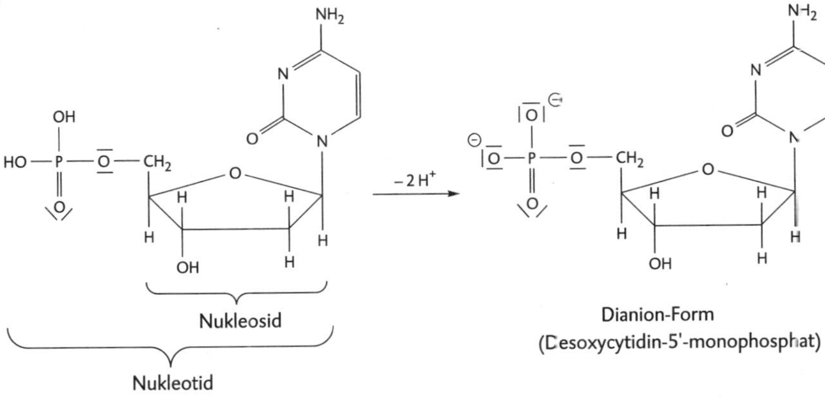

Desoxyribonukleotide entstehen im Organismus mithilfe von Enzymen über **Reduktionsreaktionen** aus den entsprechenden Ribonukleotiden.

Zur **Nomenklatur** der Nukleotide sollte man sich folgende Punkte einprägen:

- **Desoxyribonukleotide**: Für die Desoxyribonukleotid-Bausteine in der DNA benutzt man meist die Buchstabensymbole A, G, T und C oder dA, dG, dT und dT (d = desoxy). Für die freien Desoxyribonukleotide werden häufig die Abkürzungen dAMP, dGMP, dTMP und dCMP verwendet. dAMP etwa bedeutet **D**esoxy-**A**denosin-5'-**m**ono**p**hosphat.
- **Ribonukleotide**: Auch für die Bausteine der RNA sind die Symbole A, G, U und C bzw. AMP, GMP, UMP und CMP üblich. Das Kürzel UMP steht z. B. für **U**ridin-5'-**m**ono**p**hosphat.

Es existieren außerdem Nukleosid-5'-**di**phosphate und Nukleosid-5'-**tri**phosphate. Ein wichtiges Nukleosid-5'-triphosphat ist das **Adenosintriphosphat** oder kurz **ATP**, das die wichtigste Transport- und Speicherform für Energie im Organismus darstellt:

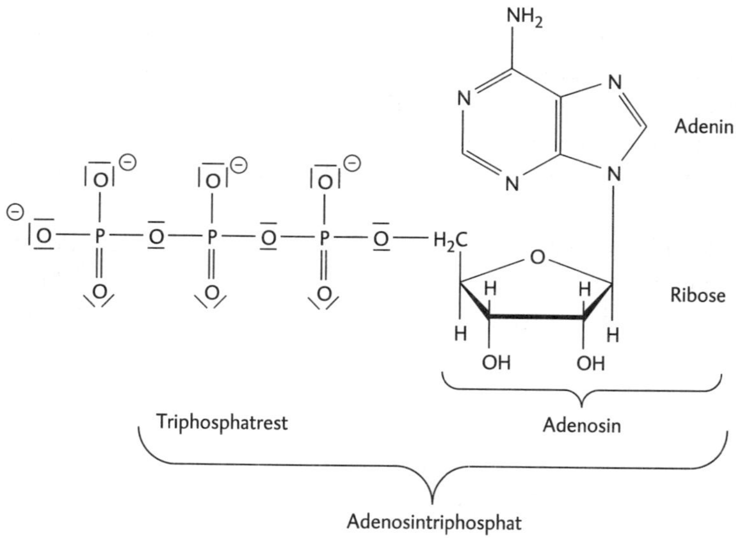

3.2 Struktur der Nukleinsäuren

DNA

CHARGAFF wies Ende der 40er-Jahre nach, dass die **Anzahl der Basen** in den DNA-Molekülen bestimmten Gesetzmäßigkeiten folgt. So stellte er fest, dass – obwohl die vier Basentypen unterschiedlich häufig in einer DNA vorkommen – die Zahl der **Adenin**-Basen (A) **gleich** der Zahl der **Thymin**-Basen (T) und die Zahl der **Guanin**-Basen (G) **gleich** der Zahl der **Cytosin**-Basen (C) ist. Kennt man die die Anzahl der Purinbasen (Adenin und Guanin), so kennt man auch die Summe der Pyrimidinbasen (Cytosin und Thymin). Insgesamt gilt also:

A = T und G = C sowie A + G = T + C

Zu Beginn der 50er-Jahre konnten FRANKLIN und WILKINS anhand von Ergebnissen der Röntgenbeugungsanalyse zeigen, dass die DNA-Moleküle eine **schraubig gewundene** Struktur haben. Man nennt eine solche räumliche Anordnung helical und spricht von einer **Helixstruktur**.
1953 entwickelten James D. WATSON und Francis H. CRICK ein **dreidimensionales Modell** für die DNA-Struktur. Nach ihren Vorstellungen besteht ein DNA-Molekül aus **zwei schraubig gewundenen** Polynukleotid-Ketten, die sich um eine gemeinsame Längsachse drehen. Die beiden Ketten sind über **Wasserstoffbrücken** miteinander verbunden.

Abb. 33: J. D. WATSON und F. H. CRICK mit ihrem Modell der DNA.

Aufgrund seiner schraubigen Anordnung wird die Struktur des doppelsträngigen DNA-Moleküls als **Doppelhelix** bezeichnet. Zur Veranschaulichung darf man sich diese Doppelhelix als eine Strickleiter vorstellen, die allerdings nicht gerade herunterhängt, sondern um eine zentrale Achse verdrillt ist:

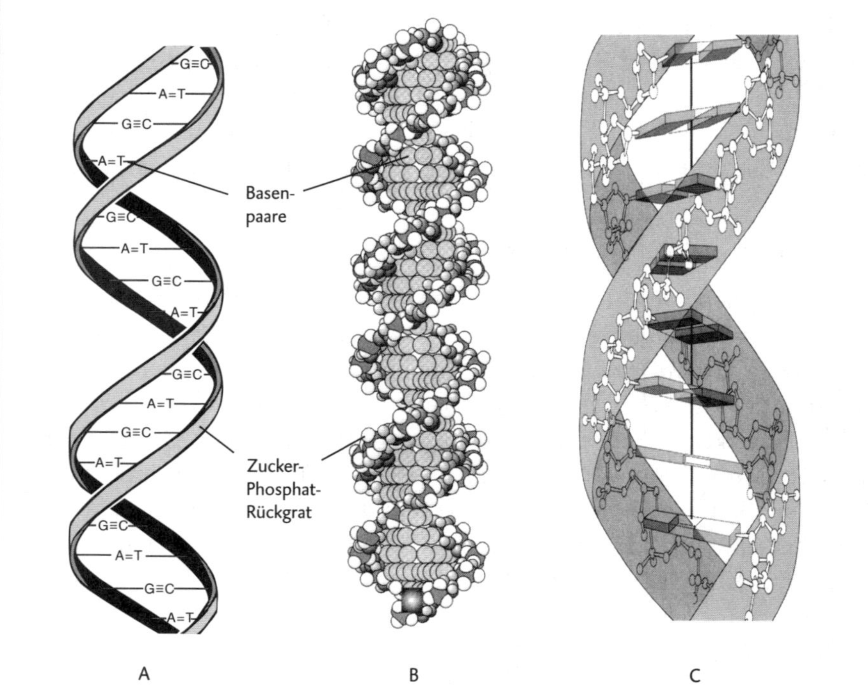

Abb. 34: Verschiedene Darstellungen der DNA-Doppelhelix-Struktur.

In jeder der beiden Polynukleotidketten der Doppelhelix sind die **aufeinanderfolgenden Nukleotide** über **Diesterbindungen** miteinander verbunden.

Das Gerüst, ein „Holm" der gewundenen Strickleiter besteht aus sich abwechselnden **Phosphat-** und **Desoxyribose-Resten**. Deswegen wird es auch als **Zucker-Phosphat-Rückgrat** bezeichnet. Dabei ist die OH-Gruppe am C-3'-Atom des Desoxyribose-Restes eines Nukleotids A stets mit dem Phosphorsäure-Rest eines weiteren Nukleotids B verestert. Da dieser Phosphorsäure-Rest mit dem C-5'-Atom des Desoxyribose-Restes des zweiten Nukleotids B verestert ist, sind die fünfgliedrigen Pentosen über „Phosphodiesterbrücken" kovalent miteinander verbunden:

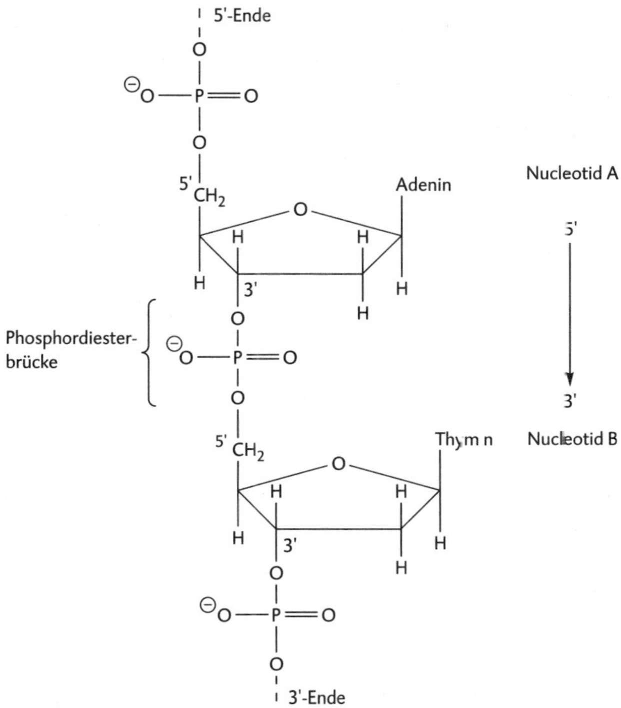

In der Doppelhelix liegen die beiden Polynukleotid-Ketten **antiparallel** zueinander, d. h. die Richtung der Phosphodiesterbindungen verläuft in einem Strang stets vom C-5'- zum C-3'-Atom des Desoxyribose-Restes, während sie im anderen entgegengesetzt ist. Jede Polynukleotid-Kette weist an ihrem 3'-Ende, am C-3'-Atom des Pentosemoleküls, eine OH-Gruppe, an ihrem 5'-Ende, am C-5'-Atom der Pentose, eine Phosphatgruppe auf (siehe S. 140).

Das **Rückgrat** aus alternierenden Phosphat- und Zuckerresten auf der Außenseite der Doppelhelix eines DNA-Stranges ist **hydrophil**. Die OH-Gruppen der Pentosereste können H-Brücken zu Wassermolekülen ausbilden. Die Phosphatgruppen in der Kette besitzen einen pK_S-Wert von ca. 2 und haben ihre Protonen bei pH 7 vollständig abgegeben, das DNA-Molekül wirkt deshalb als Säure und ist ein **geladenes** Polyanion mit **einer negativen Ladung** pro Nukleotidbaustein.

Die **hydrophoben Basen** der Nukleotide liegen innerhalb der Doppelhelix. Da die heterocyclischen Basen nahezu eben gebaut sind, liegen die benachbarten Basen der Nukleotide dicht beinander (**Basenstapel**) und sind **senkrecht zur Längsachse** der Doppelhelix angeordnet. Jede Base eines Strangs ist über H-Brücken mit einer Base des gegenüberliegenden Strangs verbunden.

Dabei können sich nur **bestimmte** Purin- und Pyrimidin-Basen **verbinden**:

- Die Purinbase **Adenin** ist über **zwei** H-Brücken mit der Pyrimidinbase **Thymin** verbunden (A=T).
- **Guanin** bildet mit **Cytosin drei** H-Brücken aus (G≡C):

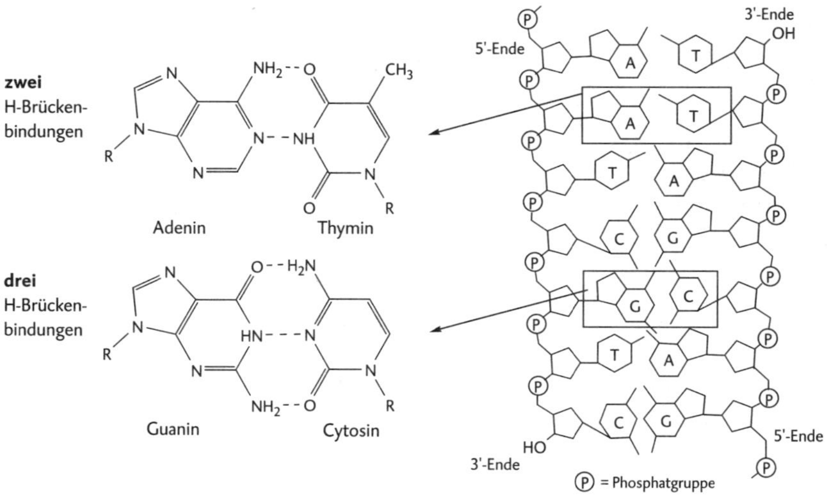

Die Basenpaare bilden also die „Sprossen" der gewundenen Strickleiter. Die Spezifität der Purin-Pyrimidin-Basenpaarung führt dazu, dass der Durchmesser der Doppelhelix konstant bleibt.

Eine weitere Folge der Basenpaarung ist die **komplementäre Basensequenz** der beiden antiparallelen DNA-Stränge.

Liegt Adenin an einer bestimmten Position in der Kette vor, so muss im gegenüberliegenden Strang an dieser Stelle Thymin stehen. Liegt Guanin vor, so enthält der antiparallele Strang an dieser Stelle Cytosin. Die komplementäre Basenpaarung führt dazu, dass man bei Kenntnis der Basensequenz des einen Strangs auf die Sequenz der **anderen** Kette schließen kann.

Beispiel

Ein Strang einer Doppelhelix besitze folgende Basensequenz:

5'–C–A–C–G–T–A–3'

der komplementäre, antiparallele Strang besitzt dann die Sequenz:

3'–G–T–G–C–A–T–5'

Da der Aufbau des Zucker-Phosphat-Rückgrates bei allen Polynukleotid-Einzelsträngen eines **DNA-Stranges** gleich ist, die Unterschiede zwischen DNA-Molekülen also nur in der **Abfolge** der Basen ihrer beiden zueinander komplementären Einzelstränge begründet sind, notiert man zur Darstellung eines DNA-Abschnittes nur die Reihenfolge der Basen:

- A für Adenin,
- C für Cytosin,
- G für Guanin,
- T für Thymin,
- und – für RNA-Moleküle – U für Uracil.

RNA

RNA unterscheidet sich von DNA v. a. in zwei bereits genannten Punkten:

- In der RNA ist **Ribose** der Zuckerbestandteil.
- Als heterocyclische Base ist anstelle von Thymin **Uracil** vorhanden. Uracil kann genau wie Thymin mit der Base Adenin zwei H-Brückenbindungen eingehen (A=U).

Bei der Synthese von RNA (Transkription; siehe S. 153 f.) wird **immer** ein RNA-**Einzelstrang** gebildet. Sein Rückgrat bilden, wie bei der DNA, alternierende Zucker- und Phosphat-Reste, wobei die Ribosemoleküle auch hier über 5',3'-Phosphodiesterbindungen kovalent verbunden sind. Die Basen Guanin, Cytosin, Adenin und Uracil stehen **seitlich** am Zucker-Phosphat-Gerüst.
RNA-Moleküle können sehr unterschiedliche Strukturen aufweisen. Sie werden u. a. durch schwache hydrophobe (Basenstapel-)Wechselwirkungen zwischen den planaren Ringstrukturen der Basen stabilisiert. RNA-Einzelstränge können mit RNA-Einzelsträngen, die komplementäre Basenfolgen aufweisen, Doppelstrangbereiche bilden. Es gelten dieselben Basenpaarungsregeln wie bei der DNA-Doppelhelix: **Guanin paart sich mit Cytosin, Adenin mit Uracil**. Besonders auffällig sind die so genannten **Haarnadelschleifen-Bereiche**, die sehr häufig bei RNA-Molekülen auftreten:

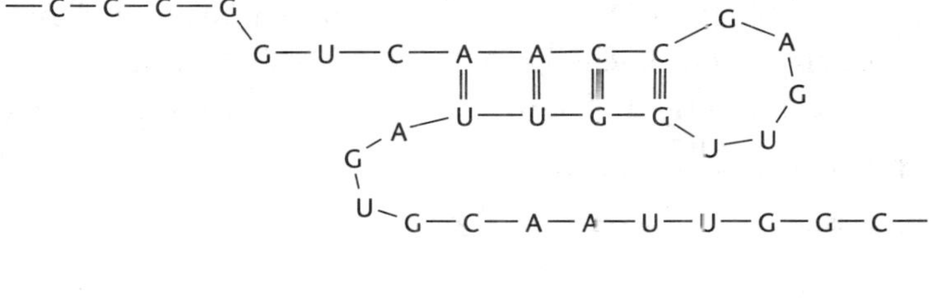

Besonders der räumliche Bau der relativ kleinen **tRNA-Moleküle** ist gut untersucht. tRNA-Moleküle weisen meist 73 bis 91 Ribonukleotide auf. Innerhalb einer tRNA-Polynukleotid-Kette gibt es viele Faltungen, sodass es beim Aufeindertreffen von komplementären Basensequenzen zu Basenpaarungen kommt. So wechseln sich **doppelhelicale** Abschnitte und **Einzelstrangbereiche** innerhalb einer Ribonukleotid-Kette ab. tRNA-Moleküle besitzen eine **kleeblattförmige** Sekundärstruktur mit vier Armen (gepaarte Basen) und drei Schleifen (ungepaarte Basen). Die Tertiärstruktur der tRNA hat Ähnlichkeiten mit der Form des Buchstabens L:

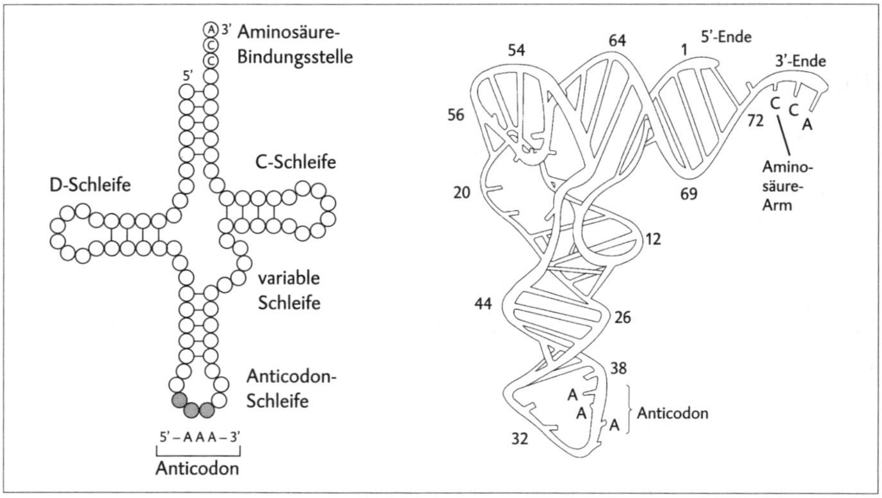

Abb. 35: Sekundärstruktur (links) und Tertiärstruktur (rechts) eines tRNA-Moleküls.

Die beiden **Enden** des RNA-Strangs liegen nebeneinander. Das 3'-Ende weist bei allen tRNA-Molekülen eine C-C-A-Gruppierung auf (in 5'-3'-Richtung gelesen), das letzte Nukleotid ist eines mit der Base Adenin. An dieser Stelle wird bei den Vorgängen der **Translation** (siehe S. 160) die zum betreffenden tRNA-Molekül passende **Aminosäure** esterartig gebunden.

In DNA-Doppelhelices und RNA-Einzelsträngen treten manchmal Basenfolgen auf, die man als **Palindrome** bezeichnet. Palindrome sind Wörter oder Sätze, die, vorwärts und rückwärts gelesen, denselben Wortlaut ergeben, wie NEBEN und STETS. Auf ein DNA-Molekül übertragen bedeutet dies: Ist in einem Einzelstrang A eine Basenfolge A-T-G-C-C-A (5'-3'-Richtung) vorhanden, so findet man im **antiparallelen Strang** B die Sequenz A-C-C-G-T-A:

5'–**A–T–G–C–C–A**------------T–G–G–C– A–T–3' Strang A

3'–T–A–C–C –G–T------------**A–C–C–G–T–A**–5' Strang B

Auf dem Einzelstrang A kommt es daher nach der Folge A-T-G-C-C-A in 5'-3'-Richtung zur Basenreihe T-G-G-C-A-T. Diese beiden Basensequenzen – innerhalb desselben Einzelstrangs A – sind wieder komplementär, wodurch es zur Bildung der genannten **Haarnadelstrukturen** kommen kann:

```
'5------A—T—G—C—C—A---------\
                              )   Strang A
'3------T—A—C—G—G—T---------/
```

3.3 Denaturierung und Hybridisierung

Bei Temperaturen oberhalb von 80 bis 90 °C werden die Wasserstoffbrückenbindungen und die Basenstapel-Wechselwirkungen zwischen den gepaarten Basen der doppelhelicalen DNA aufgehoben, es kommt zur **Aufwindung** der Doppelstränge **in Einzelstränge**. Die Trennung der Doppelhelix in zwei Polynukleotid-Ketten kann vollständig oder nur teilweise erfolgen. Man bezeichnet diese Vorgänge als **Denaturierung**. Wird die Temperatur langsam gesenkt, so können die komplementären DNA-Stränge sich wieder zu einer intakten Doppelhelix zusammenlagern. Waren die Einzelstränge vollständig denaturiert, so dauert die Renaturierung länger als bei einem nur teilweise denaturierten DNA-Doppelstrang. Der langsame Beginn der Renaturierungsprozesse bei völliger Auftrennung der helicalen DNA-Struktur erklärt sich dadurch, dass die isolierten Einzelstränge intramolekulare Basenpaarungen wie Haarnadelschleifen ausgebildet haben, die zunächst aufgehoben werden müssen. Denaturierte DNA kann man durch rasches Abkühlen z. B. im Eiswasser-Bad in diesem Zustand halten.

Jede DNA weist eine charakteristische Denaturierungs-Temperatur auf, die auch Schmelzpunkt genannt wird. Diese Temperatur hängt von der jeweiligen **Basenzusammensetzung** ab. Eine DNA, die reich an **G-C-Basenpaarungen** ist, besitzt einen **höheren** Schmelzpunkt als eine DNA mit einem hohen **A-T-Gehalt**. A-T-Basenpaarungen sind nur über zwei H-Brücken verbunden, die Lösung der G-C-Paare mit jeweils drei H-Brücken erfordert mehr Wärmeenergie. Die **Bestimmung des Schmelzpunktes** einer DNA liefert somit einen Hinweis auf die Basenzusammensetzung.

Die Tatsache, dass sich denaturierte DNA-Einzelstränge mit **anderen** DNA- oder auch RNA-Einstrangmolekülen zusammenlagern und eine neue **doppelsträngige Einheit** bilden können, stellt das Prinzip wichtiger Untersuchungsmethoden der **Molekulargenetik** dar. Voraussetzung für die Bildung solcher Doppelhelices ist das Vorhandensein von zueinander komplementären Basenfolgen in den beiden Einzelsträngen.

Die Zusammenlagerung von kürzeren komplementären DNA- oder RNA- Abschnitten mit den entsprechenden Bereichen einer völlig oder teilweise einzelsträngigen DNA wird **Hybridisierung** genannt.

Mithilfe der Hybridisierungstechnik lassen sich Hinweise auf die **Verwandtschaftsbeziehungen** zwischen verschiedenen Tier- oder Pflanzenarten ermitteln. Dazu wird die DNA zweier verschiedener Arten zunächst durch Erhitzen vollständig denaturiert, die DNA-Einzelstränge werden anschließend miteinander vermischt. Beim Abkühlen lagern sich komplementäre DNA-Abschnitte zusammen. Die Bildung von komplementären DNA-Doppelhelices kann sowohl zwischen den DNA-Einzelsträngen einer Art, als auch zwischen komplementären DNA-Abschnitten der beiden verschiedenen Arten erfolgen. Die **Häufigkeit** solcher Hybrid-Doppelhelices liefert einen Hinweis auf das Verwandtschaftsverhältnis der beiden Arten: **Je mehr Hybride** sich gebildet haben, **desto näher** sind die beiden Arten miteinander **verwandt**.

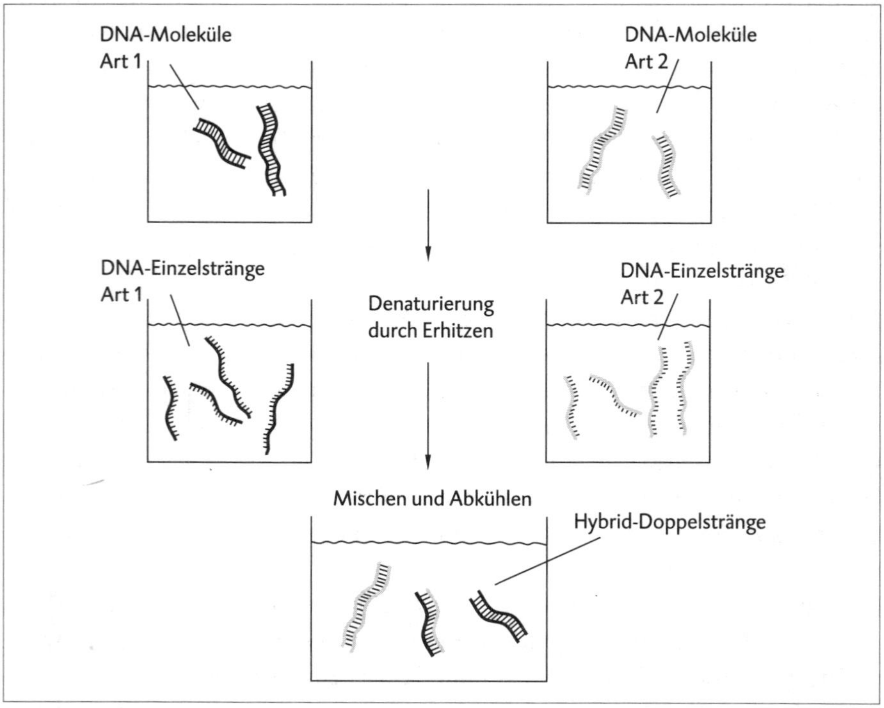

Abb. 36: Schema zur Hybridisierungstechnik.

Auch das **Auffinden eines bestimmten Gens** aus einer Vielzahl von Genen wird durch die Hybridisierungstechnik ermöglicht. Da das zu identifizierende Gen durch eine bestimmte **Abfolge von Nukleotiden**, d. h. durch eine spezifische Basensequenz definiert ist, lässt sich dieses mit einem **komplementären DNA-Einzelstrang** aufspüren. Dieser DNA-Einzelstrang, auch „Sonde" genannt, wird **radioaktiv markiert** und nach der Hitzedenaturierung der zu untersuchenden DNA mit den entstandenen Einzelsträngen zusammen gebracht. Es bilden sich Hybrid-Doppelhelices aus der Sonden-DNA und den komplementären DNA-Abschnitten des gesuchten Gens. Diese Hybride können mittels **Autoradiografie** identifiziert werden.

3.4 Mutationen

Die DNA stellt den **Langzeitspeicher** genetischer Informationen dar. Insbesondere die **Stabilität der DNA-Moleküle** erklärt, warum eine Speicherung von Informationen über lange Zeiträume ohne Verluste möglich ist. Dennoch treten immer wieder Veränderungen in der DNA-Struktur auf.

Änderungen der DNA-Struktur bzw. Veränderungen in der Nukleotid- oder Basensequenz, die zu einer **langfristigen und vererbbaren Veränderung** der genetischen Informationen führen, bezeichnet man als **Mutationen**.

Wird die DNA einer **Körperzelle** verändert, so liegt eine **somatische** Mutation vor. Während bei einer somatischen Mutation nur einzelne Zellen eines Organismus betroffen sind, führt eine Veränderung der DNA-Struktur in den männlichen und weiblichen **Keimzellen** dazu, dass nach einer Befruchtung alle Zellen diese Mutation aufweisen. Während eine somatische Mutation **nicht** an spätere Generationen weitergegeben werden kann, zeigen bei der so genannten **Keimbahnmutation** auch die Nachkommen diese DNA-Veränderungen.
Mutationen sind häufig, **ungerichtet** und treten zufällig mit und ohne äußere Umwelteinflüsse auf. Laufen sie ohne erkennbaren Grund ab, so spricht von **spontanen Mutationen**. Die spontane Mutationsrate wird beim Menschen – mit seinen etwa 100 000 Genen – auf ca. 10^{-5} pro Gen und Generation geschätzt. Das bedeutet, dass unter 6 Millarden Menschen etwa 120 000 Menschen eine neuartige Form eines Gens aufweisen. Die Mutationsrate ist bei verschiedenen Pflanzen- und Tierarten und auch bei vielen Genen ein und derselben Art unterschiedlich hoch.

Als **Verursacher** von Mutationen können eine Reihe verschiedener Chemikalien, die **Mutagene** genannt werden, sowie Röntgen- bzw. radioaktive **Strahlung** wirken. Mutationen sind nicht nur von großem biochemischen Interesse, sondern auch von enormer **medizinischer Bedeutung**, da das Entstehen von Krebserkrankungen und die Vorgänge, die beim Altern auftreten, möglicherweise in Beziehung zum gehäuften Auftreten von irreversiblen Veränderungen der DNA stehen. Außerdem werden Mutationen als wichtige Faktoren der **Evolution** angesehen: Eine Veränderung der DNA kann zur Bildung neuer Gene führen und begünstigt somit die **Entstehung neuer Arten**.

DNA-Schädigungen durch Chemikalien

- Viele polycyclische (mehrkernige) Aromaten wie Anthracen und **Benzpyren** aus dem Zigarettenrauch sind aufgrund ihrer planaren Ringstrukturen in der Lage, sich zwischen die ebenen heterocylischen Basenpaare in der DNA zu einzuordenen. Dieser als **Intercalation** bezeichnete Vorgang bewirkt zunächst eine Verformung der DNA, bei nachfolgender Replikation des DNA-Moleküls kann es zu einem Einbau eines weiteren Nukleotids kommen, was zur Veränderung des genetischen Codes führt (**Rastermutation**).
- Bei den verschiedenen Basen kann es zu einem spontanen Verlust von Aminogruppen kommen. Beispielsweise ist dieser als **Desaminierung** bezeichnete Vorgang bei der Pyrimidinbase **Cytosin** zu beobachten. Cytosin verliert dabei seine am C-4-Atom gebundene NH_2-Gruppe und wandelt sich in **Uracil** um:

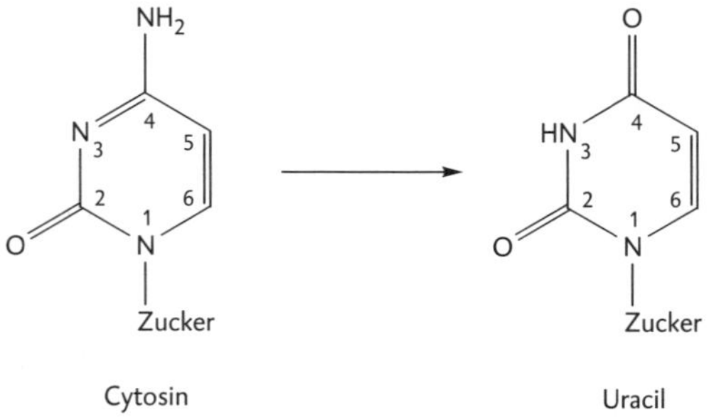

Diese Veränderung einer einzigen Base in einem der beiden Doppelstränge der DNA wirkt sich bei der nächsten Replikation aus. Da sich Uracil mit Adenin paart, entsteht durch im **semikonservatien Replikationsmechanismus** (siehe S. 147) eine Doppelhelix, bei der ein C-G-Basenpaar durch ein A-T-Basenpaar ausgetauscht worden ist. Die Desaminierung führt also zu einer **bleibenden Sequenzänderung** in der DNA.

- **Basenanaloga** sind Stoffe, die den natürlichen DNA-Basen in ihrer Struktur so **ähnlich** sind, dass sie bei der Replikation an deren Stelle eingebaut werden können. So kann anstelle von Thymin **5-Bromuracil** (bU) treten. 5-Bromuracil paart sich in der Ketoform zwar auch mit Adenin, doch in der Enolform[9] paart es sich **nur mit Guanin**:

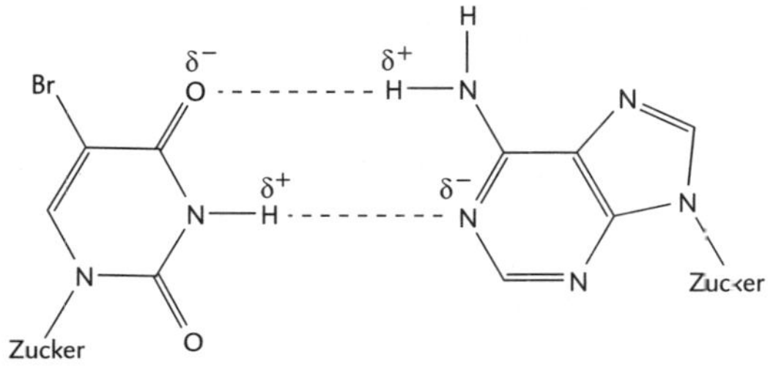

5-Bromuracil (Ketoform) **Adenin**

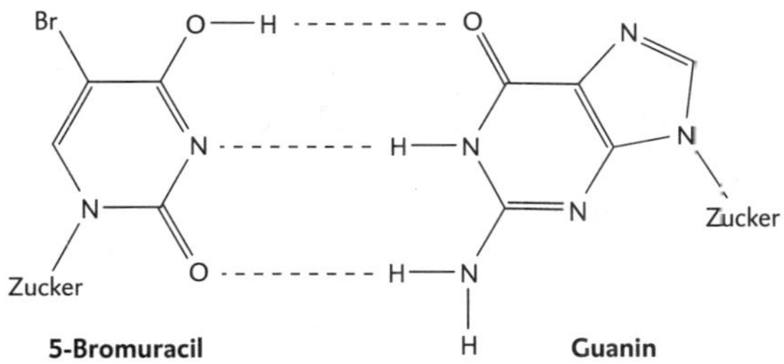

5-Bromuracil (Enolform) **Guanin**

Die Folge ist ein Basenaustausch von A=T gegen G≡C:

ursprüngliche DNA	—A—T—A—T—G—C— —T—A—T—A—C—G—
Ersatz von T durch bU	—A—T—A—T—G—C— —T—A—**bU**—A—C—G—
erste Replikation	—A—T—A—T—G—C— —T—A—T—A—C—G— und —A—T—**G**—T—G—C— —T—A—**bU**—A—C—G—
nächste Replikation (neben zwei unveränderten Doppelsträngen)	—A—T—**G**—T—G—C— —T—A—**C**—A—C—G— und —A—T—**G**—T—G—C— —T—A—**bU**—A—C—G—

Abb. 37: Einbau von Bromuracil in die DNA.

9 Eine **Enolform** zeichnet sich durch eine Doppelbindung (*-en*) in Nachbarschaft zu einer Hydroxylgruppe (*-ol*) aus. Sie steht mit einer Ketoform im chemischen Gleichgewicht (siehe S. 38 ff.).

- **Oxidative Desaminierungen** werden v. a. durch salpetrige Säure (HNO_2) bzw. Nitrite wie $NaNO_2$, Nitrate ($NaNO_3$) und Nitrosamine (allgemeine Formel: $R_1R_2N{-}N{=}O$) hervorgerufen. **Adenin** etwa wird durch HNO_2 in **Hypoxanthin** umgewandelt:

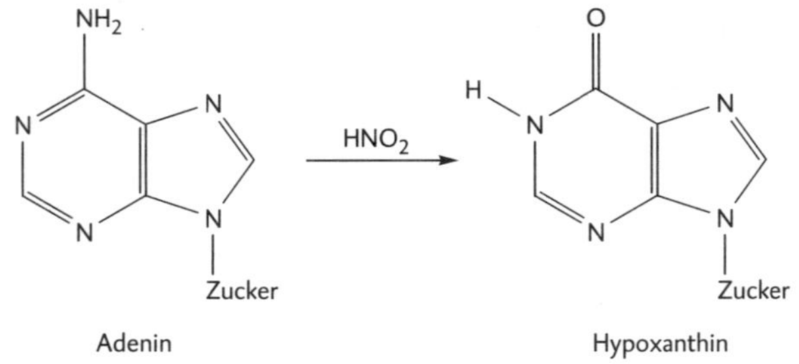

Da sich Hypoxanthin ähnlich wie Guanin mit Cytosin paart, wird bei der DNA-Replikation das Basenpaar A=T gegen das Basenpaar G≡C ersetzt.

DNA-Schädigungen durch Strahlung

- UV-Strahlung aus dem Sonnenlicht kann in den Hautzellen des Menschen die Bildung von **Cyclobutyl-Thymin-Dimeren** zwischen benachbarten Thymin-Resten im gleichen DNA-Strang verursachen:

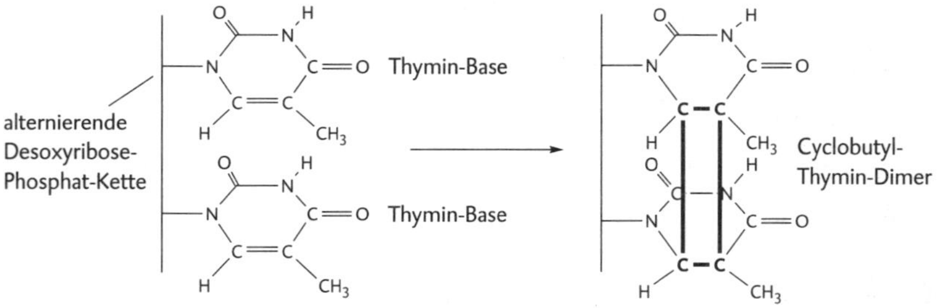

- Röntgen- und radioaktive Strahlungsarten (α-, β- und γ-Strahlung) können in lebenden Zellen die Ionisation von Molekülen bewirken. Man nennt diese Strahlungsformen deshalb auch **ionisierende Strahlung**. Durch kurzwellige und energiereiche Strahlen entstehen in den Körperzellen Ionen und Radikale. Diese können u. a. mit der DNA reagieren, es kann zu **Einzel- und Doppelstrangbrüchen** und zu Veränderungen in den Basen der DNA kommen.

Lebende Zellen besitzen mehrere **Reparatursyteme**, die Schäden oder Fehler in den DNA-Molekülen erkennen und diese beheben können. Einige Enzymsysteme können fehlerhafte Stellen herausschneiden und durch neu synthetisierte DNA-Abschnitte ersetzen.

4 Replikation

Bei jeder Zellteilung entstehen zwei identische Tochterzellen. Beide enthalten dieselben genetischen Informationen, das heißt die DNA-Moleküle der beiden Zellen sind in ihrer Struktur, Basenzusammensetzung und Basensequenz völlig gleich. Um dies zu gewährleisten, ist eine **identische Verdopplung** der DNA-Doppelstränge vor der Teilung der Zelle nötig. Diese wird **Replikation** genannt. Das Modell von Watson und Crick zum Aufbau der DNA liefert für die Vorgänge bei der Verdopplung der genetischen Strukturen eine gute Erklärung, denn nach dieser Modellvorstellung ist jeder Strang einer Doppelhelix die komplementäre Ergänzung des anderen. Die streng gültige **Komplementarität der Basenpaarungen** liefert die Voraussetzung für die Herstellung einer identischen Kopie des DNA-Moleküls:

- Zu Beginn der Replikation werden die beiden DNA-Stränge **getrennt**.
- An jeden der beiden Einzelstränge werden nun **Nukleotide angelagert**. In welcher Reihenfolge die Anlagerung der verschiedenen Nukleotide erfolgt, ergibt sich aus der Basensequenz der „Vorlage“: Adenin paart sich mit Thymin, Guanin mit Cytosin. Die beiden Einzelstränge bilden also eine **Matrize** für die Anlagerung der Nukleotide.
- Die Nukleotide werden über Phosphodiesterbindungen zum DNA-Molekül verknüpft, womit zwei gleiche, neue DNA-Doppelstränge gebildet sind.

Da jede der beiden entstandenen Doppelhelices aus einem **neu synthetisierten** und einem **„alten“** Strang besteht, bezeichnet man die Replikation als **semikonservativ**.

Die Vorgänge bei der semikonservativen Replikation wurden sehr intensiv beim Darmbakterium *Escherichia coli* erforscht. Man vermehrte die Bakterien in einem Medium mit **radioaktiv markierten Thyminbasen**. Diese Basen enthielten radioaktives Tritium (^3H) statt der leichten ^1H-Atome. Bei ihren Zellteilungen bauten die Bakterien die radioaktiven Nukleotide in ihre neuen DNA-Moleküle ein. Mit einem als **Autoradiographie** bekannten Verfahren konnte man sowohl die ringförmige Struktur des Bakterienchromosoms als auch die Abläufe bei DNA-Replikation der Bakterien erkennen: Die Replikation beginnt immer an derselben Stelle, dem **ORI** (*Origin of replication* = Ursprung der Replikation). Dabei bildet sich eine sich vergrößernde Schleife im ringförmigen DNA-Molekül. Die beiden Y-förmigen Enden der Schleife werden **Replikationsgabeln** genannt. Die Neusynthese der DNA erfolgt an beiden Replikationsgabeln **gleichzeitig**.

Ablauf der Replikation

An den Vorgängen der DNA-Replikation sind verschiedene Enzyme und Proteine beteiligt. Die **Trennung** die beiden „Eltern"stränge der Doppelhelix wird durch die **DNA-Helicase** bewerkstelligt. So genannte **Topoisomerasen** entdrillen die DNA und bestimmte DNA-bindende-Proteine stabilisieren die getrennten Einzelstränge, damit sich diese nicht wieder zusammenlagern. Die **DNA-Neusynthese** übernehmen die **DNA-Polymerasen**, von denen es verschiedene Typen gibt. Für die DNA-Replikation sind die beiden Polymerasen I und III von großer Bedeutung.

Die DNA-Polymerasen können die neue Nukleinsäurekette **nur vom 3'-Ende aus verlängern**, d. h. sie katalysieren die Kondensation der Hydroxylgruppe des C-3'-Atoms der Zuckerreste am Ende einer wachsenden DNA-Polynukleotid-Kette mit der Phosphatgruppe eines neu hinzutretenden Desoxynukleotids. Die **Neusynthese** eines DNA-Einzelstranges durch DNA-Polymerasen erfolgt also stets in **5'-3'-Richtung**. Der als Matrize dienende, ursprüngliche Strang wird dementsprechend in 3'-5'-Richtung abgelesen.

Da aber die beiden abzulelesenden Elternstränge **antiparallel** verlaufen, kann aufgrund der nur in einer Richtung möglichen Verknüpfung durch die DNA-Polymerasen auch nur an einem Strang eine **kontinuierliche** DNA-Synthese erfolgen. An diesem, auch als **führendem Strang** bezeichneten Abschnitt wird durch ein weiteres Enzym, die **Primase**, zunächst ein kurzes RNA-Stück angefügt. Eine solche kurze RNA-Kette wird als **Primer** bezeichnet. Diese RNA-Primer sind notwendig, da DNA-Polymerasen weitere Nukleotide nur an vorhandene Stränge anfügen können. Die **Anheftung** von Desoxyribonukleotiden an das 3'-Ende der wachsenden Kette wird von der DNA-Polymerase III durchgeführt.

> Die DNA-Neusynthese am **führenden Strang** wird auch als **Leitstrangsynthese** bezeichnet. Sie verläuft **kontinuierlich** in der Richtung, in der sich die Replikationsgabel öffnet.

Infolge seiner antiparallelen Struktur muss die Synthese am zweiten Elternstrang, dem **nachfolgenden** Strang, **diskontinierlich** verlaufen. Der Aufbau der neuen Polynukleotid-Kette erfolgt also „stückweise" und dem Fortschreiten der Replikationsgabel entgegengesetzt. Zur Herstellung der nach ihrem Entdecker als **Okazaki-Fragmente** benannten Abschnitte werden durch die Primase an mehreren Stellen des **Folgestrangs** kurze RNA-Primer synthetisiert, an welche die Polymerase III Desoxyribonukleotide anfügt. Nach Fertigstellung der Okazaki-Fragmente werden die RNA-Primer durch eine andere DNA-Polymerase, die Polymerase I, wieder entfernt und durch DNA ersetzt. Die solchermaßen vervollständigten Abschnitte müssen noch miteinander über **Phosphodiesterbindungen** zu einem fertigen DNA-Strang verknüpft werden. Die Bindungsbildung zwischen den OH-Gruppen am 3'-Ende des einen und dem Phosphorsäure-Rest am 5'-Ende des anderen Fragments katalysiert das Enzym **Ligase**.

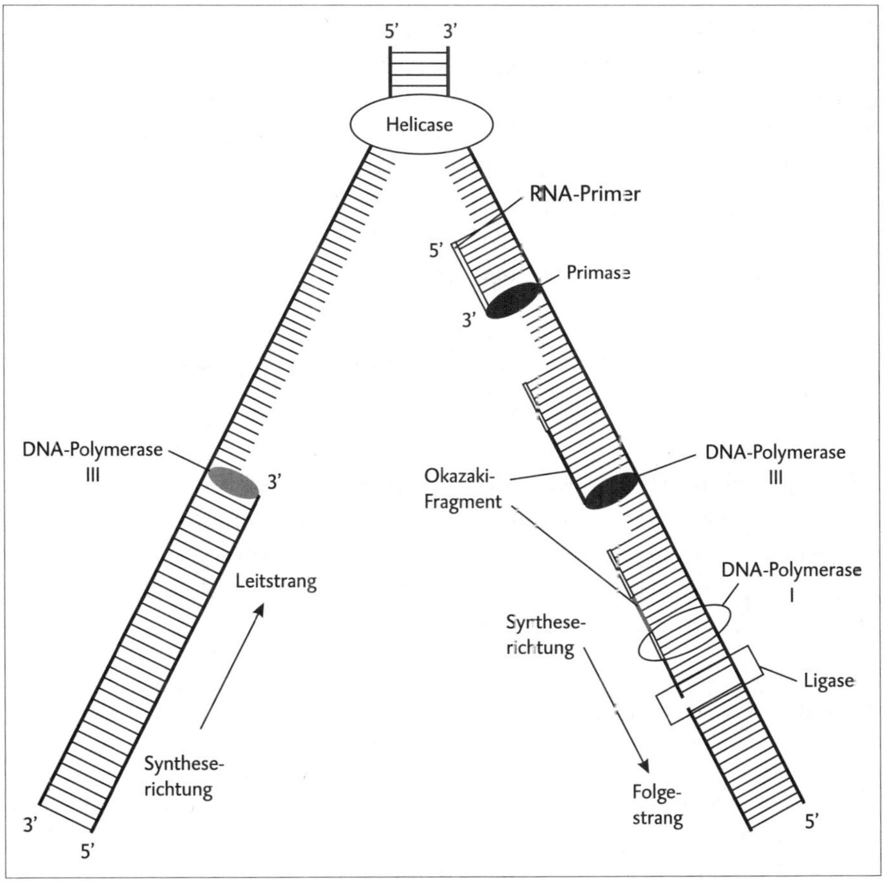

Abb. 38: Ablauf der Replikation.

5 Proteinbiosynthese

In der DNA sind die genetischen Informationen für viele Merkmale gespeichert und verschlüsselt, die ein Lebewesen auszeichnen. Die Ausprägung der Eigenschaften erfolgt durch eine Reihe biochemischer Reaktionen, jeder der dazu nötigen Reaktionsschritte wird durch Enzyme katalysiert. Die Ausbildung eines Merkmals ist daher von der **Produktion der benötigten Enzyme** abhängig. Die Gene, die die Ausprägung eines bestimmten Merkmals steuern, sind für die Synthese der notwendigen Enzyme zuständig.
Enzyme sind meist **Proteine**, die aus einer oder mehreren Polypeptidketten aufgebaut sind. Jedes Polypeptid ist durch seine **Aminosäuresequenz** charakterisiert (siehe S. 98). In der DNA müssen folglich für jedes Protein genaue Informationen über **Anzahl und Reihenfolge** der Aminosäuren enthalten sein.
Bei den Eukaryoten ist die DNA hauptsächlich im Zellkern lokalisiert, die **Genprodukte**, die Proteine werden aber nicht im Zellkern, sondern im Cytoplasma an den **Ribosomen** synthetisiert.

Der Ort der **Informationsspeicherung** ist verschieden vom Ort der **Umsetzung** dieser Informationen.

Dies ließ sich durch Versuche mit ^{14}C-markierten Aminosäuren zeigen. Da Proteine aus einer Kette von miteinander verknüpften Aminosäuren bestehen, müssen sich bei einer Proteinsynthese nach Zugabe **radioaktiv markierter** Aminosäuren auch radioaktiv markierte Proteine nachweisen lassen. Radioaktivität ließ sich vorwiegend an den Ribosomen feststellen.

Die Ribosomen sind die **Orte der Proteinsynthese** lebender Zellen.

Da der Ort der Aufbewahrung der Informationen ein anderer als der Ort der Proteinsynthese ist, müssen die Informationen in der Zelle auch **transportiert** werden. Es stellen sich also folgende Fragen:
- Wie wird die genetische Information der DNA-Moleküle abgelesen und transportiert?
- Mit welchem Code ist die Information über die Aminosäuresequenz in der Struktur der DNA gespeichert?
- Wie werden die Polypeptidketten „unter Anleitung“ der Nukleinsäuren an den Ribosomen hergestellt?

5.1 Die Transkription

Als „Überbringer" (engl.: „*messenger*") der Informationen über die Aminosäuresequenz einer Polypeptidkette von der DNA zu den Orten der Proteinsynthese dienen bestimmte RNA-Moleküle. Für diese Aufgabe der RNA sprechen wichtige Forschungsergebnisse: RNA findet sich sowohl im **Zellkern** wie auch im Cytoplasma. Die Menge dieser Nukleinsäuren nimmt außerdem zu Beginn einer Proteinsynthese zu. Aufgrund ihrer Boten-Funktion gab man diesen RNA-Molekülen den Namen **messenger-(m)RNA**.

Der Vorgang, bei dem die genetischen **Informationen** von der doppelsträngigen DNA auf die einzelsträngige RNA **übertragen** werden, bezeichnet man als **Transkription**.

Den Aufbau einer RNA-Kette aus einzelnen freien Ribonukleotiden katalysiert das Enzym RNA-Polymerase. Die Transkription findet bei Eukaryoten im Zellkern statt. Sie ist wesentlich komplexer als die der Prokaryoten. Der **Mechanismus** der Transkription ähnelt dem der DNA-Replikation:

- Ein Strang der DNA-Doppelhelix dient als **Matrize** für den Aufbau eines neuen Einzel-RNA-Strangs.
- Der neue RNA-Strang wird in **5'-3'-Richtung aufgebaut**. Das bedeutet, dass die DNA-abhängige RNA-Polmerase eine Verlängerung des wachsenden Strangs bewirkt, indem sie an der Hydroxylgruppe des 3'-C-Atoms des Ribose-Restes der RNA-Kette eine neue Ribonukleotid-Einheit anheftet.
- Es gelten die Regeln der **komplementären Basenpaarung**.

Transkription und Replikation unterscheiden sich aber in wichtigen Punkten:

- Der RNA-Strang enthält **Uracil statt Thymin**.
- **Nur einer** der beiden DNA-Stränge der Doppelhelix dient als Vorlage oder informationstragender, **codogener Strang**. Die Basensequenz des Nicht-Matrizenstrangs ist identisch mit jener des neu synthetisierten RNA-Abschnittes. Dieser DNA-Strang wird auch als **codierender Strang** bezeichnet, obwohl er weder bei den Vorgängen der Transkription noch bei der Proteinsynthese eine besondere Funktion hat.
- Die RNA-Polymerase benötigt **keinen Primer**.
- Bei der DNA-Replikation wird die gesamte DNA abgelesen. Die Transkription aber umfasst nur den DNA-Abschnitt eines oder mehrerer Gene. Es wird **nur diejenige** genetische Information abgelesen, die die Zelle zu diesem Zeitpunkt **benötigt**.

Zu Beginn der **Transkription** lagert sich die RNA-Polymerase an eine spezifische DNA-Sequenz, den **Promotor** an. Die DNA-Doppelhelix wird zur RNA-Synthese entspiralisiert und das Enzym bewegt sich über das DNA-Molekül hinweg. Dabei windet es die DNA vor sich auf und verdrillt sie hinter sich wieder. Der DNA-Doppelstrang zeigt an dieser Stelle eine **blasenartige** Struktur. Entsprechend der Regeln der komplementären Basenpaarung werden die Ribonukleotide durch die RNA-Polymerase zu einem RNA-Einzelstrang verbunden. Die Basen der neuen RNA sind über H-Brücken kurzzeitig mit dem codogenen Strang der DNA zu RNA-DNA-Hybriden verbunden. Die RNA-Polymerase fährt mit der Synthese solange fort, bis sie zu einer spezifischen DNA-Sequenz, dem **Terminationssignal**, gelangt. Dort löst sie sich von der DNA ab. Das DNA-Teilstück, an dem die Transkription erfolgt ist, nimmt wieder die Doppelhelix-Struktur an. Von den beiden Strängen einer DNA-Doppelhelix muss nicht immer der gleiche als codogener Strang fungieren. In bestimmten Abschnitten trägt mal der eine Strang, in anderen DNA-Teilen der andere die Informationen eines Genes. Die Ableserichtung der RNA-Polymerase ist aber immer gleich, **mRNA wird immer in 5'-3'-Richtung aufgebaut**:

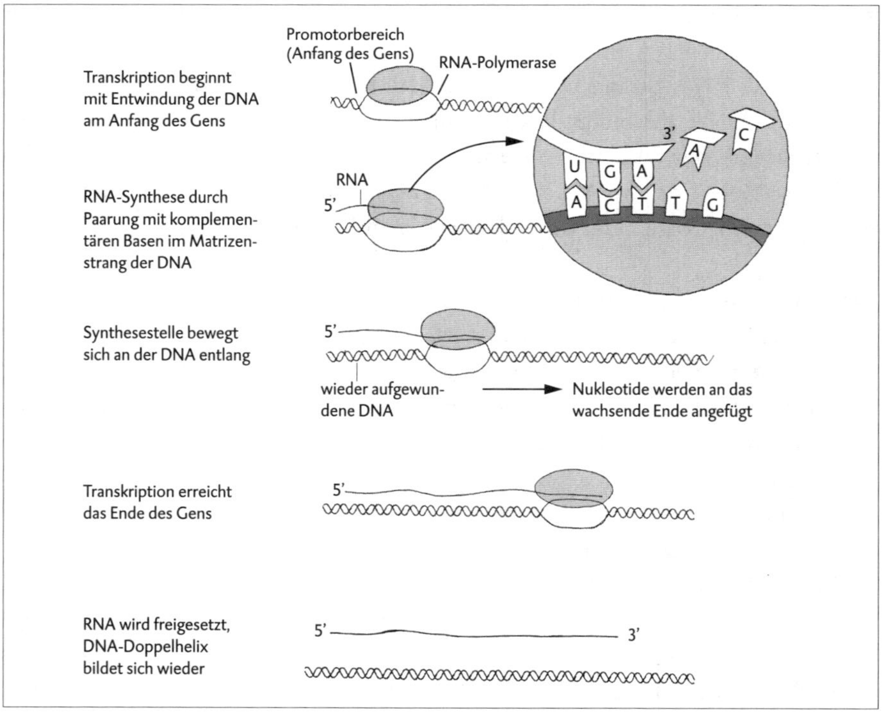

Abb. 39: Schematischer Ablauf der Transkription.

5.2 Der genetische Code und Rastermutationen

Die einsträngige mRNA überträgt als eine Art Kopie die in dem abgelesenen DNA-Abschnitt gespeicherte Information über die Aminosäuresequenz des betreffenden Polypeptids an den Ort der Proteinsynthese, die Ribosomen. Die Information über die Reihenfolge der Aminosäuren des zu synthetisierenden Polypeptids muss in der Struktur der gebildeten mRNA gespeichert sein. Das Ribose-Gerüst kann keine Informationen über eine Aminosäuresequenz enthalten. Die Information über die Primärstruktur eines Polypeptids muss daher in der **Abfolge der Basen des mRNA-Strangs** zu finden sein.

Die Festlegung der **Aminosäure-Sequenz** eines Polypeptids durch die **Abfolge der Basen** einer Nukleinsäure wird als **Codierung** bezeichnet.

Wie ist der genetische Code aufgebaut?

Die Funktion eines Codes soll zunächst am Beispiel des Morsealphabets veranschaulicht werden: Zur schnellen Übermittlung von Informationen erfand Samuel MORSE Mitte des 19. Jahrhunderts den Morseapparat. Mit diesem Gerät können Nachrichten durch elektrische Impulse ausgetauscht werden. Dabei wird ein kurzer Impuls als „Punkt", ein langer Impuls als „Strich" notiert. Das Morsealphabet arbeitet also mit nur zwei Zeichen. Jeder Buchstabe und jedes Wort werden durch eine Kombination von Punkten und Strichen ausgedrückt. Zur Auswertung einer empfangenen Strich-Punkt-Folge muss man demnach die Bedeutung des Strich-Punkte-Musters, den **Morse-Code** kennen.

Beispiel

•–	bedeutet	A
–•••	bedeutet	B
–•–•	bedeutet	C
–••	bedeutet	D
–•	bedeutet	N

Benutzt man diesen Morsecode, also die „Übersetzung" der Strich-Punkt-Folgen in Buchstaben, so versteht man auch das folgende Codewort:

–•• –• •–

Dieses Zeichenmuster codiert die Buchstabenfolge für „DNA".

Der genetische Code ist die **Übersetzung** der Basensprache der mRNA in die Aminosäuresprache. Er arbeitet mit **vier Zeichen**, den Basen Adenin, Uracil, Cytosin und Guanin.

Um für alle **20 in der Natur vorkommenden Aminosäuren** codieren zu können, müssen mindestens **drei** aufeinanderfolgende Basen, ein Basentriplett, ein Codewort für eine Aminosäure (**Codon**) bilden. Auch ein Quartett- oder ein Quintett-Code usw. wären denkbar. Tatsächlich ließ sich zeigen, dass es sich beim genetischen Code um einen **Triplettcode** handelt.
Den Forschern NIRENBERG, MATTHEI und KHORANA gelang es in den 60er-Jahren, den genetischen Code zu „knacken". Mithilfe künstlich hergestellter mRNA bekannter Basensequenz konnten sie klären, **welchem Basentriplett welche Aminosäure** zugeordnet wird. So erhielt man bei Verwendung einer mRNA, die ausschließlich aus Uracil-Nukleotiden aufgebaut war (**Poly-U**), ein Polypeptid, das nur die Aminosäure **Phenylalanin** enthielt. Dieses Versuchsergebnis führte zu dem Schluss, dass das Basentriplett U-U-U für die Aminosäure Phenylalanin codiert.

Besonderheiten des genetischen Codes

- Der genetische Code ist ein Triplettcode, d. h. **ein Codon** ist aus je **drei** aufeinanderfolgenden **Nukleotidbasen** aufgebaut. Die **Code-Sonne** stellt ein einfaches Hilfsmittel dar, um eine bestimmte Basenfolge der richtigen Aminosäure zuzuordnen. Die einzelnen Codons sind dabei für die mRNA angegeben. Wichtig bei der Verwendung der Code-Sonne ist die **Leserichtung** der Tripletts: Diese sind von innen nach außen abzulesen. Die Codons sind dabei in 5'-3'-Richtung angeordnet. Die Basenfolge G-C-U etwa codiert die Aminosäure Alanin.

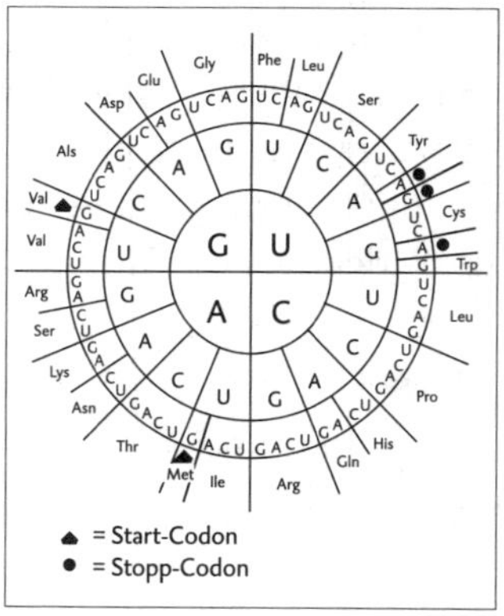

Abb. 40: Die Code-Sonne.

- Der genetische Code ist **degeneriert**, d. h. mehrere Aminosäuren werden durch mehrere Codons verschlüsselt. Die Aminosäure Alanin z. B. kann durch folgende vier Basentripletts codiert werden:

G–C–U G–C–C G–C–A G–C–G

Meist erfolgt die Variation an der **dritten Stelle** des Codons. Die ersten beiden Basen sind in der Regel für die Zuordnung besonders wichtig. Bei einigen wenigen Aminosäuren (Serin, Leucin, Arginin) erfolgt die Variation bereits in der ersten und/oder zweiten Base. Dies kann zu vielen verschiedenen Basentripletts für ein und dieselbe Aminosäure führen. Für die Aminosäure **Leucin** etwa codieren folgende Basensequenzen:

C–U–U C–U–C C–U–A C–U–G U–U–A U–U–G

- Bei einem Triplettcode mit 4 Basen sind $4^3 = 64$ Kombinationen möglich, **61** davon **verschlüsseln** Codons für Aminosäuren. Einige Kombination haben eine **besondere** Bedeutung. Die Tripletts U-A-A, U-A-G und U-G-A codieren keine Aminosäure, sie signalisieren aber den **Endpunkt** einer Polypeptidsynthese auf der mRNA, weshalb man sie **Stopp-Codons** nennt. Die Tripletts A-U-G und G-U-G codieren nicht nur bestimmte Aminosäuren (Methionin bzw. Valin), sondern bestimmen als **Start-Codons** den Beginn der Peptidsynthese. Taucht das Basentriplett A-U-G nach einem Startcodon nochmals auf, ohne dass vorher eines der drei Stopp-Codons erschienen ist, so codiert sie die Aminosäure Methionin.
- Der genetische Code ist „kommafrei“, d. h. die Codons schließen **lückenlos** aneinander an. Die Basensequenz G-A-C-**U-C-A**-G-C-A-**A-C-A** etwa umfasst vier Basentripletts:

  G–A–C → Asparaginsäure

  U–C–A → Serin

  G–C–A → Alanin

  A–C–A → Threonin

- Der genetische Code ist **nicht „überlappend“**. Das bedeutet, dass aufeinanderfolgende Basentripletts **keine gemeinsamen** Basen besitzen, jede Base ist nur Bestandteil eines Codons.
- Der genetische Code ist (nahezu) **universell**. Damit ist gemeint, dass die Triplett-Codes bei allen Lebewesen dieselben Aminosäuren codieren. Eine bestimmte mRNA ergibt demnach bei allen Organismen dasselbe Polypeptid. Einige **Abweichungen** von dieser Universalität sind jedoch bekannt, die meisten betreffen mitochondriale Codons. Dennoch weist die ganz überwiegende **Gültigkeit des genetischen Codes** bei nahezu allen Organismen auf den **gemeinsamen Ursprung allen Lebens** hin.
- Mit den Kenntnissen über den genetischen Code lässt nicht nur ein Zusammenhang zwischen der Basenfolge einer mRNA und des dazugehörigen Polypeptids herstellen. Man kann auch, ausgehend von einer bekannten

Aminosäuresequenz, auf den entsprechenden codogenen DNA-Abschnitt schließen. Dies ist leicht möglich, da eine mRNA zum abgelesenen codogenen DNA-Strang komplementär ist. Ein DNA-Doppelstrang folgender Basensequenz

5'–T–G–T–C–C–C–G–A–A–3' codierender Strang

3'–A–C–A–G–G–G–C–T–T–5' codogener Strang (wird transkripiert)

führt zur Synthese des folgenden mRNA-Stranges:

5'–**U**–**G**–**U**–C–C–C–**G**–**A**–**A**–3' mRNA (antiparallel synthetisiert)

was in ein Protein mit der Aminosäuresequenz **Cystein–Prolin–Glutaminsäure** übersetzt wird.

Punkt- und Rastermutationen

Veränderungen in der Basensequenz einer DNA oder RNA haben unmittelbare Folgen für die Aminosäuresequenz eines Polypeptids. Wird beispielsweise ein Nukleotid in einem DNA-Strang ausgetauscht, geht verloren oder wird neu hinzugefügt, so führt dies zu einer sofortigen Veränderung der Informationen, die in der Basensequenz des betreffenden DNA-Abschnitts festgelegt sind.

Der Austausch einer Base durch eine andere wird als **Punktmutation** bezeichnet.

Eine Punktmutation kann unterschiedliche Folgen haben:

- Da der genetische Code degeneriert ist, kann ein Basenaustausch in der **dritten** Position eines Basentripletts in einigen Fällen gar keine Veränderungen bewirken. So wird z. B. die Aminosäure **Alanin** im **codogenen DNA-Strang** durch die Basenfolgen C-G-C, C-G-T, C-G-A und C-G-G codiert.
- Ein Beispiel für eine **folgenschwere** Punktmutation stellt die **Sichelzellanämie** dar. Bei gesunden Menschen lautet die Aminosäuresequenz in der β-Polypeptid-Kette des **Hämoglobins** für die ersten sechs Aminosäuren:

  Valin – Histidin – Leucin – Threonin – Prolin – Glutaminsäure

  Das Basentriplett der DNA für Glutaminsäure lautet C-T-C (mRNA: G-A-G). Bei Menschen mit Sichelzellanämie ließ sich ein Austausch der zweiten Base des Tripletts nachweisen, **Thymin** ist hier durch **Adenin ersetzt**. Das Basentriplett C-A-C (mRNA: G-U-G) codiert Valin statt Glutaminsäure. Der Austausch dieser Aminosäure führt zu einer Veränderung des Polypeptids und damit zu einer Beeinträchtigung seiner Funktion.

Ein Hinzufügen (**Insertion**) oder der Wegfall einer Base (**Deletion**) in der DNA führt zu einer **Verschiebung des Leserasters** in der Basenabfolge. Man bezeichnet eine derartige DNA-Veränderung als **Rastermutation**.

Da der genetische Code „kommafrei" aufgebaut ist, ergeben sich andere Triplettfolgen. Folglich werden andere Aminosäuren codiert und es bildet sich verändertes, eventuell nicht mehr funktionsfähiges Protein.

Beispiele

Ein codogener DNA-Abschnitt weist folgende Tripletts auf:

3'–C–T–<u>**G**</u>–C–T–A–A–G–G–C–T–G–T–T–A–5'	codogener DNA-Strang
5'–G–A–C–G–A–U–U–C–C–G–A–C–A–A–U–3'	mRNA
Asparaginsäure–Asparaginsäure–Serin–Asparaginsäure–Asparagin	AS-Sequenz

Der Basenverlust durch **Deletion** soll die dritte Base (G) des ersten Tripletts in der DNA betreffen. Es ergibt sich dann folgende Basensequenz für den DNA-Strang:

3'–C–T–C–T–A–A–G–G–C–T–G–T–T–A–5'	codogener DNA-Strang
5'–G–A–G–A–U–U–C–C–G–A–C–A–A–U–3'	mRNA
Glutaminsäure–Isoleucin–Prolin–Threonin	AS-Sequenz

Die veränderten Triplettkominationen codieren andere Aminosäuren und verändern das Polypeptid nachhaltig. Eine völliger Verlust der Funktion des Proteins kann die Folge sein.

Umfasst die Mutation den Verlust oder die Zufuhr von **drei** aufeinderfolgenden Basen, verändert sich die Polypeptidkette nur um **eine einzige Aminosäure**. Im Falle einer dreifachen Deletion verliert das Polypeptid eine Aminosäure, bei einer Insertion von drei Basen wird an der betroffenen Stelle eine Aminosäure zusätzlich eingebaut. Die Folgen dieser Rastermutation beweisen damit auch, dass es sich beim genetischen Code um einen **Triplettcode**, nicht etwa um einen Quartettcode handelt. Punktmutationen sind sehr häufig. Rastermutationen bewirken meist einen Funktionsverlust des entsprechenden Proteins. Ist dieses lebenswichtig, so ist die Mutation für die betroffene Zelle **letal**. Punkt- und Rastermutationen können durch die besprochenen Mutagene hervorgerufen werden.

5.3 Die Translation

Als Translation wird die **Übersetzung** der genetischen Informationen einer mRNA in die Aminosäuresequenz einer Polypeptidkette bzw. eines Proteins bezeichnet.

Die Translation findet im Cytoplasma an den **Ribosomen** statt. Bei Eukaryoten laufen Transkription und Translation daher **räumlich getrennt** voneinander ab.

An der Proteinsynthese sind die drei verschiedenen RNA-Typen beteiligt, jede mit spezifischer Funktion:

- **mRNA**: Sie liefert mit ihren Basen-Tripletts die Informationen über die Aminosäuresequenz.
- **rRNA**: Sie stellt zusammen mit einigen Proteinen die Bauteile der Ribosomen dar (siehe S. 128). Ein Ribosom besteht aus einer kleineren und einer größeren Untereinheit. Diese beiden Teilen lagern sich **erst zu Beginn** einer Proteinsynthese zu einem Ribosom zusammen. Zwischen den beiden Untereinheiten entsteht dabei eine Spalte, in die die mRNA **hineinpasst**.
- **tRNA**: Diese RNA-Sorte übernimmt die Vermittlerrolle zwischen den Basentripletts der mRNA und den dazugehörigen Aminosäuren.

Wie auf Seite 142 beschrieben, zeigen alle tRNA-Moleküle eine **kleeblattartige** Struktur mit Doppelstrang- und Einzelstrangbereichen. Charakteristisch sind drei schleifenartig angeordnete Einzelstrangabschnitte, von denen der zentrale von besonderer Bedeutung für die Translation ist. In dieser Schleife ist ein **für jede tRNA spezifisches Basentriplett** lokalisiert, das komplementär zu einem Triplett auf einer mRNA, dem **Codon** ist. Das Basentriplett der tRNA wird **Anticodon** genannt. Durch das Anticodon „erkennt" eine tRNA das zugehörige Codon auf der mRNA, indem es durch **komplementäre Basenpaarung** zur Ausbildung eines kurzen Doppelstranges kommt. Dabei ist zu beachten, dass die beiden beteiligten RNA-Abschnitte antiparallel zueinander verlaufen.
Aufgrund der **Komplementarität** lässt sich schließen, dass die Basenfolge eines Tripletts der **tRNA** der Basenfolge des codogenen Strangs der **DNA** entspricht, in der DNA findet sich anstelle der Base Uracil allerdings Thymin (siehe S. 133 u. 141).

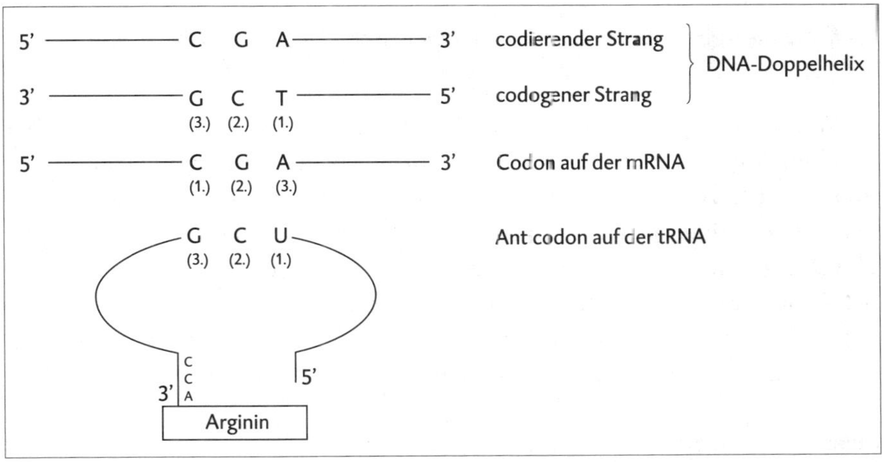

Abb. 41: Übertragung des Basentripletts vom codogenen Strang bis in die Aminosäuresequenz.

61 der 64 rechnerisch möglichen Kombinationen der 4 Basen codieren für 20 verschiedene Aminosäuren. Es müssten daher auch mindestens 61 tRNAs in einer Zelle zu finden sein. Tatsächlich ist die Anzahl der verschiedenen tRNA-Moleküle aber wesentlich geringer. Einige tRNA-Moleküle müssen daher mit ihren Anticodons an mehrere Codons binden können. F. C. Crick, der mit J. Watson die Theorie zur Doppelhelix-Struktur der DNA entwickelte (siehe S. 137 f.), erklärte dies mit der so genannten **Wobble-Hypothese**:

Viele Aminosäuren werden durch mehrere Codons codiert. Bei den meisten dieser Basenkombinationen stimmen aber zumindest die ersten beiden Basen überein, welche Base in der dritten Position steht, ist in diesem Fall völlig gleichgültig. Crick führte in seiner Wobble-Hypothese aus, dass nur die **ersten beiden** Basen eines Codons **starke** Wechselwirkungen mit den entsprechenden Basen des Anticodons eingehen. Die Bindung zwischen der **dritten Base** des Codons und der ersten des Anticodons ist dagegen nur **locker**, sie „**wackelt**" (engl. *to wobble*: „wackeln"). Zur Bindung zwischen Codon und Anticodon tragen die ersten beiden Basen eines Codons demnach am stärksten bei. Im Falle von Alanin kann dieselbe tRNA z. B. vier Codons erkennen (siehe S. 156). Ein Grund für die „Lockerung" der dritten Basenpaarung könnte in einer **Beschleunigung der Proteinsynthese** zu finden sein. Existierten **drei** feste Wechselwirkungen zwischen Codon und Anticodon, dauerte die Trennung von tRNA und mRNA wesentlich länger.

Eine andere wichtige Struktur eines tRNA-Moleküls ist sein **3'-Ende**. Es weist in 5'-3'-Richtung stets die Basenfolge C-C-A auf, **Adenin** ist die **endständige** Base.

Am **3'-Ende** wird die für das tRNA-Molekül **spezifische** Aminosäure gebunden.

Die Verknüpfung wird enzymatisch katalysiert. Für jede Aminosäure-tRNA-Kombination gibt es ein bestimmtes Enzym. Gibt es für **eine** Aminosäure **mehrere** tRNA-Sorten mit verschiedenen Anticodons, so wird die Aminosäure-tRNA-Bindung aber von demselben Enzym katalysiert. Da Proteine aus 20 verschiedenen Aminosäuren aufgebaut sind, muss es auch 20 Aminosäure-tRNA-Bindungsenzyme geben. Die Spezifität ist von großer Bedeutung, da nur die „richtige" Aminosäure mit der passenden tRNA verbunden werden darf. Nach erfolgter Bindung spricht man von „**beladenen**" tRNA-Molekülen.

Ablauf der Translation

- Zunächst bindet eine mRNA an die kleinere Untereinheit eines Ribosoms. Dann treten die erste tRNA mit dem Anticodon C-A-U und die größere Untereinheit hinzu und bilden den **Startkomplex** der Polypeptidsynthese. Jetzt erst ist das fertige Ribosom gebildet. Die erste tRNA ist mit der Aminosäure Methionin beladen. Die Basen des Anticodons paaren mit dem **Start-Codon** A-U-G der mRNA, das den Beginn der Synthese signalisiert.
- Das funktionsfähige Ribosom besitzt **zwei Bindungsstellen** für tRNA-Moleküle. Sie werden als Eingang oder A-Stelle und Ausgang bzw. P-Stelle bezeichnet. Die mit Methionin beladene erste tRNA ist in der **Ausgangsstelle** des Ribosoms gebunden. Im **Eingang** liegt das auf das Startcodon folgende Codon der mRNA. Eine beladene tRNA mit dem **hierfür** passenden Anticodon kann nun durch Basenpaarung der beiden Tripletts gebunden werden. Die Aminosäure der zweiten tRNA wird über eine Peptidbindung mit der der ersten verbunden, das so entstandene **Dipeptid** wird auf die in der Eingangsstelle liegende tRNA übertragen. Die tRNA in der P-Stelle ist damit „entladen". Das Ribosom wandert anschließend in 5'-3'-Richtung um ein Codon weiter. Dadurch wird die entladene tRNA ins Cytoplasma abgedrängt und die das Dipeptid tragende tRNA kommt in der Ausgangsstelle zu liegen. Im Eingangsbereich liegt nun das dritte Codon der mRNA. Eine neue beladene tRNA mit dem passenden Anticodon kann sich im Eingang anlagern, es entsteht ein Tripeptid, das wiederum auf die in der Eingangsstelle liegende tRNA übertragen wird. Diese Vorgänge wiederholen sich, während sich das Ribosom Codon um Codon auf der mRNA in Richtung 3'-Ende bewegt, bis eines der **Stopp-Codons** (siehe S. 157) in die Eingangsstelle des Ribosoms gelangt. Das Ribosom zerfällt in seine Untereinheiten. Das Polypeptid wird frei und zum fertigen Protein weiterverarbeitet.

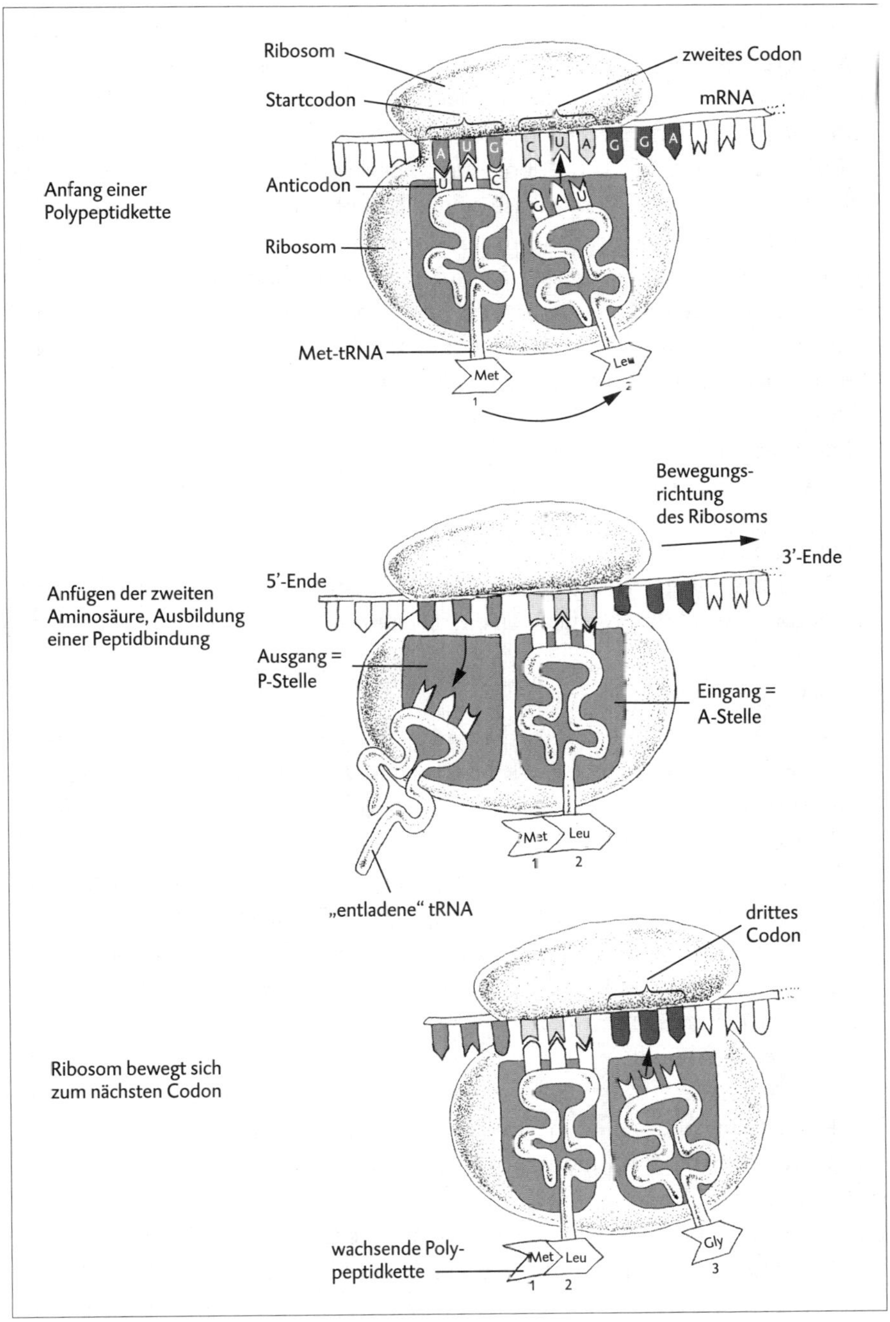

Abb. 42: Translation an einer mRNA.

Ein einzelner mRNA-Strang kann von **mehreren Ribosomen** gleichzeitig zur Peptidsynthese genutzt werden. Sobald das Startcodon und weitere Codons das erste Ribosom verlassen haben, kann sich bereits das nächste anlagern. Es bildet sich eine „Perlenkette“ aus mehreren Ribosomen an einer mRNA. Diese Anordnungen mit 10–100 Ribosomen werden als **Polysomen** bezeichnet. Eine mRNA kann auf diese Weise sehr effizient genutzt und eine große Anzahl identischer Polypeptidketten produziert werden. Dies ist von Bedeutung, da eine mRNA in der Zelle rasch durch Enzyme **abgebaut** wird.
Bei **Prokaryoten** können die Prozesse der Transkription und der Translation in enger räumlicher Nähe ablaufen. So kann die **Translation** an den Ribosomen bereits beginnen, bevor die **Transkription** des mRNA-Stranges abgeschlossen ist. Bei **Eukaryoten** ist dies nicht möglich, da die Transkription im Zellkern abläuft, die Translation aber im Cytoplasma. Die neusynthetisierte mRNA muss zunächst aus dem Zellkern heraustransportiert werden.

Hemmung der Proteinbiosynthese

Die Wirkung vieler **Antibiotika** gegen Bakterien erklärt sich in der **Hemmung bzw. Blockierung** der Transkription bzw. Translation.

Beispiele

- **Tetracycline** blockieren die Anlagerung beladenener tRNA-Moleküle an der Eingangsstelle der Ribosomen und hemmen so die **Translation**.
- **Puromycin** ähnelt wichtigen Strukturabschnitten einer beladenen tRNA und kann im Eingangsbereich des Ribosoms gebunden werden. Es nimmt an der Bildung der Peptidbindung teil. Das entstandene Produkt kann jedoch bei der Bewegung des Ribosoms nicht in die Ausgangsstelle gelangen, stattdessen löst es sich vom Ribosom ab. Es kommt zur Bildung einer unvollständigen Peptidkette. Diese können sich nicht zu ihrer biologisch wirksamen Form falten und sind funktionsunfähig.

Da es zwischen bakterieller und eukaryotischer Proteinsynthese entscheidende **Unterschiede** gibt, sind die meisten Antibiotika für den menschlichen Zellstoffwechsel harmlos.
Diphtherie ist eine für den Menschen sehr gefährliche Infektionskrankheit, bei der es zu tödlichen Herzlähmungen kommen kann. Sie wird durch Bakterien hervorgerufen. Diese speziellen Bakterien sondern ein **Toxin** ab, das einen wichtigen Faktor bei der eukaryotischen **Translation** inaktiviert und diese damit hemmt.

6 Grundlagen der Gentechnik

Unter Gentechnik versteht man die **Übertragung** fremder Gene in das Erbgut eines anderen Organismus. Um eine DNA-Übertragung erfolgreich durchführen zu können, hat die Gentechnologie ein Repertoire an verschiedenen „Werkzeugen" entwickelt:

- DNA muss aus einen Genom **herausgeschnitten und isoliert** werden.
- **Transportsysteme** für die zu übertragende DNA sind notwendig.
- Verfahren zur **Einschleusung** fremder DNA in andere Zellen sind nötig.
- Fremde DNA muss mit der zelleigenen DNA **verbunden** werden können.
- Der Gentransfer muss **überprüfbar** sein.

6.1 Aus dem Werkzeugkoffer der Gentechnologie

Restriktionsenzyme und das Enzym Ligase

Die bedeutensten Werkzeuge der Gentechnologie stellen eine Gruppe von Enzymen dar, mit deren Hilfe sich DNA ähnlich wie mit einer Schere in kleinere Stücke (Fragmente) zerschneiden lässt. Diese Enzyme findet man in Bakterien, die sich damit gegen bestimmte Viren, so genannte **Bakteriophagen** schützen. Die Enzyme sind in der Lage, eingedrungene, „feindliche" Phagen-DNA zu erkennen und diese zu inaktivieren, indem sie sie in kleine Stücke zerschneiden. Man nennt solche „Scheren"-Enzyme **Restriktionsenzyme** bzw. Restriktionsendonukleasen (lat.: *restringere* = „einschränken, hemmen"). Wichtige Restriktionsenzyme sind z. B. **EcoRI** und **BamHI**. Die kompliziert anmutende Bezeichnung weist auf die Bakterienart hin, in der die Enzyme zu finden sind: EcoRI in *E. coli* und BamHI in *Bacillus amyloliquefaciens*.

Beide Enzyme haben die Eigenschaft, DNA immer **nur an ganz bestimmten Stellen** zu öffnen. Diese spezifischen Stellen zeichnen sich durch ihren **spiegelbildlichen Aufbau** aus. Jedes der beiden Enzyme erkennt eine andere Basenfolge als Öffnungsstelle. Im Falle von EcoRI besitzt die Erkennungsstelle die Basensequenz **G-A-A-T-T-C** in 5'-3'-Richtung. Der antiparallele zweite DNA-Strang hat an dieser Stelle die Basenabfolge C-T-T-A-A-G.

EcoRI löst in seiner Erkennungssequenz stets **die Phosphodiesterbindung zwischen G und A** in beiden DNA-Strängen, der Schnitt des Enzyms erfolgt in den Einzelsträngen also **versetzt** (siehe S. 166). Als Folge entstehen DNA-Enden, an denen ein kurzes DNA-Einzelstrangstück mit vier ungepaarten Nukleotidbasen „überhängt".

Die Einzelstrangabschnitte der Schnittstelle sind zueinander **komplementär** und können sich leicht verbinden. Man spricht daher von „**klebrigen Enden**“ (engl.: *sticky ends*).

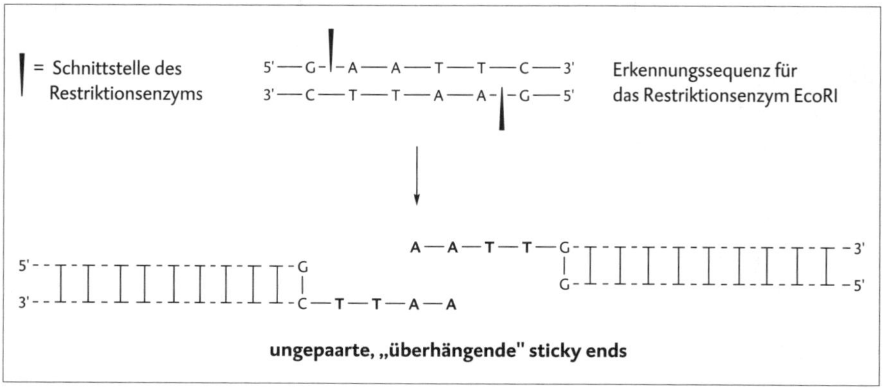

Abb. 43: Wirkungsweise des Restriktionsenzyms EcoRI.

Behandelt man DNA mit einem Restriktionsenzym, so entstehen eine Reihe von mehr oder weniger kurzen DNA-Fragmenten. Die Länge dieser DNA-Stücke hängt davon ab, **wie häufig die Erkennungssequenz** in der DNA vorkommt. Vermischt man solche DNA-Fragmente **unterschiedlicher Herkunft**, z. B verschiedener Arten, die zuvor mit demselben Restriktionsenzym behandelt wurden, so kommt es zu komplementären Basenpaarungen zwischen den „klebrigen Enden“. Dabei treten sowohl Paarungen zwischen Molekülen derselben, als auch Paarungen zwischen DNA-Stücken unterschiedlicher Herkunft auf. Durch Zugabe des Enzyms **Ligase** werden die Fragmente kovalent miteinander verbunden. Auf diese Weise können ringförmige DNA-Produkte aus DNA verschiedener Herkunft, so genannte **rekombinante DNA**, entstehen:

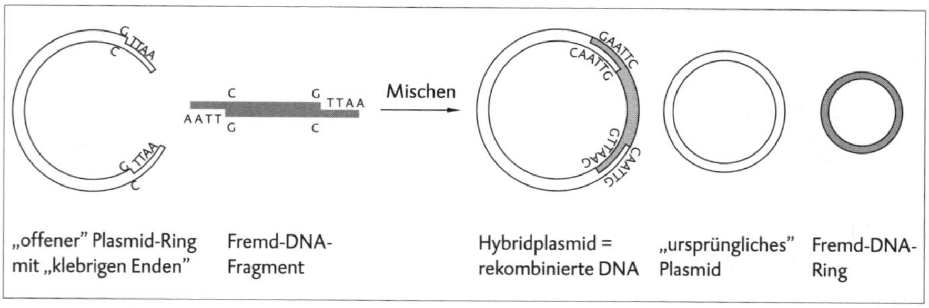

Abb. 44: Bildung von rekombinanter DNA aus Plasmid-DNA von E.coli und einem Fremd-DNA-Fragment.

Vektoren

Vektoren sind DNA-Moleküle, mit deren Hilfe fremde DNA in eine Zelle **transportiert** werden kann. Wichtige Transport-Moleküle für einen Gentransfer in Prokaryoten sind **Plasmide** oder Bakteriophagen-DNA. Für die Übertragung von DNA in eukaryotische Zellen stehen verschiedene andere Methoden zur Verfügung.

Plasmide

Viele Bakterienstämme weisen neben ihrem **ringförmigen Bakterienchromosom** noch weitere ringförmige DNA-Moleküle auf. Diese werden **Plasmide** genannt und sind verhältnismäßig klein. Mit ihnen kann fremde DNA in ein Bakterium eingeschleust werden. Dazu wird beispielsweise ein Plasmid mit **nur einer** Erkennungsstelle für ein bestimmtes Restriktionsenzym verwendet. Bei einer Behandlung des Plasmids mit dem Restriktionsenzym erhält man an der Schnittstelle eine Öffnung des Plasmidrings zu einer linearen DNA-Doppelhelix. An beiden Enden dieses Moleküls finden sich komplementäre sticky ends. Die Fremd-DNA lässt man ebenfalls mit dem Restriktionsenzym reagieren, sodass auch diese an ihren beiden Enden dieselben komplementären kurzen Einzelstränge aufweist. Im Gemisch der beiden Lösungen kommt es dann zu zufälligen Verknüpfungen der klebrigen Enden. Nach Zugabe von **Ligase** kann man neben ursprünglichen Plasmidringen und ringförmiger Fremd-DNA auch ringförmige **Hybridplasmide** aus Plasmid-DNA und Fremd-DNA erhalten. Zur Aufnahme der neuen Ringstrukturen in plasmidfreie Bakterienzellen werden diese einer speziellen chemischen Behandlung unterworfen. Anschließend werden die Bakterienzellen mit den Hybridplasmiden in Kontakt gebracht. Viele Bakterien nehmen die Vektoren auf und lassen sich später anhand dieser Veränderung **identifizieren** (siehe S. 169 f.).

Beispiel

Ein Plasmid von *Escherichia coli* ist das künstlich synthetisierte **pBR322**. Es weist die Erkennungssequenzen **verschiedener** Restriktionsenzyme und zwei **Antibiotika-Resistenzgene** auf. Bakterien, die dieses Plasmid besitzen, wachsen – im Gegensatz zu anderen Bakterien – auf Nährmedien, die Antibiotika wie Ampicillin und Tetracyclin enthalten. Der Besitz oder das Fehlen dieser Resistenzen dient zum **Auffinden** von rekombinanter DNA in den Bakterien (siehe S. 169 f.).

Für jedes Restriktionsenzym ist die Erkennungssequenz, an der das DNA-Plasmid aufgeschnitten werden kann, nur einmal im Plasmid vorhanden.

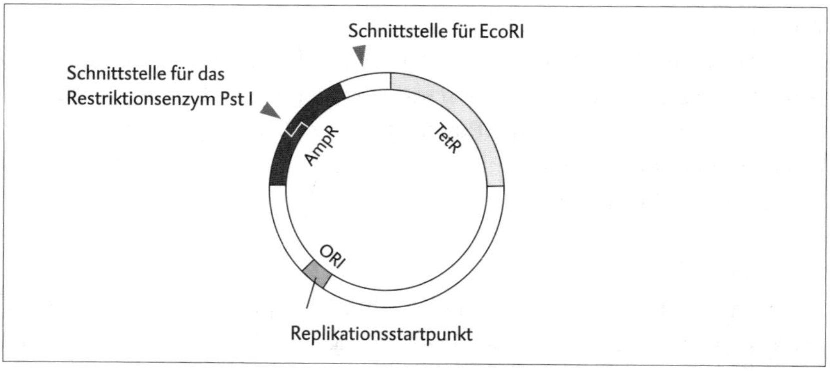

Abb. 45: Plasmid-Vektor pBR322 mit zwei Antibiotika-Resistenzgenen.

Phagen-DNA

Als Vektor für Bakterienzellen kann auch das lineare DNA-Molekül des **Bakteriophagen λ** dienen. Man hat λ-DNA-Moleküle konstruiert, die sich durch ein Restriktionsenzym wie EcoRI in **drei Teile** zerschneiden lassen, das Molekül enthält also **zwei** Erkennungssequenzen für EcoRI. Das Mittelstück aus ca. 20 000 Basenpaaren ist für die Phagenvermehrung in einem Bakterium nicht notwendig und kann durch ein etwa gleich langes Stück Fremd-DNA ersetzt werden:

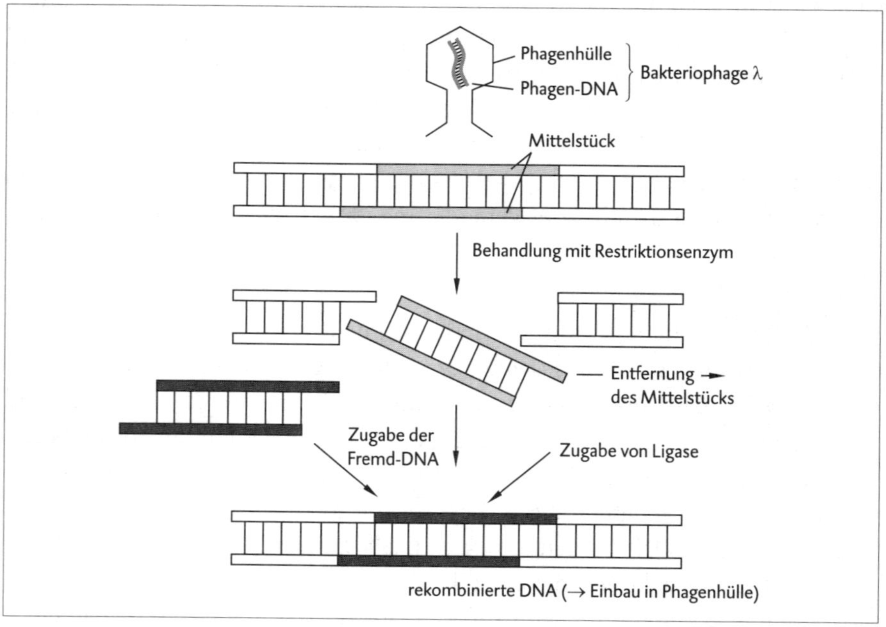

Abb. 46: Einbau von Fremd-DNA in einen Bakteriophagen-λ-Vektor.

Bei Mischung der Vektorelemente und der Fremd-DNA-Abschnitte ergeben sich komplementäre Basenpaarungen an den klebrigen Enden. Nach Zugabe des Enzyms Ligase entsteht **rekombinierte Phagen-DNA**. Diese wird in die Phagenhüllen eingebaut und steht damit bei der Infektion von Bakterienzellen zum Transport der Fremd-DNA zur Verfügung. Im Vergleich zum Plasmid lassen sich in die DNA des Phagen größere DNA-Fragmente „einbauen".

6.2 Genklonierung und Identifizierung der Hybridplasmide

Um nun diejenigen Bakterienzellen, die Hybridplasmide enthalten, exakt identifizieren zu können, nutzt man die Gene des Plasmidvektors für **Antibiotika-Resistenzen**. In einem dieser beiden Gene (z. B. AmpR) findet sich die Erkennungssequenz für genau jenes Restriktionsenzym (z. B. Pst I), das auch bei der Herstellung der Hybridplasmide verwendet wird. Das bedeutet, dass das fremde DNA-Fragment **in das Gen** für die **Ampicillin**-Resistenz **eingebaut** wird. Dieses Gen kann dann nicht mehr exakt abgelesen werden und verliert dadurch seine Funktion. Bakterienzellen, die die rekombinante DNA aufgenommen haben, sind daher nur noch gegen das Antibiotikum **Tetracyclin** resistent. Diese Eigenschaft nutzt man zu ihrer Identifizierung.

Verfahren zur Identifizierung von Bakterienklonen mit Hybridplasmiden
Bakterien, die auf einem Nährmedium mit allen lebensnotwendigen Stoffen kultiviert werden, wachsen zu sichtbaren **Kolonien** heran.

Alle Bakterienzellen in **einer Kolonie** sind **genetisch identisch**, da sie aus einer einzigen Zelle durch wiederholte Teilungen hervorgegangen sind. Sie bilden einen **Klon**.

Man kultiviert nun alle zu untersuchenden Bakterien auf **tetracyclinhaltigen** Nährmedien. Die Bakterien, die **kein Plasmid** oder nur ringförmige Fremd-DNA enthalten, können auf diesem Nährboden auch **nicht** wachsen. Kolonien werden auf einem solchen Medium nur von jenen Bakterien gebildet, die ein ursprüngliches oder ein Hybridplasmid besitzen. Die **kolonienbildenden Bakterien** werden dann auf **ampicillinhaltige** Nährmedien übertragen. Nur diejenigen Bakterien, die das ursprüngliche Plasmid mit den **beiden intakten Genen** für die Resistenzen gegen Ampicillin **und** Tetracyclin tragen, können Kolonien bilden. Bakterien, die Hybridplasmide besitzen, können auf diesem Nährmedium nicht wachsen (siehe S. 170).

Alle Bakterienzellen, die auf tetracyclinhaltigen Nährböden Kolonien bilden, auf ampicillinhaltigen dagegen nicht, weisen in ihrem Cytoplasma demnach die **rekombinierte DNA** auf. Diese Zellen können in geeignetem Nährmedium weiter kultiviert werden. Bei der Vermehrung der Bakterien wird auch das Hybridplasmid stets repliziert. Da die auf diese Weise gewonnenen Zellen genetisch völlig identisch sind, also einen **Klon** bilden, bezeichnet man das Verfahren auch als **Genklonierung**.

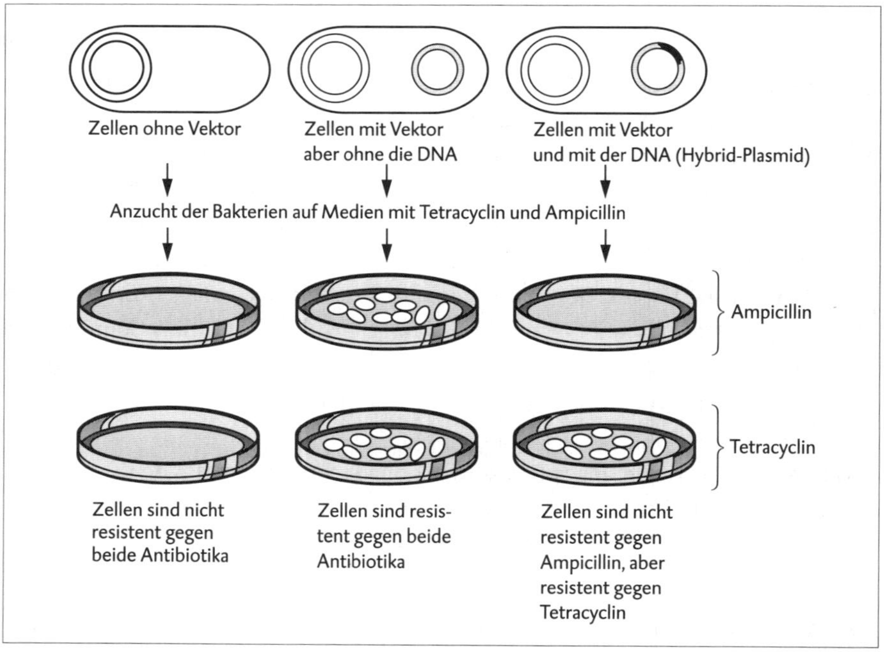

Abb. 47: Selektion von Bakterienklonen mit einem Hybrid-Plasmid.

6.3 Die Genbank

Wenn man das Produkt eines bestimmten Gens produzieren möchte, so benötigt man dazu das betreffende Gen. Dieses Gen wird über einen Plasmidvektor in ein geeignetes Bakterien transferiert und in entsprechenden Medien zur Produktion des gewünschten Eiweißes angeregt. Wie aber kann man das betreffende Gen in einem Genom überhaupt finden? Dies geschieht in zwei Schritten:

1. Aufbau einer **Genbank** oder Genbibliothek
2. **Identifizierung** des benötigten Gens mithilfe einer **Gensonde**

Aufbau einer Genbank

Zum Aufbau einer Genbank wird die gesamte DNA des Genoms eines Organismus durch **Restriktionsenzyme** in Tausende von DNA-Fragmenten zerlegt. Diese DNA-Stücke mit ihren klebrigen Enden werden mit entsprechend vorbereiteten **Vektoren** verknüpft. Handelt es sich bei den verwendeten Vektoren um Plasmide, erhält man Hybridplasmide. Diese werden in Bakterienzellen eingeschleust, wodurch viele Bakterien entstehen, die ein rekombinantes DNA-Molekül enthalten. Die veränderten Zellen werden in geeigneten Nährmedien kultiviert, auf dem jedes einzelne Bakterium einen Klon bildet. Die gesamte DNA des Organismus ist damit auf die unterschiedlichen Zellklone verteilt, man spricht von einer **Genbank** oder Genbibliothek.

Suche nach einem bestimmten Gen in einer Genbank

In der ungeheuer großen Zahl von verschiedenen Zellklonen einer Genbank möchte man **ein bestimmtes Gen** finden. Dazu benutzt man **Gensonden**, kurze, einsträngige, radioaktiv markierte DNA- oder RNA-Fragmente, deren Basensequenzen **komplementär** zur Basenfolge des gesuchten Gens sind.
Zur Identifizierung wird in einer Kulturschale zunächst ein **Abdruck des Kolonienmusters** der Bakterienklone hergestellt. Auf diesem liegen Zellen der einzelnen Klone vor. Der Abdruck wird einer chemischen Behandlung unterworfen, sodass die DNA der Bakterienzellen **denaturiert** vorliegt. Anschließend wird eine Lösung der radioaktiv markierten Gensonde zugefügt. Da die Basensequenzen der Gensonden komplementär zu den Basenfolgen der gesuchten DNA sind, kommt es zur **Hybridisierung** zwischen den Abschnitten der Gensonden und den gewünschten DNA-Einzelsträngen.
Die Lage der Hybride lässt sich autoradiografisch feststellen. Beim Vergleich dieses Musters mit dem Abdruck der Kolonien lassen sich die das gesuchte Gen tragenden Bakterienkolonien identifizieren, abtrennen und weiter kultivieren.

Herstellung einer Gensonde

Eine Möglichkeit zur Herstellung einer Gensonde besteht in ihrer künstlichen Synthese. Kennt man die durch die genetischen Informationen auf dem gesuchten Gen festgelegte Aminosäuresequenz eines Proteins, so kann man, unter Anwendung der Kenntnisse über den genetischen Code, eine Nukleotidsequenz **konstruieren**, die zur Basenfolge des Gens **komplementär** ist.

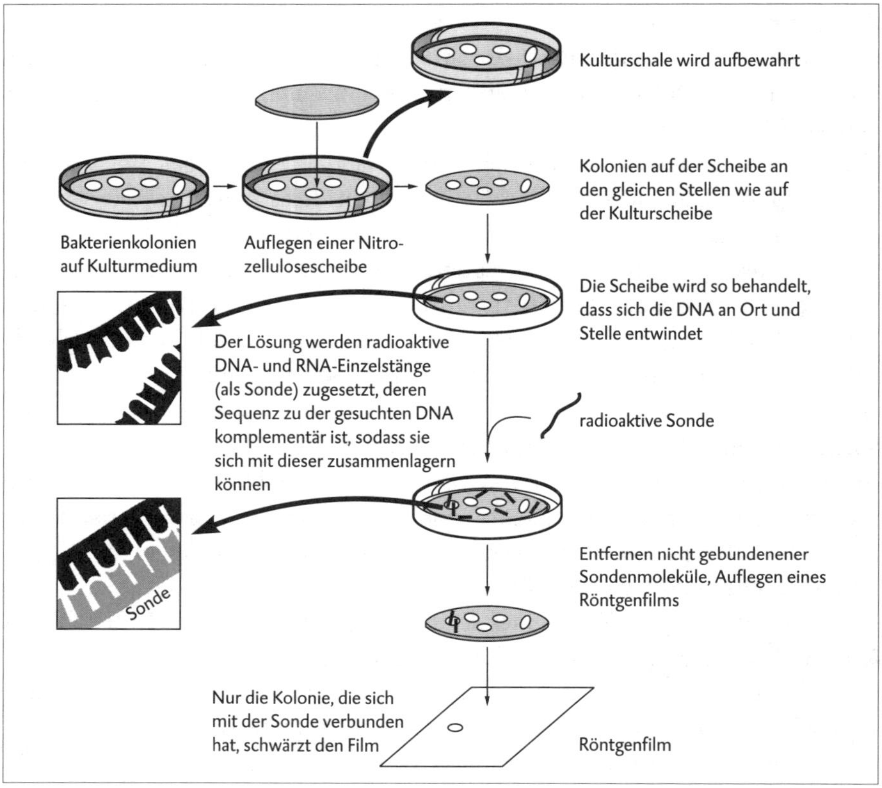

Abb. 48: Identifizierung eines Bakterienklons mithilfe einer Gensonde.

6.4 Die Polymerase-Kettenreaktion (PCR)

Durch die Vermehrung von Bakterienzellen mit einem Hybridplasmid lassen sich von einer rekombinierten DNA viele identische Kopien herstellen (klonieren). Auf wesentlich schnellere Weise lässt sich jedoch mit der Methode der **Polymerase-Kettenreaktion** die DNA in vitro vielfach identisch kopieren. Dieser Vorgang wird als **Amplifikation** bezeichnet. Für die Entwicklung der Polymerase-Kettenreaktion erhielt Kary B. MULLIS 1993 den Nobelpreis für Medizin. Die Abläufe bei der DNA-Vervielfachung durch die Polymerase-Kettenreaktion ähneln denen der **natürlichen Replikation**:

- Die DNA-Neusynthese benötigt einen Primer („Starter“).
- An einem Matrizen-Einzelstrang wird mittels einer DNA-Polymerase ein neuer, komplementärer DNA-Strang synthetisiert.
- Die DNA-Polymerase synthetisiert den neuen Strang in 5’-3’-Richtung.

Eine außerordentliche Bedeutung kommt der verwendeten **DNA-Polymerase** zu. Als besonders geeignet hat sich die so genannte **Taq-Polymerase** erwiesen. Diese DNA-Polymerase wurde aus der Bakterienart *Thermus aquaticus* isoliert, die in heißen Quellen lebt. Die Taq-Polymerase besitzt ein Temperaturoptimum von 72 °C und wird durch Temperaturen über 90 °C nicht inaktiviert. Die **Hitzestabilität** des Enzyms macht man sich bei den Vorgängen der Polymerase-Kettenreaktion zunutze.
Zur Vervielfältigung einer DNA benötigt man folgende Komponenten:

- Die zu vervielfältigende **DNA**,
- die hitzebeständige **Taq-Polymerase**,
- die vier **Nukleotide** und
- zwei **Primer**: Für jeden der beiden DNA-Stränge der Doppelhelix werden kurze synthetisch hergestellte DNA-Stücke bereitgestellt, deren Basenfolgen zu den gewählten Startpunkten der DNA-Neusynthese komplementär sind. Zur Herstellung der Primer müssen bestimmte Basenfolgen des zu vervielfätigenden DNA-Doppelstrangs bekannt sein.

Ablauf der Polymerase-Kettenreaktion

Zunächst wird die zu vervielfätigende DNA durch Erhöhung der Temperatur auf über 90 °C denaturiert, es entstehen **einsträngige** DNA-Moleküle. Anschließend wird auf ca. 50 °C abgekühlt. Die spezifischen Primer lagern sich an den entsprechenden komplementären Stellen auf den DNA-Einzelsträngen an. Von den 3'-Enden der Primer aus beginnt die Neusynthese eines DNA-Strangs durch die Taq-Polymerase. Die gewählte Temperatur entspricht dabei dem Temperaturoptimum der Polymerase von 72 °C. Die einsträngigen DNA-Moleküle werden auf diese Weise **zu Doppelsträngen ergänzt**. Dann wird die Temperatur der Reaktionslösung auf ca. 94 °C erhöht. Es kommt zur Trennung der neusynthetisierten DNA-Doppelstränge in Einzelstränge. Wieder hybridisieren nach erfolgter Abkühlung Primer an der einsträngigen DNA und die DNA-Neusynthese beginnt von den Primern ausgehend.
Die beschriebenen **Amplifikationszyklen** können mehrfach wiederholt werden. Nach n Durchgängen erhält man – ausgehend von einem einzigen DNA-Molekül – 2^n identische DNA-Kopien. Führt man 25 Zyklen durch, so liegt das gewünschte DNA-Segment in $2^{25} = 33\,554\,432$ Kopien vor.

Der Nutzen der PCR-Technik liegt in der **millionenfachen Vervielfältigung** eines DNA-Fragments innerhalb relativ kurzer Zeit.

Mit diesem Verfahren kann DNA in großen Mengen „produziert", isoliert und anschließend zu weiteren Untersuchungen herangezogen werden. Die PCR-Methode ist **äußerst empfindlich** und ermöglicht so noch das Auffinden winziger **DNA-Spuren** in einer Probe.

Die PCR ist für viele Forschungsbereiche zu einem wichtigen Untersuchungsinstrument geworden. Beispielsweise dient diese Technik in der **Evolutionsbiologie** dazu, geringe Mengen **fossiler DNA** ausgestorbener Arten zu amplifizieren. Eine Untersuchung dieser DNA wäre ohne die PCR-Technik nicht möglich. Die Ergebnisse der molekularbiologischen Charakterisierung dieser Nukleinsäuren liefern wichtige Einblicke in evolutionäre Prozesse. Auch in der **Medizin** ist die PCR-Methode von herausragender Bedeutung. Sie erlaubt die Untersuchung von **Erbkrankheiten** und verschiedener **Krebserkrankungen**. Mit der PCR ist der Nachweis von Infektionen auch schon vor dem Krankheitsausbruch möglich: geringe Mengen an DNA von Bakterien oder Viren lassen sich vielfach vervielfältigen und anschließend leicht nachweisen. Wichtig ist eine solche frühzeitige Erkennung insbesondere bei **HIV-Infektionen**.

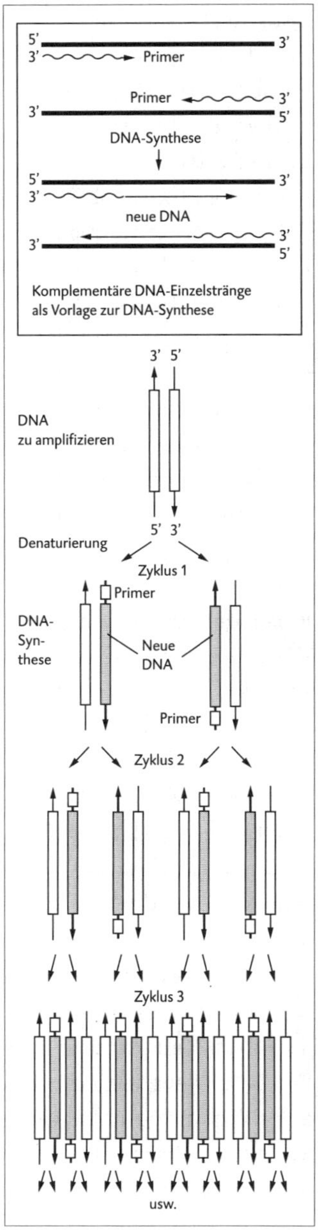

Abb. 49: Das Prinzip der Polymerase-Kettenreaktion.

6.5 Der genetische Fingerabdruck

Die Hautlinienstruktur an den Fingerkuppen ist für jeden Menschen charakteristisch. Ein Fingerabdruck ist daher ein zuverlässiger Nachweis für die Anwesenheit eines Menschen. In der Gerichtsmedizin spielt heute außerdem die Untersuchung von DNA-haltigen Materialien wie Speichelresten, Sperma, Blut und Haarwurzeln eine wichtige Rolle bei der Identifizierung von Personen. Mit dem **DNA-fingerprinting**, dem „genetischen Fingerabdruck" kann man einem Menschen noch sehr geringe DNA-Spuren zuordnen.

Wichtige Prinzipien des DNA-fingerprinting

Bei einer **Punktmutation** ist ein Triplettmuster der DNA an einer Stelle verändert. Diese Veränderung bleibt bei jeder anschließenden Replikation bestehen, sie wird also **vererbt**. Das menschliche Genom enthält ca. $3 \cdot 10^9$ Basenpaare. Nur etwa **5 % des Genoms** stellen die für Proteine codierenden Gene, der übrige Teil enthält Informationen für rRNA, Regulatorsysteme usw.
Mutationen in den DNA-Abschnitten, die für Proteine codieren, führen in der Regel zu **biologisch inaktiven** Produkten und zu schwerwiegenden Ausfallerscheinungen. Diese DNA-Bereiche tolerieren daher kaum Veränderungen in ihren Basensequenzen. Um Unterschiede zwischen verschiedenen Menschen festzustellen, eignen sich diejenigen DNA-Abschnitte, die die Synthese eines Proteins codieren, folglich **nicht**. Für die Technik des DNA-fingerprinting sind deshalb die außerhalb der proteincodierenden Gene liegenden Bereiche von großer Bedeutung. Veränderungen in diesen DNA-Bereichen werden vererbt, führen aber **nicht zu Fehlfunktionen**. Diese Basensequenzen kommen daher in vielen Varianten vor und führen zu großen Unterschieden zwischen **nicht miteinander verwandten** Personen. Man bezeichnet diese Sequenzen als polymorph und spricht von **Sequenzpolymorphismen**. Diese kommen in den nicht-proteincodierenden Bereichen etwa alle 100 Basenpaare vor. Einige dieser Sequenzveränderungen treten auch in den **Erkennungsstellen für Restriktionsenzyme** auf. Die Schnittstellen können dann von den Enzymen nicht erkannt und nicht gespalten werden. Andere DNA-Moleküle nicht verwandter Personen, die an derselben Stelle **keine** Veränderung aufweisen, können dagegen vom betreffenden Restriktionsenzymen gespalten werden:

Behandelt man DNA nicht miteinander verwandten Personen mit demselben Restriktionsenzym, so erhält man wegen der Sequenzpolymorphismen DNA-Fragmente unterschiedlicher Länge. Man bezeichnet dies als **Restriktions-Fragmentlängen-Polymorphismus (RFLP)**.

Herstellung eines genetisches Fingerabdrucks

An einem Tatort eines Verbrechens vorgefundenes Blut soll einer von zwei Personen zugeordnet werden. Zunächst werden die isolierten DNA-Proben des Blutes und einer verdächtigen Person B sowie einer zweiten Person A mithilfe der PCR-Technik vervielfältigt, um ausreichendes Untersuchungsmaterial zur Verfügung zu haben. Die verschiedenen DNA-Proben werden anschließend mit **demselben Restriktionsenzym** behandelt und die **unterschiedlich langen** DNA-Bruchstücke mittels Gel-Elektrophorese ihrer Größe entsprechend aufgetrennt: Bei der Elektrophorese wandern kleinere DNA-Stücke rascher und weiter als größere. Man erhält ein **Bandenmuster**:

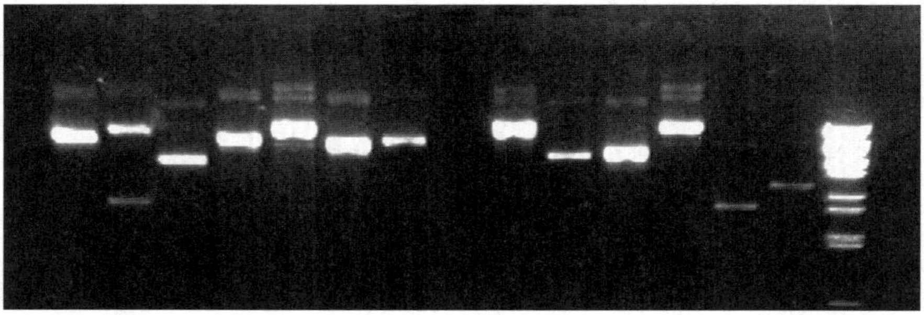

Abb. 50: Mit fluoreszierendem Farbstoff angefärtes und mit UV-Licht sichtbar gemachtes Bandenmuster.

In einem sich anschließenden, nach seinem Erfinder „**Southern-Blotting**" genannten Verfahren werden die doppelsträngigen DNA-Fragmente denaturiert und ein Abdruck des entstandenen Einzelstrang-Bandenmusters auf einer speziellen Folie hergestellt. Die untersuchten Basensequenzen der nicht-proteincodierenden DNA-Abschnitte bestehen in der Regel aus sich **wiederholenden Sequenzeinheiten** in Tandemanordnung. Radioaktiv markierte Gensonden für bestimmte Sequenzen, die sich im menschlichen Genom immer wieder finden, werden hinzugefügt. Die Sonden können nun mit komplementären Bereichen in den DNA-Fragmenten hybridisieren. Überschüssige Sonden werden durch Waschen entfernt. Mit dem Verfahren der Autoradiografie werden die mit den Sonden hybridisierten DNA-Fragmente sichtbar gemacht. Das auf diese Weise erhaltene Autoradiogramm zeigt ein für die betreffende DNA und damit auch für die betreffende Person **charakteristisches Bandenmuster** aus DNA-Fragmenten unterschiedlicher Größe. Ein solches Muster bezeichnet man als den **genetischen Fingerabdruck**. Stimmt das Bandenmuster der DNA, die aus dem Blutfleck isoliert wurde, mit dem des Verdächtigten überein, so stammt das Blut mit an Sicherheit grenzender Wahrscheinlichkeit von der Person B.

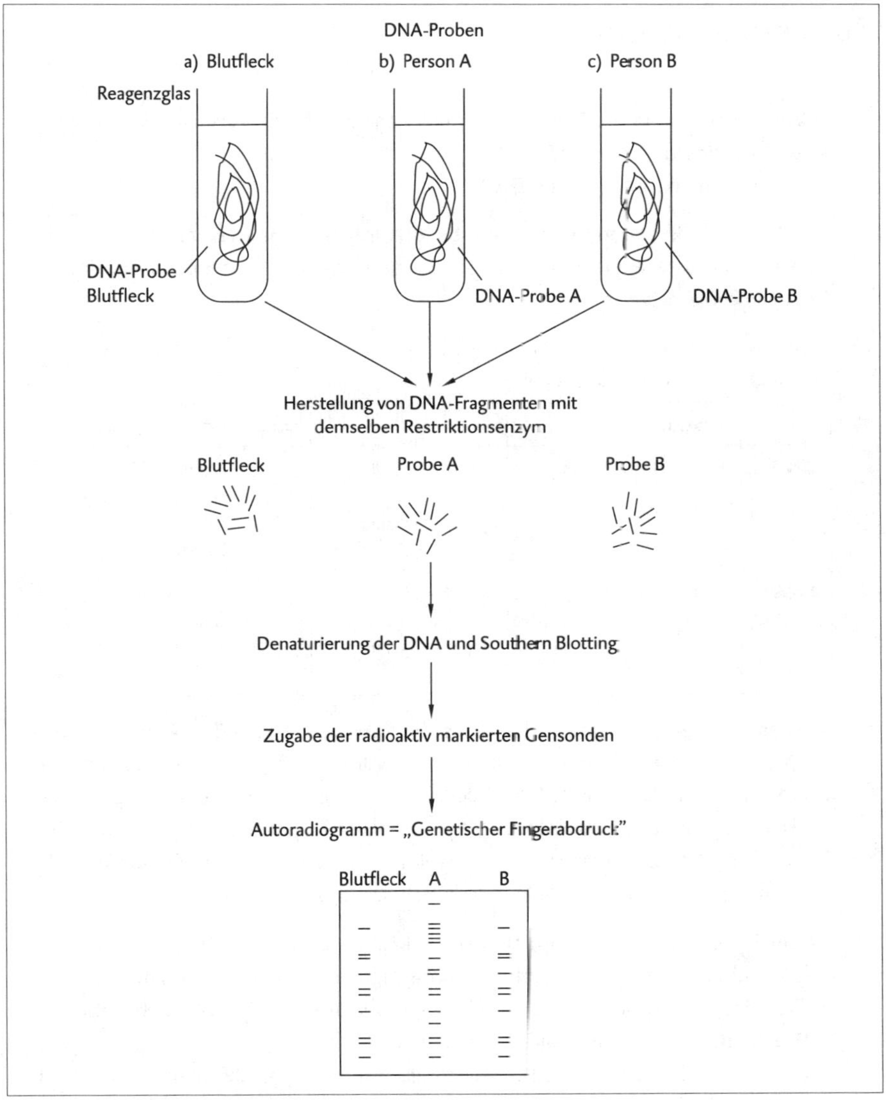

Abb. 51: Prinzip des genetischen Fingerabdrucks.

Das Verfahren zur Herstellung eines genetischen Fingerabdrucks wurde in den letzten Jahren stetig verbessert. Es kann deshalb in der Gerichtsmedizin vermehrt **als Beweismittel** eingesetzt werden. Auch zur Klärung von **Vaterschaftsverhältnissen** wird DNA-fingerprinting eingesetzt. Tritt im Bandenmuster eines Kindes eine Bande auf, das sich weder bei der Mutter noch beim vermeintlichen Vaters zeigt, so muss das Kind einen anderen Vater haben.

Zusammenfassung

1. In Viren, Prokaryoten und Eukaryoten finden sich **zwei Arten von Nukleinsäuren**:
   - Ribonukleinsäure oder **RNA**
   - Desoxyribonukleinsäure oder **DNA**
2. Die DNA stellt den **Speicher der genetischen Informationen** einer Zelle dar. In Ihr ist die Aminosäuresequenz jedes Polypeptids bzw. Proteins und der Bauplan jedes RNA-Moleküls festgelegt.
3. Nukleinsäuren sind unverzweigte lineare **Polynukleotide**. Ihre Monomere bestehen aus charakteristischen Bausteinen:

	Aldopentose		**stickstoffhaltige Base**
DNA	β-D-2'-Desoxyribose	Purin-Basen: Pyrimidin-Basen:	Adenin Guanin Thymin Cytosin
RNA	β-D-Ribose	Purin-Basen: Pyrimidin-Basen:	Adenin Guanin Uracil Cytosin

   In einem **Nukleotid** ist eine Stickstoffbase β-glycosidisch an das C-1'-Atom der Aldopentose und ein Phosphorsäure-Rest über die Hydroxylgruppe am C-5'-Atom mit der Pentose verestert. DNA- und RNA-Moleküle unterscheiden sich in der Art des Zuckers, in RNA findet sich außerdem **statt** der Pyrimidinbase **Thymin** die Base **Uracil**. DNA-Moleküle sind **doppelsträngig**, RNA-Moleküle meist einsträngig. **Nukleoside** sind Verbindungen, die durch die Verknüpfung einer der Basen mit einer Pentose entstehen.

4. Ein DNA-Molekül hat eine **Doppelhelixstruktur**, d. h. zwei schraubig gewundene Polypeptide sind um eine **gemeinsame Längsachse** verdrillt. Ihre Merkmale sind:
   - Die aufeinanderfolgenden Nukleotide sind in den beiden Polypeptidketten über **Diesterbindungen** miteinander verbunden.
   - In der Doppelhelix liegen die Polynukleotid-Ketten **antiparallel** zueinander, d. h. die Richtung der Diesterbindungen verläuft in einem Strang stets vom C-5'-Atom zum C-3'-Atom des Desoxyribose-Restes, im anderen Strang entgegengesetzt.
   - Die beiden Ketten sind über **Wasserstoffbrücken** miteinander verbunden.
   - Die Basensequenz des einen Stranges ist **komplementär** zu der des Partnerstrangs. Es paaren sich dabei stets **Adenin mit Thymin** und **Guanin mit Cytosin**.
5. Bei Temperaturen oberhalb von 80 – 90 °C werden die H-Brücken der DNA-Doppelhelix aufgehoben und es kommt zur Aufwindung der Doppelstränge zu Einzelsträngen. Man bezeichnet diesen Vorgang als **Denaturierung** der DNA.

6. Denaturierte DNA-Einzelstränge können sich mit anderen komplementären DNA-Einzelsträngen und/oder RNA-Einzelstrangmolekülen zu neuen doppelsträngigen Strukturen zusammenlagern. Diese Zusammenlagerungen nennt man **Hybridisierung**. Die Hybridisierung von DNA-Strängen bildet die Grundlage für wichtige Techniken der Molekulargenetik.

7. Veränderungen der DNA-Struktur bzw. in der Nukleotid- oder Basensequenz, die zu einer langfristigen und vererbbaren Veränderung der genetischen Informationen führen, bezeichnet man als **Mutation**. Mutationen können spontan auftreten oder durch verschiedene Chemikalien (Mutagene), sowie Röntgen- bzw. radioaktive Strahlung verursacht werden.

8. Bei der **Replikation** wird der DNA-Doppelstrang identisch verdoppelt. Da jede der beiden entstandenen Doppelhelices aus einem neu synthetisierten und einem „alten" Strang besteht, bezeichnet man die Replikation als **semikonservativ**.

9. Die Proteinbiosynthese gliedert sich in die Vorgänge der Transkription und Translation:
   - Die **Transkription**, die bei den Eukaryoten im Zellkern abläuft, beschreibt die Prozesse, bei denen die genetischen Informationen von der doppelsträngigen DNA auf die einzelsträngige RNA übertragen werden.
   - Die **Translation** findet im Cytoplasma an den **Ribosomen** statt.

   Bei den Eukaryoten laufen Transkription und Translation **räumlich getrennt** ab.

10. Die **Aminosäure-Sequenz** eines Polypeptids ist durch die Abfolge der Basen einer Nukleinsäure festgelegt. Es handelt sich dabei um einen **Triplettcode**, d. h. je drei Basen codieren für eine Aminosäure.

11. Restriktionsenzyme und Plasmide sind wichtige „Werkzeuge" der Gentechnik:
    - Mit **Restriktionsenzymen** lassen sich DNA-Moleküle an bestimmten Erkennungssequenzen öffnen. Vermischt man mit Restriktionsenzymen behandelte DNA-Moleküle unterschiedlicher Herkunft, so können Paarungen zwischen DNA-Fragmenten verschiedener Herkunft, so genannte **rekombinierte DNA**, entstehen.
    - **Plasmide** sind kleine ringförmige DNA-Moleküle, mit deren Hilfe fremde DNA in eine Prokaryotenzelle transportiert werden kann. Dazu wird das Plasmid mittels eines bestimmten Restriktionsenzyms „aufgeschnitten" und das Fremd-DNA-Stück „eingebaut". Das entstandene **Hybridplasmid** wird anschließend in eine Bakterienzelle eingeschleust.

12. Die **Polymerase-Kettenreaktion** (PCR) ist eine Methode mittels derer eine DNA in vitro vielfach identisch kopiert werden kann. Besonders wichtig bei diesem Verfahren ist die sogenannte Taq-Polymerase, ein Enzym, das auch bei höheren Temperaturen (90 °C) nicht inaktiviert wird. Die PCR-Methode ist für viele Forschungszwecke zu einem wichtigen Untersuchungsinstrument geworden.

Fette und fette Öle

Die drei Hauptschritte zur Herstellung eines natürlichen, hochwertigen Olivenöles.

1 Einordnung der Fette

Die Fette zählt man zur Gruppe der **Lipide**. Lipide sind chemisch sehr unterschiedliche Verbindungen, deren gemeinsames Merkmal **ihre Unlöslichkeit in Wasser** sowie ihre gute Löslichkeit in **unpolaren** Lösungsmitteln wie Ether, Chloroform oder Benzol ist. Zu den Lipiden gehören u. a.:

- Die **Fette**.
- Die **Wachse**, die – chemisch betrachtet – Ester aus langkettigen Alkoholen und Fettsäuren sind (siehe S. 184).
- Die **Phospholipide**, Esterverbindungen aus Fettsäuren und bestimmten Alkoholen. Diese enthalten zusätzlich einen Phosphorsäurerest und weitere Gruppen. Phospholipide kommen in allen Zellen vor und sind besonders wichtig für den Aufbau biologischer Membranen.
- Die **Terpene**, die sich als Bestandteile der „ätherischen Öle" in zahlreichen Pflanzen finden. Beispiele hierfür sind das Menthol (im Pfefferminzöl), Limonen (im Lemonengras, Citronenöl), Campher, Vitamin A, Rhodopsin (Sehpurpur des Auges) und die Gruppe der Carotinoide (gelbe oder rote, fettlösliche Pflanzenfarbstoffe).
- Die **Steroide** wie Cholesterol, besser bekannt als **Cholesterin**, oder Ergosterol (Vorstufe des Vitamin D_2), die Hormone der Nebennierenrinde wie Cortison, Gallensäuren, Herzglycoside und die Gruppe der weiblichen (Östrogene) und männlichen (Androgene) Sexualhormone.

Abb. 52: Ein Walross ist durch seine Fettschicht auch gegen Wärmeverlust geschützt.

Die **Fette** und fetten Öle, die in diesem Kapitel vorgestellt werden, sind eine Gruppe wichtiger **Nährstoffe** und stellen für fast alle Lebewesen eine bedeutende **Speicherform** ihrer Energiereserven dar. Besonders fettreich sind dementsprechend die **Fettspeicherzellen** von Pflanzen und Tieren. Zum Überleben der kalten nahrungsarmen Jahreszeit legen sich viele Tiere einen isolierenden Vorrat an Depotfett, v. a. als **braunes Fettgewebe** an. Nach Beendigung des Winterschlafes bzw. der Winterruhe sind diese Tiere völlig abgemagert, da sie ihre Reserven zur Erhaltung des Grundstoffwechsels aufgebraucht haben. Auch wandernde Fische wie der Lachs leben lange Zeit von gespeichertem Fett.

2 Zusammensetzung und physikalische Eigenschaften

Die Fette sind eine Stoffgruppe innerhalb der Biomoleküle, bei der sich der **Zusammenhang zwischen Struktur und Eigenschaften** einer Substanzklasse sehr anschaulich zeigen lässt.

2.1 Aufbau von Fetten

Die eigentlichen **Fette** können bei Zimmertemperatur in **fester oder halbfester** Form vorliegen. Als **fette Öle** werden Fette bezeichnet, wenn sie bei Zimmertemperatur in **flüssigem Zustand** vorliegen. Der Begriff „Öl" wird auch für ätherische Öle (Terpene) und Mineralöle verwendet. Fette Öle unterscheiden sich jedoch in ihrem Aufbau **erheblich** von diesen Stoffen, Mineralöle etwa stellen Gemische reiner Kohlenwasserstoffe dar.

Fette und die fetten Öle sind **Ester** eines einzigen Alkohols, dem 1,2,3-Propantriol (Trivialname: **Glycerin**), und verschiedenen Fettsäuren. Sie werden deshalb als **Fettsäureglycerinester** oder als Acylglycerine bezeichnet.

Die Veresterung des Glycerinmoleküls mit Fettsäuremolekülen ist eine **Kondensationsreaktion**, in deren Verlauf zwei Moleküle unter gleichzeitiger Abspaltung eines kleineren – hier eines Wassermoleküls – verknüpft werden:

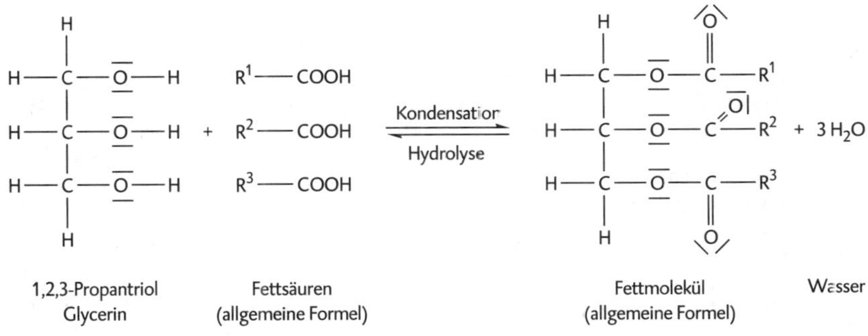

Ein Glycerinmolekül besitzt **drei OH-Gruppen** und kann mit drei Fettsäuren unter Abspaltung von drei Wassermolekülen verestert werden. Fette sind also die **Triester** des Alkohols 1,2,3-Propantriol. Deshalb sind für die Fette auch die Bezeichnungen **Triacylglycerine** oder Triglycerine üblich. Ist ein Glycerinmolekül aber mit nur einer oder zwei Fettsäuren verestert, so wird das Kondensationsprodukt Monoacylglycerin oder Diacylglycerin genannt.

Fettsäuren besitzen die allgemeine **Summenformel R–COOH**, d. h. ihre funktionelle Gruppe ist die Carboxylgruppe. Der Kohlenwasserstoffrest „R" kann 4 bis 36 C-Atome umfassen, die Fettsäuren sind daher **langkettige Carbonsäuren**.

Gesättigte Fettsäuren

Bei diesen Molekülen ist die C-Kette unverzweigt, linear-geradkettig und vollständig „**gesättigt**", d. h. sie weist **keine** Doppelbindungen auf.

Beispiele

Strukturformel	**Summenformel**	**Trivialname**	**Systematischer Name**
$CH_3–CH_2–CH_2–COOH$	C_3H_7COOH	Buttersäure	Butansäure
$CH_3–(CH_2)_{10}–COOH$	$C_{11}H_{23}COOH$	Laurinsäure	n-Dodecansäure
$CH_3–(CH_2)_{14}–COOH$	$C_{15}H_{31}COOH$	Palmitinsäure	n-Hexadecansäure
$CH_3–(CH_2)_{16}–COOH$	$C_{17}H_{35}COOH$	Stearinsäure	n-Octadecansäure

Tab. 9: Wichtige gesättigte Fettsäuren.

Ungesättigte Fettsäuren

Die Moleküle dieser Fettsäuren enthalten eine oder mehrere **Doppelbindungen**. Fettsäuren mit einer Doppelbindung werden als **einfach**, Fettsäuren mit mehreren Doppelbindungen als **mehrfach** ungesättigt bezeichnet.

Beispiele

Strukturformel	**Trivialname**	**Systematischer Name und Summenformel**
einfach ungesättigt:		
$CH_3–(CH_2)_5–CH=CH–(CH_2)_7–COOH$	Palmitoleinsäure	Hexadecen-9-säure ($C_{15}H_{29}COOH$)
$CH_3–(CH_2)_7–CH=CH–(CH_2)_7–COOH$	Ölsäure	Octadecen-9-säure ($C_{17}H_{33}COOH$)
mehrfach ungesättigt:		
$CH_3–(CH_2)_4–CH=CH–CH_2–CH=CH–(CH_2)_7–COOH$	Linolsäure	Octadecadien-9,12-säure ($C_{17}H_{31}COOH$)

Tab. 10: Ein- und mehrfach ungesättigte Fettsäuren.

Fast alle **natürlich** vorkommenden ungesättigten Fettsäuren zeigen an ihrer Doppelbindung die so genannte **cis-Konfiguration**, d. h. die beiden H-Atome der an der Doppelbindung beteiligten C-Atome bzw. die an diese C-Atome gebundenen größeren Reste sind einander **direkt** benachbart. Diese cis-Stellung führt zu einem „**Knick**" in der Kohlenwasserstoffkette, sodass die ungesättigten Fettsäuren **nicht**, wie die gesättigten Moleküle, in vollständig **gestreckter** Form vorliegen können.
Die gestreckte Form ist bei einer **gesättigten** Fettsäure die **stabilste Konformation**, da es zur geringstmöglichen **sterischen** Hinderung benachbarter Atome kommt. Das „Zickzackmuster" resultiert aus dem Tetraederwinkel der vierbindigen C-Atome:

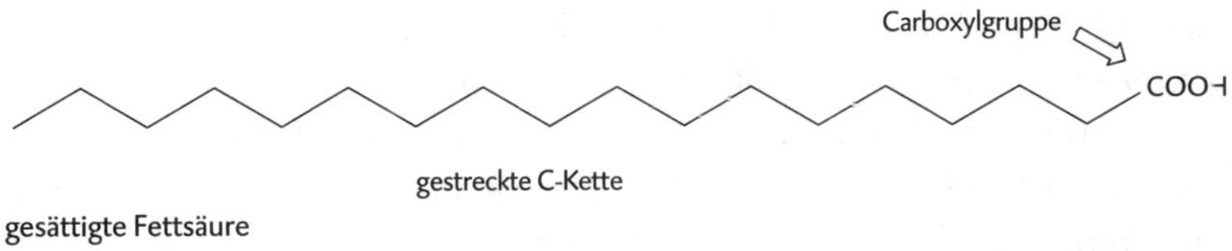

Aufgrund der **cis-Konfiguration** kommt es im Molekül einer (einfach) **ungesättigten** Fettsäure zu einem **Knick**:

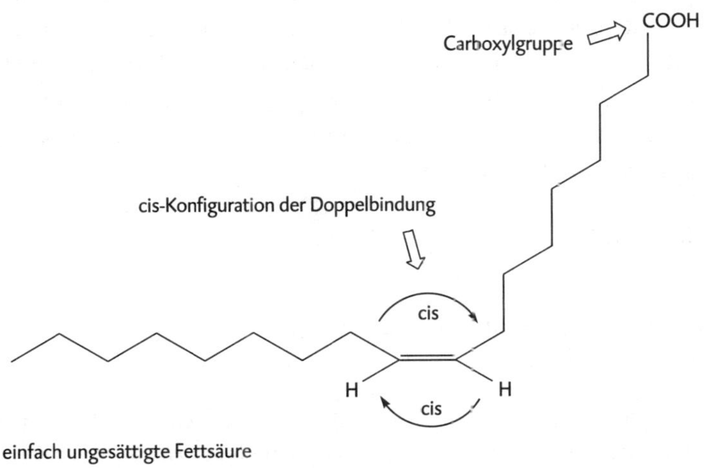

Gesättigte Fettsäuremoleküle können sich mit ihrer linearen Form **eng** nebeneinander anordnen. Dies führt über die gesamte Länge der C-Ketten zu einer **Vielzahl** zwischenmolekularer **Wechselwirkungen**, v.a. durch van-der-Waals-Kräfte. Dagegen können ungesättigte Fettsäuren aufgrund ihrer Knicke nicht so dicht gepackt werden, sodass die intermolekularen Kräfte – ebenfalls van-der-Waals-Kräfte – hier deutlich weniger zahlreich und **schwächer** sind.

Die **Schmelzpunkte** der Fettsäuren hängen deshalb nicht nur von der **Länge** der C-Kette, sondern auch von der **Zahl der Doppelbindungen** im Molekül ab. **Ungesättigte** Fettsäuren wie Ölsäure (Schmelzpunkt +13,4 °C) oder Linolsäure (Schmelzpunkt –5 °C) sind daher bei Zimmertemperatur im Gegensatz zu den **gesättigten** Fettsäuren Palmitinsäure (Schmelzpunkt +63,1 °C) oder Stearinsäure (Schmelzpunkt +69,6 °C) flüssig. Vergleicht man die **Anzahl** der C-Atome in den verschiedenen Fettsäuremolekülen, so fällt auf, dass die natürlich vorkommenden Fettsäuren stets eine **gerade Zahl** von 4, 12, 16 oder 18 Kohlenstoffatomen aufweisen. Dies erklärt sich daher, dass bei der Biosynthese dieser Moleküle immer **C_2-Bausteine** miteinander verknüpft werden.
Für die **Ernährung des Menschen** ist folgender Sachverhalt im Zusammenhang mit dem Bau von Fettsäuremolekülen sehr wichtig: Der menschliche Körper vermag einige **ungesättigte** Fettsäuren wie die Linolsäure **nicht selbst** zu synthetisieren. Diese für den Stoffwechsel lebensnotwendigen Fettsäuren müssen regelmäßig mit der Nahrung aufgenommen werden, weshalb sie auch als **essenzielle** Fettsäuren bezeichnet werden (vgl. „essenzielle Aminosäuren“). Essenzielle Fettsäuren sind vorwiegend in Ölen pflanzlicher Herkunft, wie etwa dem Olivenöl, zu finden.
In einem Fettmolekül können die drei Hydroxylgruppen des Glycerinmoleküls mit jeweils dem **gleichen** ($R^1 = R^2 = R^3$), **zwei gleichen** und einem verschiedenen ($R^1 = R^2 \neq R^3$) oder aber **drei verschiedenen** Fettsäuremolekülen ($R^1 \neq R^2 \neq R^3$) verestert sein (siehe S. 183). Folglich kann ein Fettsorte, die beispielsweise nur zwei verschiedene Fettsäuren „A“ und „B“ aufweist, **sechs** verschiedene **Triacylglycerine** enthalten:

1. AAA	4. ABB (oder BBA)*
2. AAB (oder BAA)*	5. BAB
3. ABA	6. BBB

(*= es handelt sich um ein und denselben Triester des Propantriols)

> Fette bestehen nicht nur aus einer einzigen Sorte von Fettmolekülen, sie sind daher **keine Reinstoffe**. Die meisten natürlich vorkommenden Fette sind **Gemische** verschiedener Triacylglycerine.

Da diese Gemische aus Triestern **verschiedener Fettsäuren** mit einem **einzigen Alkohol**, dem Glycerin bestehen, reicht es zur Charakterisierung eines Fettes aus, den **Massenanteil** der am Aufbau beteiligten Fettsäuren anzugeben:

Beispiel

Olivenöl enthält folgende Fettsäuren (Massenanteile in Prozent):

1. Über 80 % **ungesättigte** Fettsäuren

Linolsäure	8 %
Ölsäure	71 %
andere	ca. 2 %

2. Nur 19 % **gesättigte** Fettsäuren

Stearinsäure	2 %
Palmitinsäure	15 %
andere	2 %

2.2 Dichte und Aggregatzustand

Die Dichte der Fette beträgt durchschnittlich **0,9 g·ml^{-1}**, die Dichte von Wasser aber **1 g·ml^{-1}** – oder genauer 0,998 g·ml^{-1} – weshalb sich Fette und fette Öle auf der Wasseroberfläche sammeln und dort die sprichwörtlichen „Fettaugen" bilden.

Abb. 53: Auf einer klaren Brühe sind „Fettaugen" besonders gut zu erkennen.

Fette können bei Zimmertemperatur in festem, halbfestem oder flüssigem Zustand vorliegen. Flüssige Fette bezeichnet man als **fette Öle**. Der Aggregatzustand der Fette hängt nur von der **Struktur der Fettsäuren** ab, da der Alkoholanteil bei allen Fetten gleich ist.

Zwei **Strukturfaktoren** nehmen großen Einfluss auf den Aggregatzustand:
1. Die **Länge der C-Ketten** der Fettsäuren: Je **länger** die durchschnittliche Kohlenstoffkette der Fettsäurereste eines Fettes ist, desto größer ist seine **Molekülmasse**. Mit steigender Molekülmasse nimmt die Anzahl der van-der-Waals-Wechselwirkungen zu. Fette mit längeren Fettsäureresten haben demzufolge höhere zwischenmolekularen Kräfte und besitzen deshalb **höhere** Schmelzpunkte als Fette mit kleineren, kürzeren Fettsäureresten.
2. Der **Anteil** gesättigter bzw. **ungesättigter** Fettsäuren: Je besser sich die Moleküle eines Fettes zusammenlagern können, desto größer sind die zwischenmolekularen Kräfte und desto **höher** liegt die Schmelztemperatur.

Bei Fetten mit überwiegend **gesättigten** Fettsäuren ist die Mehrzahl der C-Atome vierbindig und hat **tetraedrisch** angeordnete Bindungspartner. Die Kohlenstoffketten selbst weisen „Zickzack"-Struktur auf, die Moleküle aber sind – insgesamt betrachtet – **geradlinig** gebaut. Solche Moleküle können sich gut zusammenlagern und lassen sich leicht in einem Kristallgitter anordnen (siehe S. 185). Bei Fetten mit überwiegend **ungesättigten** Fettsäureresten weisen die Kohlenstoffketten an ihren Doppelbindungen **cis**-Konfiguration auf und haben daher „Krümmungen". Sie können sich schlechter aneinander lagern und lassen sich vergleichsweise schwerer in einem Kristallgitter anordnen (siehe S. 185).

In Fetten mit hohem Anteil an ungesättigten Fettsäureresten sind die zwischenmolekularen Kräfte **schwächer** als in solchen mit gesättigten Resten. Fette schmelzen deshalb umso **früher, je höher der Anteil ungesättigter** Fettsäurereste in ihren Molekülen ist.

2.3 Schmelzverhalten

Die Alltagserfahrung lehrt, dass Fette z. B. beim Erhitzen in der Pfanne langsam und in einem bestimmten Schmelztemperatur**bereich** erweichen. Diese Eigenschaft lässt sich bei allen natürlichen Fetten bzw. fetten Ölen beobachten, bei denen man **keine exakten** Schmelzpunkte feststellen kann. Das Verhalten beim Erhitzen erklärt sich aus der Tatsache, dass die natürlich vorkommenden Fette und fetten Öle **Gemische** verschiedener Triacylglycerine sind. Die Moleküle dieser „Triestermischungen" enthalten verschiedene Fettsäurereste mit unterschiedlicher Kettenlänge, Fette stellen also **keine Reinstoffe** dar. Nur für Reinstoffe lassen sich exakte Werte für den Schmelzpunkt ermitteln.

Beispiele

- Schmelzbereich für **Butter**: 31 bis 36 °C
- Schmelzbereich für **Olivenöl**: −2 bis 0 °C
- Schmelzpunkt von Stearinsäure: 69,6 °C
- Schmelzpunkt von Ölsäure: 13,4 °C

Abb. 54: Butter schmilzt beim Erhitzen in einem Temperaturintervall.

2.4 Löslichkeit

Beim Lösen eines Stoffes A in einem Lösungsmittel B müssen sowohl die **Teilchen A** als auch die **Lösungsmittelteilchen B** voneinander getrennt werden. Die hierfür notwendige Energie wird durch die **Solvatation** aufgebracht, indem zwischen den Teilchenarten A und B Anziehungskräfte wirksam werden.

Löslichkeit in polaren Lösungsmitteln

Fette sind in polaren Lösungsmitteln wie z. B. Wasser **unlöslich**. Versucht man beispielsweise Olivenöl mit Wasser durch Schütteln im Reagenzglas zu vermischen, so erhält man eine **Emulsion** (siehe S. 202 f.), die sich nach beendigtem Schütteln rasch wieder **entmischt**. Das Öl schwimmt dann infolge seiner niedrigeren Dichte auf der Wasseroberfläche und man erkennt deutlich die **Phasengrenze**. Durch Zugabe so genannter **Emulgatoren** kann man die Entmischung verzögern, man erhält eine beständige Emulsion. Ein Beispiel für eine dauerhafte Emulsion von Fett in Wasser ist **Milch**, in der man bei entsprechender Vergrößerung die emulgierten Fetttröpfchen erkennen kann.

Löslichkeit in unpolaren Lösungsmitteln

Fette lösen sich sehr gut in **unpolaren** Lösungsmitteln wie Diethylether ($C_2H_5-O-C_2H_5$), Chloroform ($CHCl_3$), Aceton ($CH_3-CO-CH_3$) oder Benzin. In Ethanol lösen sie sich nur bei höheren Temperaturen. Das Löslichkeitsverhalten der Fette lässt sich mit ihrem **Molekülbau** erklären, denn obwohl ein Fettmolekül drei **polare** Estergruppen aufweist, dominieren die langkettigen **unpolaren** Alkylreste der Fettsäurereste. Ein Fettmolekül ist wegen dieser Alkylreste überwiegend unpolar und verhält sich insgesamt **hydrophob** (wasserabstoßend; gr. *phóbos* = „Furcht“) bzw. **lipophil** (fettlöslich; gr. *phílos* = „Freund“). Fett ist in Wasser also **nicht löslich**, da die beim Solvatationsvorgang zwischen Fett- und Wasserteilchen frei werdende Energie **nicht** ausreicht, um die Fett- bzw. Wassermoleküle jeweils voneinander zu trennen. Dies liegt daran, dass sich zwischen den unpolaren Fett- und den polaren Wassermolekülen kaum **Wechselwirkungen** (Anziehungskräfte) ausbilden. Beim Lösen von Fett in unpolaren Lösungsmitteln bilden sich zwischen den Fett- und den Lösungsmittelteilchen van-der-Waals-Kräfte, die die zur Trennung der Fett- bzw. Lösungsmittelteilchen erforderliche Energie bei der Solvation aufbringen.

Allgemein gilt: **„Gleiches löst sich in Gleichem"**. Fette sind in lipophilen Lösungsmitteln löslich und lösen ihrerseits lipophile Stoffe.

Beispiele

1. **Fettflecken** auf Kleidungsstücken oder an Glasscheiben entfernt man mit Gemischen unpolarer Lösungsmittel wie „Haushaltsbenzin".
2. Viele **Pestizide** (Schädlingsbekämpfungsmittel), die chemisch gesehen zu den lipophilen chlorierten **Kohlenwasserstoffen** gehören, reichern sich vor allem im Fettgewebe von Lebewesen an.

3 Chemische Eigenschaften der Fette

3.1 Brennbarkeit

Fette sind brennbar, wobei allerdings nur **Fettdämpfe** oder die Dämpfe von **Zersetzungsprodukten** brennbar sind. Erst wenn ein Fett eine bestimmte Temperatur (ca. 300 °C), den sogenannten **Flammpunkt** erreicht hat, ist eine Entzündung möglich, da sich erst bei dieser Temperatur genügend brennbare Dämpfe entwickelt haben. Fettbrände sind **sehr gefährlich**:

- Flüssiges Fett wird von der Kleidung und der Haut aufgenommen. Deshalb brennende Kleidung sofort herunterreißen und bei Hautbränden den Brand mit einer (Lösch-)Decke ersticken!
- Fett ist nicht wasserlöslich und hat eine niedrigere Dichte als Wasser. Brennendes Fett hat eine Temperatur von über 300 °C. Löschwasser sinkt infolge der höheren Dichte nach unten und verdampft bei dieser Temperatur sofort. Mit dem heißen Wasserdampf werden brennende, feinverteilte Fetttröpfchen nach oben geschleudert, aufgrund ihres hohen Zerteilungsgrades können diese Tröpfchen **explosionsartig** mit Luftsauerstoff reagieren.

Deshalb: Brennendes Fett **nie** mit Wasser löschen! Die Zufuhr von Sauerstoff muss durch Abdeckung oder durch Verwendung eines geeigneten **Pulverlöschers** (wasserfreies Löschmittel) unterbunden werden.

Werden Fette zu stark erhitzt, etwa beim Braten in der Pfanne, so zersetzen sie sich, wobei Atombindungen gebrochen und neue gebildet werden. Eines der möglichen Produkte ist das farblose, unangenehm stechend riechende Gas **Acrolein** (2-Propenal), ein ungesättigter Aldehyd, der nach folgendem Reaktionsschema aus **Glycerin** entsteht:

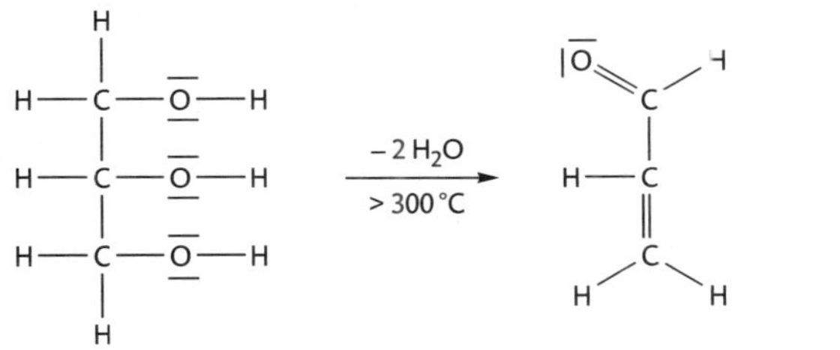

1,2,3- Propantriol (Glycerin)   2-Propenal (Acrolein)

Acrolein ist ein sehr **giftiges** Gas, das sich auch im Zigarettenrauch findet.

3.2 Hydrolyse und Verseifung

Triacylglycerine lassen sich durch Säuren oder Laugen hydrolysieren.

Saure Hydrolyse

Die Hydrolyse eines Fettes unter Säurekatalyse ist die Umkehrung der Veresterungsreaktion und stellt eine **Gleichgewichtsreaktion** dar:

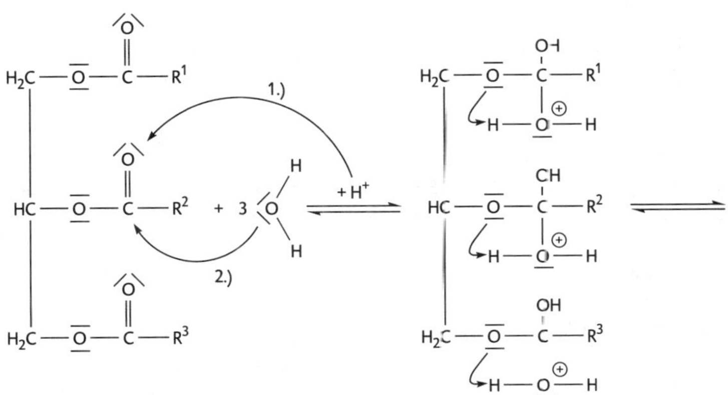

Fettmolekül   Wasser

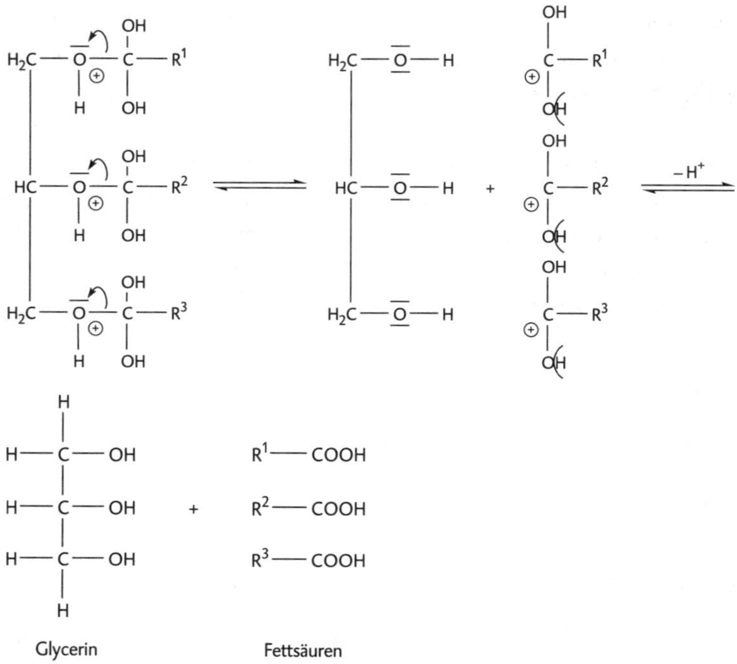

Alle Reaktionsschritte der **sauren** Hydrolyse eines Fettmoleküls sind **reversibel**. Als Produkte erhält man Glycerin und die freien Fettsäuren.

Alkalische Hydrolyse / Verseifung

Gebräuchlicher als die saure ist die alkalische Hydrolyse, da sie schneller und **vollständig** verläuft. Beim Erhitzen eines Fette mit Natron- oder Kalilauge bilden sich Glycerin und die Na^+- bzw. K^+-Salze der Fettsäuren:

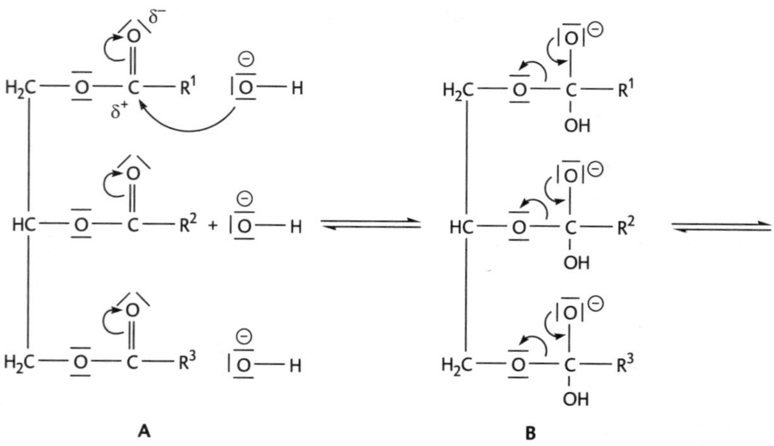

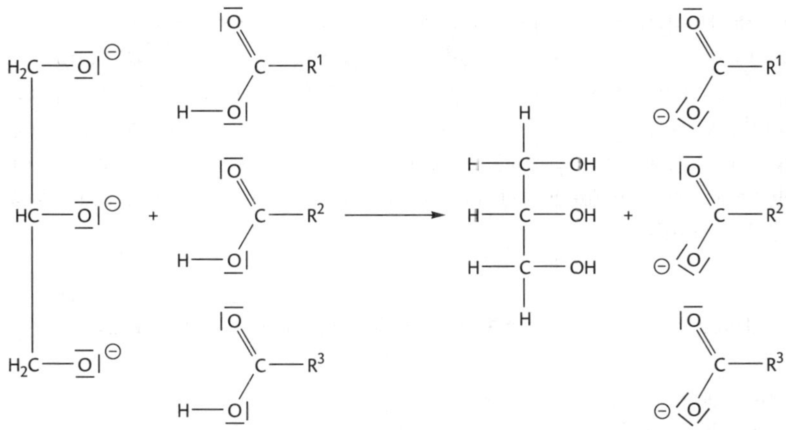

C D

Der letzte Schritt der Reaktion (C nach D) ist **irreversibel**. Die Rückreaktion (D nach C) läuft nicht ab, weil das (dreifache) Alkoholat-Ion des Glycerins eine **sehr starke Base** ist, die den freien Fettsäuren sofort ihr Proton „entreißt". Die entstehenden (Fettsäure-)Carboxylat-Ionen ($R{-}COO^-$) sind durch Mesomerie stabilisiert und besitzt nur eine geringe Tendenz, das Glycerinmolekül elektrophil anzugreifen:

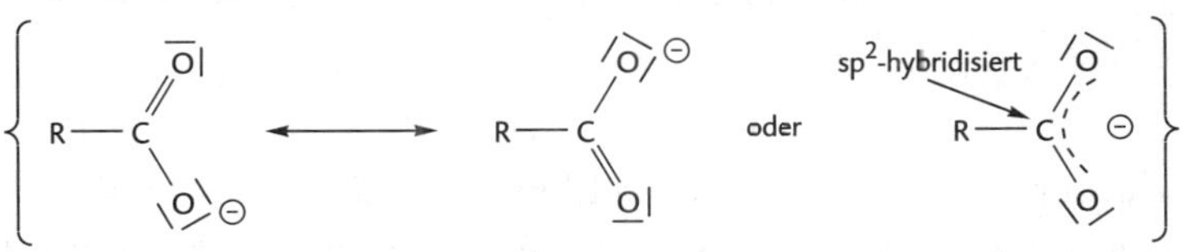

Grenzformel für die mesomeren Strukturen der Carboxylatgruppe des Fettsäureanions

Die alkalische Fetthydrolyse lässt deshalb einen nahezu **vollständigen Umsatz** erwarten, während die saure Hydrolyse zu einem Gleichgewicht führt. Die Produkte der alkalischen Hydrolyse, also Glycerin und die Anionen der Fettsäuren sind im Unterschied zum wasserunlöslichen Fett wasserlöslich, wobei die **Alkalisalze** der Fettsäuren **kolloidal**[10] in Wasser gelöst sind.

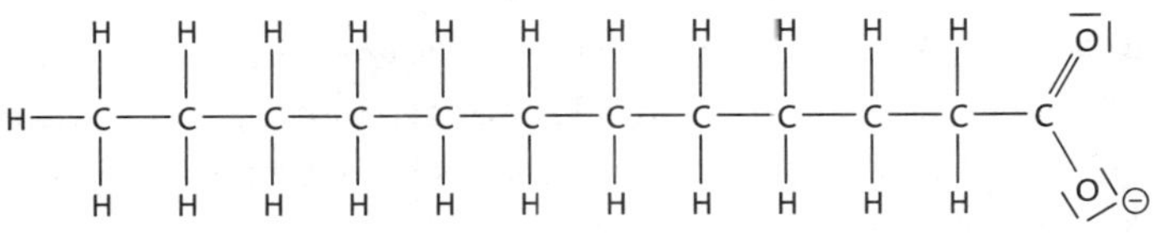

lipophiler Alkylrest hydrophile Carboxylatgruppe

10 In einer **kolloidalen** Lösung (von gr. *kólla*: „Leim") sind Teilchen mit einer Größe von 1 bis 100 nm feinst verteilt. (Einheit: 1 nm = 1 Nanometer = $1 \cdot 10^{-9}$ m.)

Die **Alkalisalze der Fettsäuren** bezeichnet man auch als **Seifen**. Mit Kalilauge entstehen die „weichen" Kaliumseifen oder **Schmierseifen**, mit Natronlauge die „härteren" Natrium- oder **Kernseifen**. Stark ungesättigte Öle ergeben ebenfalls weichere Seifen. Fein- und Toilettenseifen bestehen aus einem Gemisch der Natriumsalze von Fettsäuren. Da die **alkalische** Hydrolyse zur Herstellung von Seifen aus Fetten verwendet wird, bezeichnet man diese Reaktion auch als **Verseifung**.

3.3 Charakterisierung von Fetten: Verseifungs- und Iodzahl

Verseifungszahl

Die Verseifungszahl gibt an, **wieviel Milligramm** Kaliumhydroxid (KOH) man benötigt, um die Masse von 1 000 mg Fett **vollständig** zu hydrolysieren. Der Wert der Verseifungszahl ist dabei von der **Kettenlänge** der Fettsäurereste abhängig, er ist umso größer, je kleiner die durchschnittliche Kettenlänge der Fettsäurereste ist.

Da die molaren Massen der Fettsäuren von der Länge der C-Ketten abhängen, ist die Verseifungszahl ein **Maß für die mittlere molare Masse der vorhandenen Fettsäuren**.

Fette mit **kurzen** Fettsäureresten haben **kleinere** Molekülmassen als Triacylglycerine aus langkettigen Fettsäuren. Je kleiner die mittlere Fettsäure-Kettenlänge ist, desto kleiner ist auch die Molekülmasse des gesamten Fettmoleküls und umso **mehr** Moleküle sind folglich in 1 000 mg Fett enthalten. Besteht ein Triacylglycerin aus Molekülen mit kleinen Fettsäureketten, so müssen relativ **mehr** Esterbindungen hydrolysiert werden, wofür eine größere Menge Kalilauge nötig ist, als bei Fetten mit größeren Fettsäureresten. Ein Vertreter für ein Fett mit **kurz**kettigen Fettsäureresten ist das **Kokosfett**, das ca. 48 % Laurinsäure $C_{11}H_{23}COOH$ enthält.

Fette mit **lang**kettigen Fettsäuresten weisen niedrigere Verseifungszahlen auf. Als Beispiel für ein derartiges Fett sei das **Leinöl** genannt, das einen Anteil an Linolensäure $C_{17}H_{29}COOH$ von 58 % aufweist. Es besitzt eine Verseifungszahl von 190 mg KOH pro g Fett.

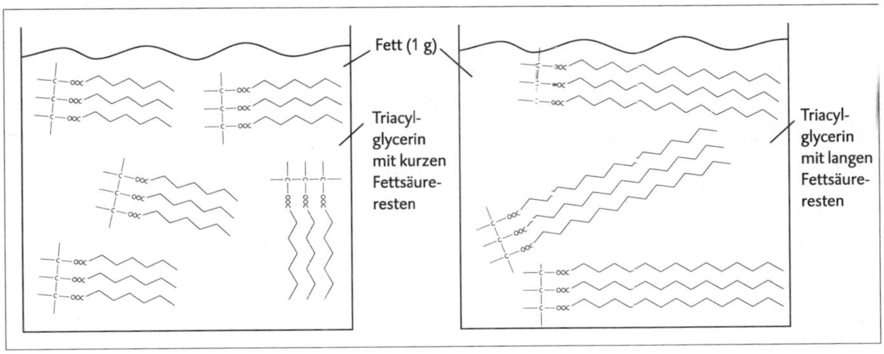

Abb. 55: Schematische Darstellung eines Fettes mit kleineren (links) und eines Fettes mit größeren Fettsäureresten (rechts). In je einem Gramm des Fettes sind links mehr Fettmoleküle als rechts enthalten.

Zur **Ermittlung** der Verseifungszahl eines Fettes kocht man eine genau abgewogene Menge Fett oder (Speise-)Öl mit einer **überschüssigen** Menge an KOH bekannter Konzentration in Ethanol. Nach dem Erkalten der Lösung bestimmt man die **nicht umgesetzte**, also noch vorhandene Menge an KOH durch eine (Rück-)Titration mit Salzsäure. Aus der Differenz zwischen ursprünglich eingesetzter Menge KOH und nicht umgesetzter Menge lässt sich der Verbrauch an Kaliumhydroxid und damit die Verseifungszahl berechnen.

Beispiel

50 ml KOH ($c = 0{,}5\ mol \cdot l^{-1}$) werden mit 3,2 g Öl in ethanolischer Lösung versetzt. Zur Rücktitration benötigt man 14 ml Salzsäure ($c = 1\ mol \cdot l^{-1}$). Die Berechnung der überschüssigen Menge KOH ergibt:

$c(HCl) \cdot V(HCl) = c(KOH) \cdot V(KOH)$

$$V(KOH) = \frac{c(HCl) \cdot V(HCl)}{c(KOH)} = \frac{1\ mol \cdot l^{-1} \cdot 0{,}014\ \ell}{0{,}5\ mol \cdot l^{-1}} = 0{,}028\ \ell \quad \text{bzw.} \quad 28\ ml\ KOH$$

Für die Verseifung werden demnach 50 ml – 28 ml = 22 ml KOH benötigt. In 22 ml KOH-Lösung sind enthalten:

$n = c \cdot V = 0{,}5\ mol \cdot l^{-1} \cdot 0{,}022\ l = 0{,}011\ mol\ KOH$

Bei einer molaren Masse M(KOH) von $56\ g \cdot mol^{-1}$ sind 0,011 mol KOH:

$m = n \cdot M = 0{,}011\ mol \cdot 56\ g \cdot mol^{-1} = 0{,}616\ g\ KOH$

Für 3,2 g Öl werden 0,616 g KOH verbraucht. Für 1 g Öl ergeben sich:

3,2 g Öl entsprechen 0,616 g KOH, 1 g Öl demnach $\frac{0{,}616}{3{,}2}\ g = 0{,}193\ g\ KOH$

Die **Verseifungszahl** für das untersuchte Öl beträgt also **193**.

Iodzahl

Der **Nachweis der Doppelbindungen** in ungesättigten Fettsäureresten lässt sich, wie auch bei Alkenen, durch eine **elektrophile Addition** mit Brom realisieren. Tropft man eine Bromlösung (Br_2 in 1-Propanol) zu Olivenöl, das 71 % Ölsäure enthält, so stellt man eine **sofortige Entfärbung** der Bromlösung fest:

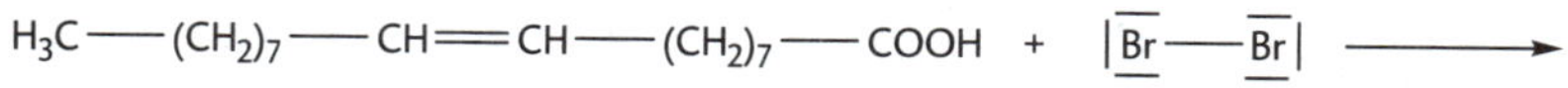

Ölsäure

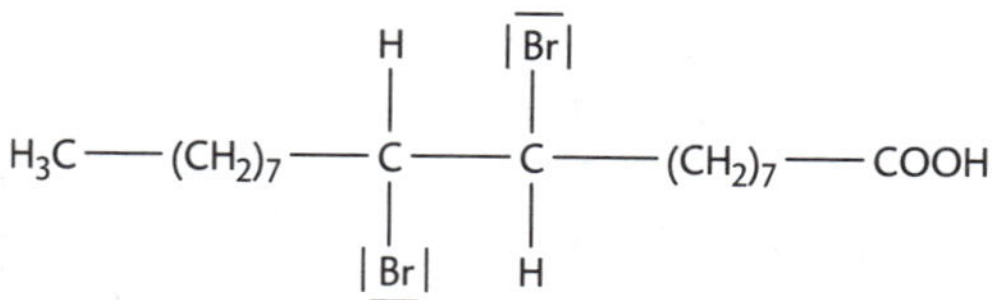

9,10-Dibromoctadecansäure bzw. 9,10-Dibromstearinsäure

Diese Additionsreaktion dient auch zur **quantitativen** Bestimmung des Anteils an **ungesättigten Fettsäuren** eines Fettes. Man lässt hierzu eine genau abgewogene Masse Fett mit einer bekannten, **überschüssigen** Menge Brom reagieren. Enthält das Fett Doppelbindungen in seinen Fettsäureresten, so wird eine entsprechende Menge an Brom verbraucht. Nicht umgesetztes Brom lässt man mit einer Kaliumiodidlösung ($c = 1$ mol mol $\cdot\, l^{-1}$) unter Bildung von Iod reagieren. Die Menge des entstehenden Iods bestimmt man durch Rücktitration mit Natriumthiosulfatlösung ($c(Na_2S_2O_3) = 0{,}1\ mol \cdot l^{-1}$). Mit diesem Ergebnis kann man schließlich den Bromanteil, der an die Doppelbindungen des Fettes addiert wurde, zurückrechnen. Bei der **Rücktitration** laufen folgende Reaktionen ab:

unverbrauchtes Brom wird zu Bromid reduziert: $Br_2 + 2\,I^- \longrightarrow 2\,Br^- + I_2$

dabei entstandenes Iod zu Iodid reduziert: $I_2 + 2\,S_2O_3^{2-} \longrightarrow 2\,I^- + S_4O_6^{2-}$

Den berechneten Zahlenwert bezeichnet man als **Iodzahl**.

> Die Iodzahl gibt an, **wie viel Gramm** eines Halogens (berechnet als Iod) von 100 g eines Fettes addiert werden. Sie gilt als Maß für den **Gehalt** eines Fettes an **ungesättigten Fettsäuren**. Fette mit einem **hohen** Anteil an ungesättigten Fettsäuren besitzen **hohe** Iodzahlen.

Beispiele

Fett/fettes Öl	Iodzahl
Kokosfett	7
Butter	35
Olivenöl	80
Sonnenblumenöl	130

Tab. 11: Anteile ungesättigter Fettsäuren.

Die Iodzahl gibt allerdings keine Auskunft über die Anteile **einfach** bzw. **mehrfach** ungesättigter Fettsäurereste im untersuchten Fett. Die Charakterisierung von Fetten bzw. die Bestimmung der Fettsäuren wird heutzutage hauptsächlich durch **gaschromatografische Untersuchungen** ermöglicht. Hierzu werden die freien Fettsäuren in ihre **Methylester** umgewandelt, die sich dann leichter gaschromatografisch analysieren lassen.

3.4 Fetthärtung

Mit dem Begriff „Fetthärtung" wird die Umwandlung ungesättigter Fettsäurereste in **gesättigte** Fettsäurereste umschrieben. Unter Verwendung eines Nickelkatalysators werden hierzu Öle mit ungesättigten Fettsäureresten bei ca. 180 °C und einem Druck von 1,5–3,0 bar mit Wasserstoff behandelt. Bei diesen Bedingungen findet keine Spaltung der Esterbindungen statt, allerdings werden die Doppelbindungen aufgebrochen und **Wasserstoff angelagert**. Den Vorgang bezeichnet man als Hydrierung, dabei bilden sich gesättigte Fettsäurereste:

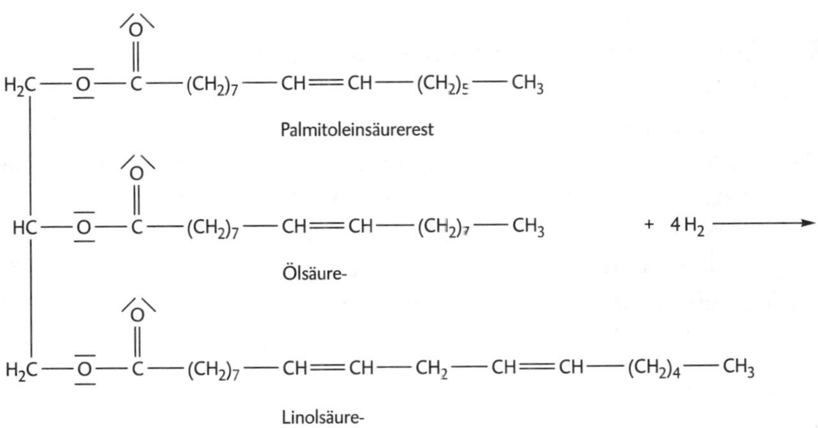

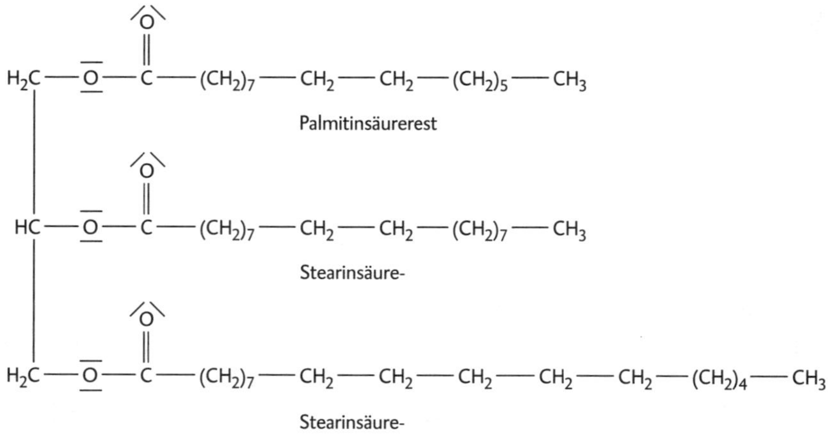

Fette mit gesättigten Fettsäureresten haben einen höheren Schmelzpunkt als solche mit einem ungesättigten Fettsäureanteil, da sich diese Moleküle im Gegensatz zu den gesättigten Fettmolekülen wesentlich schlechter aneinander lagern können. Die zwischenmolekularen Anziehungskräfte sind in gesättigten Fetten größer. Die Hydrierung führt deshalb zur Veränderung der **physikalischen** Eigenschaften, das ursprünglich flüssige, ungesättigte Fett wird in ein festes, gesättigtes überführt. Die Fetthärtung ist von **wirtschaftlichem** Interesse, da es durch die katalytische Hydrierung gelingt, große Mengen flüssiger Öle in festere Fette umzuwandeln. Aus Pflanzenölen wie Raps- oder Sonnenblumenöl können auf diese Weise härtere, streichfähige Fette hergestellt werden. Gehärtete Fette sind geruchlos und gut lagerbar. Die Fetthärtung bildet die Basis für die Industrie, die Kochfette und **Margarine** herstellt.

3.5 Unerwünschte Veränderungen von Fetten

Lässt man **fettreiche Nahrungsmittel** zu lange lagern, so können sie verderben und **ranzig** werden. Dies äußert sich durch einen unangenehmen Geruch und Geschmack. Ursache dieser Veränderungen sind Reaktionen mit Wasser und Sauerstoff, die unter dem Einfluss von Licht und Wärme sowie unter Beteiligung von Mikroorganismen ablaufen. Die Prozesse des Verderbens können mit folgenden Reaktionen beschrieben werden:

Hydrolyse

Fette können im Kontakt mit Wasser, besonders bei höherer Temperatur, im Laufe der Zeit **hydrolysieren**. Dabei entstehen Glycerin und die freien Fettsäuren. Leichtflüchtige, kurzkettige Fettsäuren wie z. B. **Buttersäure** sind für die **unangenehmen Gerüche** verantwortlich.

Thermische Veränderungen

Durch zu starkes Erhitzen können die Atombindungen der Triacylglycerine gespalten werden und es kann zur Bildung des farblosen, stechend riechenden und gesundheitsschädlichen Acroleins kommen (siehe S. 191). Bei weiterer Überhitzung können sich außerdem **krebserregende Kohlenwasserstoffe** wie die **Benzpyrene** bilden.

Oxidation

Die **ungesättigten** Fettsäurereste der Fette reagieren leicht mit dem Luftsauerstoff zu **Hydroperoxiden** (**Autoxidation**). Aus den Hydroperoxiden können sich u. a. kurzkettige, übelriechende Carbonsäuren bilden. Fette bzw. fette Öle mit einem hohen Gehalt ungesättigter Fettsäurereste können daher **besonders schnell** verderben. Da durch die technische Hydrierung die Anzahl der Doppelbindungen verringert ist, wird ein gehärtetes Fett langsamer ranzig.

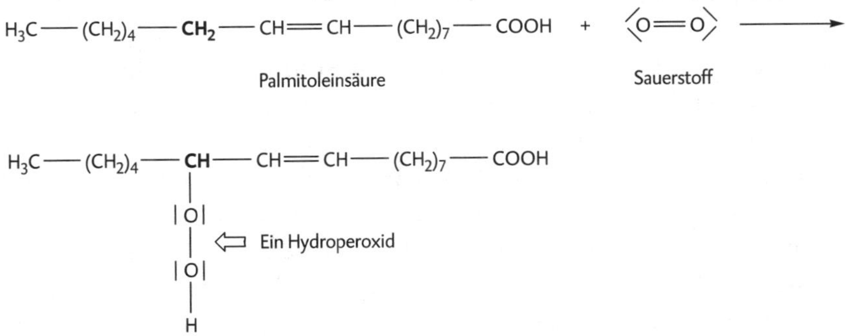

4 Fett- und Ölgewinnung

Tierische Fette

Tierisches Fett wie Schweineschmalz oder Rindertalg, das z. B. im Bauch- und Rückenspeck enthalten ist, wird vorwiegend durch „Ausschmelzen“ (oder „Auslassen“) gewonnen. Nach einer Reinigung durch Filtration erhält man das reine Schmalz oder den Talg.

Pflanzliche Fette und Öle

Fetthaltige **Früchte** wie Oliven und **Samen** wie Sonnenblumenkerne werden zur Gewinnung pflanzlicher Fette und Öle verwendet.

Abb. 56: Ein für den Mittelmeerraum typischer Olivenhain auf Korfu.

Folgende **Verfahren zur Fett- und Ölgewinnung** sind üblich:

- Beim **Pressen** werden ölhaltige Pflanzenteile wie Früchte und Samen nach der Reinigung zuerst zerquetscht bzw. zermahlen. Unter Druck wird anschließend das Öl aus den Pflanzenteilen herausgepresst. Auf diese Weise erhält man so genanntes **kaltgepresstes Öl**. Kaltgepresste Öle gelten als besonders hochwertig, da sie Inhaltstoffe wie die fettlöslichen **Vitamine** in unveränderter Form enthalten. Allerdings ist die Ausbeute bei diesem Herstellungsprozess vergleichsweise gering. Werden die zermahlenen Pflanzenteile erhitzt, so lässt sich das Öl leichter von Rückständen trennen. Bei diesem „Warmpressen“ erhält man Öle, die als weniger hochwertig eingestuft werden, da die Hitzeeinwirkung einige wertvolle Inhaltstoffe zerstört.
- Fette sind in **lipophilen** Lösungsmitteln löslich. Diese Eigenschaft wird beim **Extrahieren** genutzt, bei dem das Fett mit Lösungsmitteln wie Heptan aus den gewaschenen und zermahlenen Pflanzenteilen herausgelöst wird. Das Lösungsmittel muss durch Destillation wieder entfernt werden.

Viele Öle werden nach den geschilderten Verfahren noch einer Reinigung unterworfen, die als **Raffination** bezeichnet wird. Die Öle sind oft trüb und haben z. T. einen unerwünschten Beigeschmack, der durch **freie** Fettsäuren verursacht wird. Als Reinigungsverfahren sind in Gebrauch:

- Behandlung mit Natronlauge zur **Neutralisation** freier Fettsäuren
- Abtrennung unerwünschter Stoffe durch **Filtration**
- Behandlung mit **Wasserdampf** zur Entfernung ungewünschter Gerüche

5 Bedeutung der Fette

5.1 Fette und Ernährung

Die **Bedeutung** der Fette und fetten Öle für den **menschlichen Organismus** sei an folgenden Punkten gezeigt:

- Einige Vitamine wie die **Vitamine A, D, E** und **K** sind nicht in Wasser, aber in Fett löslich. Dies bedeutet, dass diese Vitamine nur mithilfe von Fett oder Öl vom Körper aufgenommen werden können. Fette und Öle sind das **Lösungsmittel** für diese Vitamine.
- Einige ungesättigte Fettsäuren wie Linolsäure $C_{17}H_{31}COOH$ kann der menschliche Organismus **nicht selbst** synthetisieren. Sie müssen mit der Nahrung zugeführt werden, weshalb man sie als **essenziell** bezeichnet. Eine Aufnahme essenzieller Fettsäuren ist **lebensnotwendig**. Ein Mangel an diesen Fettsäuren führt zu Stoffwechselstörungen. Die essenziellen Fettsäuren werden beispielsweise bei der Synthese von wichtigen Bestandteilen der Zellmembranen und der Mitochondrien benötigt. Im Gegensatz zu den meisten tierischen Fetten sind pflanzliche Fette reich an ungesättigten Fettsäuren. In **gehärteten** Fetten fehlen diese vollständig.
- Die Fettzellen des menschlichen Organismus in der Unterhaut, der Nierenkapsel etc. schützen den Körper vor **Wärmeverlust** und die Organe gegen **Stoß-** bzw. Druckbelastungen.
- Fette stellen eine wichtige **Energiequelle** dar. Sie gehören zu den energiereichen Nährstoffen, die im Betriebsstoffwechsel zur Gewinnung von Nutzenergie (ATP) gebraucht werden. Die pro Gramm Nährstoffe frei werdende Energie, auch als **biologischer Brennwert** bezeichnet, hat für Fette einen Wert von 39 $kJ \cdot g^{-1}$, bei Eiweißen und Kohlenstoffhydraten jeweils einen Wert von nur 17 $kJ \cdot g^{-1}$. Der Brennwert von Fetten ist also **mehr als doppelt so groß** wie der von Eiweißen und Kohlenstoffhydraten.

Mit der Nahrung aufgenommene Fette werden im Betriebsstoffwechsel „verbrannt“ oder als **Depotfett** gespeichert. Überschüssig aufgenommene Kohlenstoffhydrate oder Eiweiße können zu Fett **umgebaut** und so ebenfalls gespeichert werden. Fette kommen in fast allen Lebensmitteln tierischer Herkunft, sowie in verschiedenen Pflanzensamen wie Nüssen vor. Fette werden mit der Nahrung als **sichtbares Fett** in Ölivenöl, Butter oder **Speck** aufgenommen.

Abb. 57: In diesem Bauernspeck aus Südtirol ist nicht nur eine sehr dicke Fettschicht zu erkennen, auch der magere Anteil ist mit Fett „durchwachsen“.

Verborgene Fette sind feinverteilte, nicht sichtbare Fetttröpfchen in Fleisch, Wurst, Käse, Schokolade usw. Die durchschnittliche mitteleuropäische Ernährung weist einen **zu hohen Fettanteil** auf. Zu fettreiche Ernährung kann bestimmte Erkrankungen wie **Arteriosklerose** und **Herzinfarkt** begünstigen. Der **Mindestbedarf** an Fetten ist abhängig vom Bedarf an essenziellen Fettsäuren und vom Gehalt fettlöslicher Vitamine. 25 bis 30 % der täglichen Energieaufnahme sollte bei Erwachsenen zu etwa gleichen Teilen durch reine Speisefette und verborgene Fette gedeckt werden.

5.2 Fettsäureanionen als Emulgatoren

Emulsionen

Emulsionen sind heterogene Gemische von mindestens zwei Flüssigkeiten, die sich bilden, wenn eine Flüssigkeit in **sehr kleinen Tröpfchen** in einer anderen Flüssigkeit verteilt ist. Wasser und Öl sind zwei nicht miteinander mischbare Flüssigkeiten. Gibt man jedoch etwas Speiseöl in Wasser und schüttelt, so erhält man eine milchig-trübe Mischung, eine Emulsion, in der die Öltröpfchen sehr fein verteilt sind. Nach einiger Zeit entmischen sich die beiden

Flüssigkeiten und das spezifisch leichtere Öl sammelt sich auf der Wasseroberfläche. Eine **beständige** Emulsion aus Öl und Wasser kann man durch Zugabe von so genannten **Emulgatoren** erreichen. Ein Beispiel für einen Emulgator stellen die „Seifenanionen" dar, die bei der alkalischen Hydrolyse von Fetten (**Verseifung**) entstehen. Ihre Moleküle weisen einen lipophilen **Alkylrest** und eine hydrophile **Carboxylgruppe** auf:

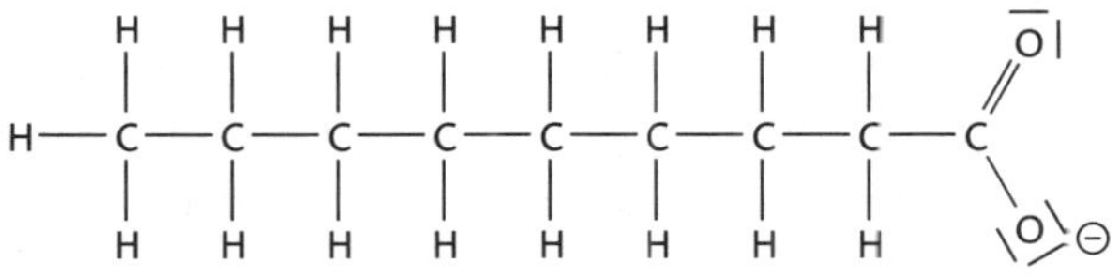

Bei einem in Wasser emulgierten Öltröpfchen zeigt der lipophile Teil in Richtung des Öles, der hydrophile Teil ragt in die Wasserphase. Das als Emulgator wirkende Carbonsäureanion ist das **Vermittlermolekül** zwischen zwei sich abstoßenden Flüssigkeitsphasen. Auch die Salze der **Gallensäuren** aus der menschlichen Gallenblase wirken bei der Fettverdauung als Emulgatoren.
Sind Öltröpfchen in Wasser emulgiert, bezeichnet man diese Mischung als eine „Öl-in-Wasser"-Emulsion, sind Wassertröpfchen in einer Ölphase emulgiert, so spricht man von einer „Wasser-in-Öl"-Emulsion. Ein Beispiel hierfür ist **Margarine**. Eine beständige **natürliche** „Öl-in-Wasser"-Emulsion ist **Milch**, in der feinste Fetttröpfchen in Wasser emulgiert sind. Als Emulgatoren sind Milcheiweiß-Moleküle wirksam, welche die fein verteilten Fetttröpfchen „umhüllen". Werden diese Eiweiße durch Zugabe von Laugen, Säuren, durch Aufkochen oder durch Mikroorganismen **denaturiert**, so ist eine Entmischung der Flüssigkeitsphasen möglich. Saure Milch sondert deshalb auf der Oberfläche Fett ab, das als **Sahne** bezeichnet wird. Bei der Butterherstellung wird die emulgierende Eiweißhülle der Fetttröpfchen auf mechanische Weise durch „Schlagen" oder Zentrifugieren zerstört. Die abgetrennte Sahne wird zu Butter weiter verarbeitet.

Abb. 58: Geschlagene Sahne kann man direkt verwenden oder auch Butter daraus herstellen.

Margarine

Margarine ist eine künstlich hergestellte, beständige „Wasser-in-Öl"-Emulsion. Zur Ihrer Herstellung mischt man Öle und Fette mit einer Wasserphase, bis die Fettphase der (fertigen) Margarine schließlich einen Anteil von 80 % besitzt.

- Die Wasserphase enthält Magermilch, Kochsalz, Citronensäure usw.
- Die Fett-/Öl-Phase besteht aus pflanzlichen Fette und Ölen wie Sonnenblumen-, Erdnuss-, Soja- oder Olivenöl und Kokosfett. Flüssige Fette müssen gehärtet, d.h. ungesättigte in gesättigte umgewandelt werden. Allerdings darf die Härtung nur soweit durchgeführt werden, dass die Margarine streichfähig bleibt. Fettlösliche Vitamine können ergänzt werden.

Als Emulgatoren dienen Magermilch und Lecithin. Alle Zutaten werden unter Rühren und gleichzeitiger Kühlung miteinander vermischt. Aufgrund der zugegebenen bzw. der in den pflanzlichen Ölen selbst enthaltenen Vitamine wie Vitamin E, stellt Margarine ein **wertvolles Speisefett** dar. Halbfettmargarine ist ein Streichfett mit einem Fettgehalt von nur 40 %. Die **Farbe** von Margarine wird von einem pflanzlichen Farbstoff, dem **Carotin** verursacht. Dieser kann bei der Herstellung zugesetzt werden oder ist in manchen pflanzlichen Ölen bereits enthalten.

5.3 Fette als nachwachsende Rohstoffe

Der rasche **Anstieg der Weltbevölkerung**, der Wunsch der Menschen nach steigendem Lebensstandard und Wohlstand, die Entwicklungen in der Gentechnik und in den Informations- bzw. Kommunikationstechnologien, der immer größer werdende Energie- und Rohstoffbedarf und die Zunahme der Umweltverschmutzungen und -zerstörungen stellen große Anforderungen und Probleme für gegenwärtige und kommende Generationen dar, deren Lösung für die Menschheit von existenzieller Bedeutung ist.
Um den riesigen **Bedarf an Rohstoffen** zu decken, sind vermehrt so genannte **nachwachsende Rohstoffe** in den Mittelpunkt des Interesses gerückt.

Unter **nachwachsenden Rohstoffen** versteht man **organische Grundwerkstoffe** aus land- und forstwirtschaftlicher Produktion.

Obwohl diese Definition auch tierische Produkte einschließt, sind vornehmlich pflanzliche Inhaltstoffe gemeint. Beispiele für in dieser Hinsicht bedeutende „**Industriepflanzen**" sind die Sonnenblume und der Raps.

Beispiele

- Aus den Samen der **Sonnenblume** lässt sich ein Öl isolieren, das als Nahrungsmittel und für Farben und Lacke eine großes Einsatzspektrum besitzt.
- Die ölhaltigen Samen verschiedener **Rapsarten** können je nach Sorte für unterschiedliche Bereiche verwendet werden, etwa als Nahrungsmittel, bei der Kunststoffherstellung und Waschmittelproduktion, für Lacke, Arzneimittel, Schmiermittel und Treibstoffe.

Der so genannte „**Biodiesel**" wird aus Rapsöl hergestellt. Der hohe Flammpunkt dieses Öls erschwert aber die Anwendung in herkömmlichen Dieselmotoren. Die Triester des Rapsöls werden deshalb in einem ersten Reaktionsschritt zu Glycerin und Fettsäuren hydrolysiert. Die Fettsäuren werden anschließend in einem zweiten Schritt mit Methanol zu Fettsäuremethylestern umgesetzt. Diese beiden Schritte zusammen bezeichnet man als **Umesterung**. Die entstehenden **Fettsäuremethylester** sind der eigentliche Biodiesel:

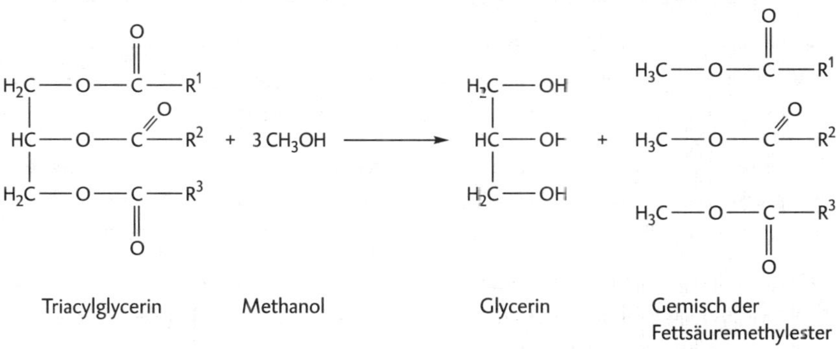

Biodiesel ist im Gegensatz zu Mineralölen **biologisch abbaubar** und **schont** die **fossilen Brennstoffreserven**. Allerdings würde man bei einer Umstellung der Automotoren auf Biodiesel **riesige Anbauflächen** zur Deckung des dann anfallenden Bedarfs benötigen. Ein weiteres Problem wären die gewaltigen Abfallmengen an **Biomasse**, da von der Rapspflanze nur die ölhaltigen Samen verwendet werden können. Der großflächige Einsatz von Biodiesel würde also neue Umweltprobleme hervorrufen.

Zusammenfassung

1. Fette und fette Öle sind wichtige **Nährstoffe** und stellen für fast alle Lebewesen eine bedeutende **Speicherform** für ihre Energiereserven dar. Als fette Öle werden Fette bezeichnet, wenn sie bei Zimmertemperatur in **flüssigem** Zustand vorliegen.

2. Fette und die fetten Öle sind **Ester** eines einzigen Alkohols, dem **Glycerin** (1,2,3-Propantriol) und verschiedenen Fettsäuren. Sie werden deshalb als **Fettsäureglycerinester** oder als Acylglycerine bezeichnet.

3. Fettsäuren sind **langkettige Carbonsäuren**. Weist die C-Kette keine Doppelbindungen auf, so bezeichnet man die Carbonsäuren als **gesättigt**.
   Ungesättigte Fettsäuren enthalten eine oder mehrere Doppelbindungen. Sie zeigen an ihrer Doppelbindung die cis-Konfiguration. Diese cis-Stellung führt zu einem „Knick" in der Kohlenwasserstoffkette. Ungesättigte Fettsäuremoleküle können deshalb nicht so dicht gepackt werden wie die linear-geradkettigen gesättigten Fettsäuren, sodass die intermolekularen Kräfte bei den ungesättigten Molekülen **schwächer** sind.

4. Die Schmelzpunkte der Fettsäuren sind abhängig von der C-Kettenlänge und von der Zahl der Doppelbindungen im Molekül. Ungesättigte Fettsäuren sind bei Zimmertemperatur im Gegensatz zu gesättigten Fettsäuren flüssig.

5. Fette bestehen nicht nur aus einer Sorte von Fettmolekülen, sie sind daher **keine Reinstoffe**. Die meisten natürlich vorkommenden Fette sind **Gemische** verschiedener Triacylglycerine. Fette besitzen daher keinen exakt bestimmbaren Schmelzpunkt.

6. Fette sind in polaren Lösungsmitteln unlöslich, in unpolaren löslich. Durch Zugabe von **Emulgatoren** bilden Mischungen aus Fetten und polaren Lösungsmitteln beständige Emulsionen wie etwa **Milch**.

7. Bei starkem Erhitzen zersetzen sich die Fette und bilden z. B. Acrolein (Propenal), ein gasförmiger, gesundheitsschädlicher Aldehyd.

8. Fette lassen sich durch Säuren oder Laugen hydrolysieren. **Die saure Hydrolyse** stellt eine Gleichgewichtsreaktion dar. Die alkalische Hydrolyse verläuft dagegen **vollständig**.

9. Unter „**Fetthärtung**" versteht man die Hydrierung ungesättigter Fettsäuren zu gesättigten Fettsäuren.

10. Die fetten Öle verschiedener Rapsarten werden als **nachwachsende Rohstoffe** verwendet. Beispielsweise wird der so genannte „Biodiesel" aus Rapsöl hergestellt.
    In einem als **Umesterung** bezeichneten Prozess werden die fetten Öle in Fettsäuremethylester – dem eigentlichen „Biodiesel" – umgewandelt.

Stichwortverzeichnis

Ihre Meinung ist uns wichtig!

Ihre Anregungen sind uns immer willkommen.
Bitte informieren Sie uns mit diesem Schein über Ihre Verbesserungsvorschläge!

Titel-Nr.	Seite	Fehler, Vorschlag

Lernen ist ...
STARK

Bitte hier abtrennen

Zutreffendes bitte ankreuzen!

Die Absenderin/der Absender ist:

- ☐ Lehrer/in
- ☐ Fachbetreuer/in
  Fächer: ____________
- ☐ Seminarlehrer/in
  Fächer: ____________
- ☐ Regierungsfachberater/in
  Fächer: ____________
- ☐ Oberstufenbetreuer/in
- ☐ Schulleiter/in
- ☐ Referendar/in, Termin 2. Staatsexamen: ____________
- ☐ Leiter/in Lehrerbibliothek
- ☐ Leiter/in Schülerbibliothek
- ☐ Sekretariat
- ☐ Eltern
- ☐ Schüler/in, Klasse: ____________
- ☐ Sonstiges: ____________

Unterrichtsfächer: **(Bei Lehrkräften!)**

____

STARK Verlag
Postfach 1852
85318 Freising

11-V1T

Bitte ausfüllen und im frankierten Umschlag an uns einsenden. Für Fensterkuverts geeignet.

Kennen Sie Ihre Kundennummer?
Bitte hier eintragen.

Absender **(Bitte in Druckbuchstaben!)**

Name/Vorname ____________

Straße/Nr. ____________

PLZ/Ort ____________

Telefon privat für Rückfragen ____________ **Geburtsjahr** ____________

E-Mail-Adresse ____________

Schule/Schulstempel **(Bitte immer angeben!)**

Bitte hier abtrennen

(Bitte blättern Sie um)